本书实例效果展示

U0133796

 GO

Chapter 02
Photoshop CS5
Example 04
制作飞舞的彩虹色薄纱效果

Chapter 02
Photoshop CS5
Example 01
制作柔美的双生人物效果

Chapter 03
Photoshop CS5
Example 01
应用白平衡校正偏色照片

Chapter 02
Photoshop CS5
Example 02
修复有瑕疵的人物肖像

Chapter 02
Photoshop CS5
Example 03
保留部分色彩突出局部效果

Chapter 03
Photoshop CS5
Example 02
增强逆光拍摄下的花卉照片

Chapter 05
Photoshop CS5
Example 10
制作艺术版画效果

Chapter 06
Photoshop CS5
Example 01
为照片添加棕色调

Chapter 05
Photoshop CS5
Example 11
制作电影画面效果

Chapter 06
Photoshop CS5
Example 02
制作渐变的梦幻效果

Chapter 05
Photoshop CS5
Example 12
用混合模式模拟光照效果

Chapter 06
Photoshop CS5
Example 03
为照片背景和肖像增加色彩

Chapter 05
Photoshop CS5
Example 13
填充红绿蓝三色效果

Chapter 06
Photoshop CS5
Example 04
保留照片中的局部色彩

Chapter 06
Photoshop CS5
Example 05
为照片添加主题文字

Chapter 06
Photoshop CS5
Example 06
增加丰富的几何图形效果

Chapter 06
Photoshop CS5
Example 07
为照片添加艺术花藤

Chapter 06
Photoshop CS5
Example 08
消除人物脸上的斑点

Chapter 06
Photoshop CS5
Example 09
去除照片上孩子的
涂鸦

Chapter 06
Photoshop CS5
Example 10
用"修补工具"添加图像

Chapter 06
Photoshop CS5
Example 11
快速柔化皮肤

Chapter 07
Photoshop CS5
Example 01
增加照片色彩的饱和度

Chapter 07
Photoshop CS5
Example 02
设置更有层次感的照片效果

Chapter 07
Photoshop CS5
Example 03
把握正确的数码照片曝光

Chapter 07
Photoshop CS5
Example 04
制作具有通透皮肤的
黑白效果

Chapter 07
Photoshop CS5
Example 05
制作对比强烈的黑白照片

Chapter 07
Photoshop CS5
Example 06
添加自然的太阳光照效果

Chapter 07
Photoshop CS5
Example 08
制作丰富色彩的照片

Chapter 07
Photoshop CS5
Example 09
制作中秋圆月

Chapter 07
Photoshop CS5
Example 10
创造模拟动态拍摄效果

Chapter 07
Photoshop CS5
Example 11
制作逼真的外墙招贴效果

Chapter 07
Photoshop CS5
Example 12
拼接唯美的全景照片

Chapter 08
Photoshop CS5
Example 01
为照片添加梦幻背景

Chapter 08
Photoshop CS5
Example 02
快速提升图像部分色彩饱和度

Chapter 08
Photoshop CS5
Example 03
使用通道抠出人物发丝

Chapter 08
Photoshop CS5
Example 04
抠出半透明的头纱效果

Chapter 08
Photoshop CS5
Example 05
修复抖动造成的模糊照片

Chapter 08
Photoshop CS5
Example 06
清晰展现动物毛发

Chapter 08
Photoshop CS5
Example 07
将模糊的照片变得更清晰

Chapter 08
Photoshop CS5
Example 08
快速去除背景色彩

Chapter 08
Photoshop CS5
Example 09
打造幻影般的视觉特效

Chapter 08
Photoshop CS5
Example 10
巧用快照为人物上妆

Chapter 08
Photoshop CS5
Example 11
创建并应用"颓废效果"动作

Chapter 08
Photoshop CS5
Example 12
批量为风景照片
添加特定边框

Chapter 09
Photoshop CS5
Example 01
修正逆光的照片

Chapter 09
Photoshop CS5
Example 02
修正曝光过度的
照片

Chapter 09
Photoshop CS5
Example 03
修正室内曝光不足的照片

Chapter 09
Photoshop CS5
Example 04
修正侧光造成的人物
面部较亮区域

Chapter 09
Photoshop CS5
Example 05
去除眼镜的反光

Chapter 09
Photoshop CS5
Example 06
调整闪光灯造成的照片
局部过亮

Chapter 09
Photoshop CS5
Example 07
增加照片的暗部细节

Chapter 09
Photoshop CS5
Example 08
增加照片主体的光源

Chapter 09
Photoshop CS5
Example 09
为照片增加温暖色调

Chapter 10
Photoshop CS5
Example 09
利用"反相"命令调出冷色调

Chapter 10
Photoshop CS5
Example 10
打造黄昏暖色调效果

Chapter 10
Photoshop CS5
Example 11
制作怀旧照片效果

Chapter 11
Photoshop CS5
Example 01
清除皱纹

Chapter 11
Photoshop CS5
Example 02
修整眉毛

Chapter 11
Photoshop CS5
Example 03
消除眼袋

Chapter 11
Photoshop CS5
Example 04
美白牙齿

Chapter 11
Photoshop CS5
Example 05
为人物染发

Chapter 11
Photoshop CS5
Example 14
校正倾斜头部

Chapter 11
Photoshop CS5
Example 15
更换衣服颜色

Chapter 12
Photoshop CS5
Example 01
利用蒙版调整天空颜色

Chapter 12
Photoshop CS5
Example 02
增强带有云朵的天空效果

Chapter 12
Photoshop CS5
Example 03
制作卡通云的效果

Chapter 12
Photoshop CS5
Example 04
制作傍晚火烧云效果

Chapter 12
Photoshop CS5
Example 05
将春天变成秋天

Chapter 12
Photoshop CS5
Example 06
将枯草变得郁郁葱葱

Chapter **12**
Photoshop CS5
Example 07
利用"通道"制作
雪景效果

Chapter **12**
Photoshop CS5
Example 08
制作萤火虫效果

Chapter **12**
Photoshop CS5
Example 09
为照片制作夜景效果

Chapter **12**
Photoshop CS5
Example 10
制作梦幻溪水

Chapter **12**
Photoshop CS5
Example 11
中国风水墨风景画

Chapter **12**
Photoshop CS5
Example 12
为风景添加波尔卡渐
圆环

Chapter **12**
Photoshop CS5
Example 13
黑白效果展现海面
波涛

Chapter **13**
Photoshop CS5
Example 01
为人物添加
个性纹身

Chapter 13
Photoshop CS5
Example 02
在衣服上添加图案

Chapter 13
Photoshop CS5
Example 03
人物与手绘素描的
合成效果

Chapter 13
Photoshop CS5
Example 04
暗夜古堡

Chapter 13
Photoshop CS5
Example 05
现实与梦境的结合

Chapter 13
Photoshop CS5
Example 06
傍晚海边留影

Chapter 13
Photoshop CS5
Example 07
合成海边美人鱼

Chapter 14
Photoshop CS5
Example 01
制作时尚个性签名

Chapter 14
Photoshop CS5
Example 02
制作个性名片

Chapter 14

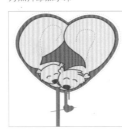

Photoshop CS5

数码照片处理

『畅销图书●全新
升级第2版』

知识全面
精通照片
处理方法

操作详尽
实战提高
应用水平

完全
自学手册

实例丰富
效果精美
实用性强

孙阳 李昂 编著

科学出版社

内 容 简 介

学习数码照片处理既有趣味性又具实用价值，无论是学来满足日常生活照、旅游照的修饰需求，还是应对具有商业意味的图像设计、艺术照制作或照片输出，都可以做到一技在手不求人。Photoshop是用来处理照片的主流软件，具有直观的操作界面、强大的编辑与合成功能、高质量的输出特性，用它可以创作出富于艺术效果的影像，生成各种类型的照片。本书即为介绍使用Photoshop CS5软件进行数码照片处理的基础知识、操作方法和应用技巧的入门型书籍。

书中结合了作者本人多年来从事影楼和数码照片处理工作的心得体会，以及众多一线设计师的宝贵实战经验，将理论同实践结合，通过详细的功能讲解和大量的案例操作，使读者在实践中领会数码照片的处理技法。为便于读者循序渐进地学习，全书共分4篇15章，含139个实例，所选实例范围覆盖了Raw格式处理，照片的编辑、绘制、修补和润饰，照片的用光专题，照片的调色专题，人像和风景照片处理专题，数码照片的合成和个性化制作，数码照片的展示和输出等诸多领域。除了实例操作方法外，书中还介绍了相关的技巧、扩展应用等知识。

本书配套的1DVD多媒体教学光盘内容丰富，容量超过3.3GB，包括书中实例所用的素材文件、制作完成后的最终效果文件，时长近490分钟的139个操作实例的视频教学录像，精心整理的64个高清晰度PSD模版文件，以及83个精美的特效笔刷文件。

本书适用于Photoshop初学者和数码摄影爱好者参考使用，也可供各层次的平面设计、摄影后期处理培训班使用，还可作为大中专院校美术专业师生的参考用书。

图书在版编目（CIP）数据

Photoshop CS5 数码照片处理完全自学手册/孙阳，李昂编著.—北京：科学出版社，2011.4
ISBN 978-7-03-030230-4

I. ①P… II. ①孙… ②李… III. ①图形软件，Photoshop CS5—手册 IV. ①TP391.41-62

中国版本图书馆 CIP 数据核字（2011）第 020829 号

责任编辑：杨 倩 郑 楠／责任校对：杨慧芳
责任印刷：新世纪书局 ／封面设计：锋尚影艺

科 学 出 版 社 出版

北京东黄城根北街 16 号
邮政编码：100717
http://www.sciencep.com

中国科学出版集团新世纪书局策划

北京市彩和坊印刷有限公司印刷

中国科学出版集团新世纪书局发行 各地新华书店经销

*

2011 年 3 月 第 一 版   开本：大 16 开
2011 年 3 月第一次印刷   印张：28.5
印数：1—5 000   字数：736 000

定价：89.90 元（含 1DVD 价格）

（如有印装质量问题，我社负责调换）

前　言

◎ 数码照片处理的"5W"学习法

当读者拿起这本厚厚的Photoshop数码照片处理书时，心里是否在想着……

◎ 这本书是否就是我要找的大全型图书，学完之后既能处理日常生活中的各种人物照、旅游照，又能应付实际工作中的某些专业需求？

◎ 这么厚的书学起来是否很难，怎么学才能融会贯通数码照片的处理方法？

◎ 学完这本书能够达到什么效果，可以把所学的技巧应用到哪些照片处理领域？

多年来，笔者培训过大量学习图像处理的学员，了解初学者的需求；同时又有过影楼和数码照片冲印公司的工作阅历，有丰富的实践经验；在与学员、顾客的深入交流过程中，笔者深刻体会出什么样的知识是实用的、什么样的技法是必备的。在综合了以上体会及经验后，笔者总结出数码照片处理的"5W"学习法。

"5W"是英文When、Where、Who、Which、What的缩写，直译过来就是：何时、何地（领域）、何人（对象）、何因、何种方式。再进一步把这5个W套入到我们具体的学习过程中，归纳起来如下。

1. When：明确时间，合理安排好学习进度；　　2. Where：找准领域，有的放矢地学习；

3. Who：确定分类，根据个人需求学习；　　4. Which：锁定目标，掌握必需的软件功能；

5. What：活化方法，了解处理技巧和拓展方法。

虽然笔者力图将"5W"学习法体现在本书的内容当中，但是"5W"学习法更是一种态度，需要读者自己加以分析和领会。下面笔者根据本书内容，给读者一点学习指导。

1. When：明确时间，合理安排好学习进度

本书的前半部分可划分为两篇，第一篇介绍获取优秀数码照片的相关知识；第二篇介绍在Photoshop软件中处理照片的常见操作，详解该软件的常用工具、菜单命令以及各种基本操作，并配以丰富的小实例。这部分的内容基础、实用，建议读者多花点时间阅读和研究，搞清楚软件功能和技法差异，为后面的实践学习打好基础。

本书后半部分结合数码照片处理的实际用途，列举了多个专题的综合型案例。这些实例的操作步骤详尽、讲解深入，每个例子都展示出了不同的创意和学习重点，因此读者应多花时间在实际操作上。如果前面的基础知识牢固，你会发现这部分内容并不难学，学习进展会比你想得要快。

2. Where：找准领域，有的放矢地学习

本书的架构分两类，前面部分对Photoshop与照片处理相关的软件功能做了详细介绍，后面实战部分则是根据照片专题分类的实例操作。读者可直接套用书上技法解决实际问题，也可根据自己关心的照片处理主题，结合前面的内容边做实例边研究，这样不仅可使学习效果事半功倍，对深入领会照片处理的技法也大有裨益。

3. Who：确定分类，根据个人需求学习

读者应思考学习照片处理的主要目的是什么，为了满足个人的需求，应该对哪些知识重点学习。例如，如是为了满足日常修饰照片的需要，学好第一篇和第二篇的内容即可；如是做图像设计或照片输出，则需要重点练习后两篇的内容。

4. Which：锁定目标，掌握必需的软件功能

Photoshop是一个功能强大的软件，为了照顾到更多用户的需求，其菜单功能设计得较为繁杂。这时候千万别被软件的气势吓倒，把注意力集中在自己关心的项目上，回避照片处理根本用不到的功能即可。

5. What：活化方法，了解处理技巧和拓展方法

为了便于读者熟练技法和拓展应用，本书将照片按处理方式归类，使操作中的重点和难点以主题实例的形式提炼出来，突出了操作技法的内容。

◎ 编写团队及本书服务

本书由孙阳、李昂编写。如果读者在使用本书时遇到问题，可以通过电子邮件与我们取得联系，邮箱地址为：1149360507@qq.com，我们将通过邮件为读者解疑释惑。此外，读者也可加本书服务专用QQ：1149360507与我们联系。由于编者水平有限，疏漏之处在所难免，诚请广大读者批评指正。

编　者

2011年2月

多媒体光盘使用说明

多媒体教学光盘的内容

本书配套的多媒体教学光盘内容包括139个视频教程，视频教程为书中各章节所有实例的操作步骤的配音视频演示录像，播放时间长达490分钟。读者可以先阅读图书再浏览光盘，也可以直接通过光盘学习数码照片的处理方法。

光盘使用方法

❶ 将本书的配套光盘放入光驱后会自动运行多媒体程序，并进入光盘的主界面，如图1所示。如果光盘没有自动运行，只需在"我的电脑"中双击光驱的盘符进入配套光盘，然后双击"start.exe"文件即可。

❷ 光盘主界面上方的导航菜单中包括"多媒体视频教学"、"素材"、"源文件"、"使用说明"和"好书推荐"等项目，如图1所示。单击"多媒体视频教学"按钮，可显示"目录浏览区"和"视频播放区"，如图2所示。"目录浏览区"是书中所有视频教程的目录，"视频播放区"是播放视频文件的窗口。在"目录浏览区"的左侧有以章序号顺序排列的按钮，单击按钮，将在下方显示该章所有视频文件的链接。单击链接，对应的视频文件将在"视频播放区"中

注意

在视频教学目录中，当将鼠标移到链接时，如果有标题的链接名称以红色文字显示，表示单击这些链接会通过新选项卡或新窗口对视频进行播放。

图1　光盘主界面

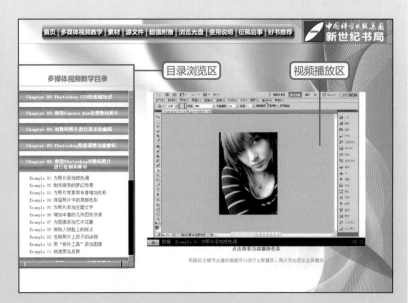

图2　播放视频教程

❸ 单击"视频播放区"中控制条上的按钮可以控制视频的播放，如暂停、快进；双击播放画面可以全屏幕播放视频，如图3所示；再次双击全屏幕播放的视频可以回到如图2所示的播放模式。

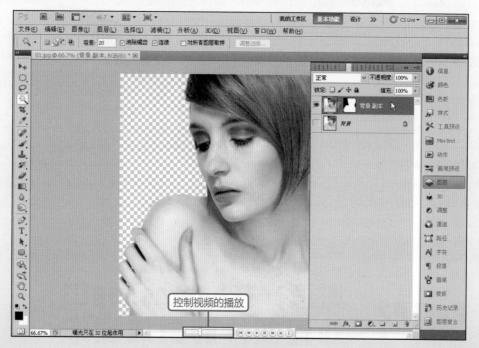

图3　全屏幕播放视频

❹ 通过单击导航菜单（见图4）中不同的项目按钮，可浏览光盘中的其他内容。

首页｜多媒体视频教学｜素材｜源文件｜超值附赠｜浏览光盘｜使用说明｜征稿启事｜好书推荐

图4　导航菜单

● 单击"浏览光盘"按钮，进入光盘根目录，如图5所示，可以看到光盘中包含了"素材"、"源文件"及"视频文件"文件夹，进入相应文件夹即可查看详细的内容（也可单击导航菜单中的相应按钮进入查看）。

图5　本光盘中的所有文件

● 单击"使用说明"按钮，可以查看使用光盘的设备要求及使用方法。

● 单击"征稿启事"按钮，包含投稿信息，有合作意向的作者可与我社取得联系。

● 单击"好书推荐"按钮，可以看到本社近期出版的畅销书目。

Contents / 目录

Part 01　了解！初识数码照片

Chapter 01　数码照片和摄影基础知识 …………………… 2

Part 02　必读！在Photoshop中处理照片的具体操作

Chapter 02　Photoshop CS5的基础知识 …………… 18

Chapter 03　使用Camera Raw处理数码照片 …………… 52

Chapter 04　对数码照片进行基本的编辑 …………… 78

Chapter 05　Photoshop图像调整功能解析 …… 100

Chapter 06　使用Photoshop对数码照片进行绘制和修补 …… 148

Chapter 07　使用Photoshop对数码照片进行润饰···182

Chapter 08　数码照片处理高级技巧·········· 213

Part 03　掌握！数码照片专题处理办法

Chapter 09　用光问题照片专题……………… 252

Chapter 10　照片调色专题……………… 279

Chapter 11 人像照片专题 ···················· 310

Chapter 12 风景照片的艺术化处理 ·············· 347

Part 04 贯通！数码照片的实际应用和输出

Part 01
了解！ 初识数码照片

认识拍摄中的主体和陪体

随着数码相机的普及，人们越来越喜欢用照片记录生活中的点点滴滴。通过照片我们可以回味可能遗忘的那一个瞬间、那一段故事，数码照片的出现打破了传统相片的拍摄局限，真正让你可以随时、随地、随性地进行拍摄。

三分构图法

压缩率低的照片效果

水平线构图法

认识拍摄中的主体和陪体

Chapter 01

数码照片和摄影基础知识

当拍摄的数码照片越来越多时，就需要对其进行有效的管理。本章将对数码照片的基本管理知识进行讲解，其中包括数码摄影技术浅谈、数码摄影基础知识、如何获取数码照片、如何用多个软件浏览数码照片、数码照片的移动和复制以及图像的基本知识等。下图所示分别为使用黄金分割构图拍摄、从存储卡导入照片和使用"光影看看"查看照片。

使用黄金分割构图拍摄

从存储卡导入照片

使用「光影看看」查看照片

1.1 数码照片基础知识

在学习如何对数码照片进行处理之前，首先需要了解与数码照片相关的基础知识，熟悉经常用到的数码照片的相关术语及操作。

1.1.1 数码照片的清晰度和像素的关系

数码相机种类繁多，但消费者最看重的指标是数码相机的成像质量，在一般情况下，数码相机拍摄照片的像素越高，则成像的质量越好，而像素高的照片尺寸大，在冲印或印刷操作时可以表现出明显的优势。

不过，数码照片的像素值不是决定其质量的唯一因素，相同像素的照片即使尺寸相同，它们的质量也会有很大的区别。在数码相机拍摄和存储照片时，默认情况下会采用节约存储资源的JPEG文件格式，而这种格式是一种有损压缩格式。同一张照片，采用了不同的压缩率进行存储，照片的质量也会有极大的不同，所以，众多摄影师选择了无损的保留拍摄原数据的RAW文件格式进行存储。下图所示为低压缩率和高压缩率的效果比较。

压缩率低的效果较好　　压缩率高的效果较差

1.1.2 数码照片的存储模式

数码相机中有多种用于存储数码影像图片的文件格式，最为常见的有：JPEG、TIFF和RAW。这3种图片格式的工作原理各不相同，相关特性也不一样，下面对不同的图片文件格式进行具体介绍。

1.JPEG图像格式

JPEG图像格式的文件扩展名为JPG，是目前最常见的图像文件格式。JPEG是通过图像压缩方式存储照片的格式，它可以用很小的空间存储高质量的数码影像。在新闻摄影和纪实摄影中被广泛应用，对于那些对画面质量要求不高的家庭用户，JPEG格式也是不错的选择。

2.TIFF图像格式

TIFF图像格式是真正意义上的非失真的压缩格式，其文件扩展名为TIF。这种格式最多只能做到2～3倍的压缩比，所以能够保持原有图像的颜色及层次。TIFF格式主要用于商业用途和出版行业。

3.RAW图像格式

RAW是一种数据文件，其存储的数据是没有经过DSLR（数码单反）处理的，是最原始的照片数据，因此RAW不能被称为一种图片格式，也不是数码照片。RAW格式的文件扩展名为RAW（不同的DSLR使用的名称不尽相同，如尼康DSLR中，相应的扩展名为NEF）。将RAW格式的图片导入计算机后，需要使用专用软件进行编辑和操作。

1.2 正确的拍摄姿势

正确的拍摄姿势是拍摄好照片的前提，可以帮助我们轻松地拍摄照片。

在拍摄数码照片之前首先要确认拍摄照片的姿势是正确的，无论是什么数码相机，拍摄时都需要正确的拍摄姿势才能拍摄出清晰的画面。

1.纵向持机

拍摄竖幅照片时，宜采用纵向持机的方式。摄影师需要用一只手放在机身下方托住机身以支撑数码相机，另一只手握住相机的上方，同时对相机进行操作，控制快门，如右图所示。

持机姿势

2.站姿拍摄

站立拍摄照片时为了保证稳定性需要将双脚分开站立，同时尽量用双臂夹住身体，承受相机重量的手臂要贴紧身体，让身体对手臂形成一定的支撑作用。

站姿拍摄

3.跪姿拍摄

如果需要降低机位进行拍摄，可以采用跪姿单膝着地进行拍摄。拍摄时将支撑相机的手臂的肘部放在膝盖上，使相机更加稳定。

跪姿拍摄

1.3 摄影基础知识

在进行摄影创作时，充分了解摄影的基础知识可以为数码照片的后期处理减少相当大的工作量，下面介绍有关数码摄影的一些基础知识和摄影技巧。

1.3.1 认识拍摄中的主体和陪体

拍摄数码照片前首先需要了解拍摄的对象是什么，在拍摄的画面中，最能直接表现主题思想的事物，我们称之为主体，主体可以是人也可以是物，可以是一个完整的物体，也可以是一个物体的局部，如下图所示，主体为人物。

在画面中，那些不能直接体现主题思想，仅对主体起一定程度的烘托、陪衬作用，帮助主体说明主题思想的对象，我们称之为陪体或周围环境。陪体在画面中运用得当，会给画面增添美感，如下图所示，陪体为周围的芦苇。

素材照片

1.3.2 掌握典型的构图方法

从广义上说，摄影构图贯穿摄影创作的整个构思和再现过程；从狭义上说，摄影构图是指摄影画面的布局、结构。良好的构图能够充分体现摄影师所要表达的内容和传达的信息，下面介绍几种常见的构图方法。

1. 黄金分割构图法

"黄金分割"是由古希腊人发明的几何学公式，遵循这一规则的构图形式被认为是"和谐"的。对许多画家和艺术家来说，"黄金分割"是他们在创作中必须深入领会的一种指导方针，摄影当然也不例外。下图所示为黄金分割法构图效果。

黄金分割法构图

2．三分构图法

把画面纵横均分为三等份，得出4个交叉点，这便是良好构图中主体应处的位置。这种构图适宜多形态平行焦点的主体，也可表现大空间、小对象，还可反相选择。这种画面构图表现鲜明，构图简练，可用于近景、远景等不同景别，如表现海边、地平线等摄影中。下图所示为三分法构图效果。

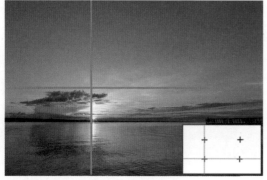

三分法构图

3．水平线构图法

水平线构图可在画面中营造出广阔和伸展的感觉。水平线构图是构成风景的线与面当中最为基本的构图方式，根据水平线位置的不同，照片给人的印象也会不同。因此在拍摄时拍摄者需要把握自己的拍摄意图，充分表达情感，展示画面的意境。下图所示为水平线构图效果。

水平线构图

4．垂直线构图法

垂直线构图能够体现景物的高大和深度。常用于表现参天大树、险峻的山石、飞泻的瀑布、摩天大楼等，以及竖直线形组成的其他画面。下图所示为垂直线构图效果。

垂直线构图

5．对角线构图法

把主体安排在对角线上，能有效利用画面对角线的长度，同时也能使陪体与主体联系紧密，从而使画面富于动感，显得活泼，容易产生线条的汇聚趋势，吸引人的视线，突出主体。下图所示为对角线构图效果。

对角线构图

6．S形构图法

画面上的景物呈S形曲线的构图具有延长、变化的特点，看上去有韵律感。当需要采用曲线形式表现被摄体时，应首先想到使用S形构图法。下页图所示为S形构图效果。

01 数码照片和摄影基础知识

02 Photoshop CS5的基础知识

03 使用Camera Raw处理数码照片

04 对数码照片进行基本的编辑

S形构图

7．三角形构图法

以三个视觉中心为景物的主要位置，有时以三点成一面的几何形状安排景物的位置，形成一个稳定的三角形。这种三角形可以是正三角，也可以是斜三角或倒三角。其中斜三角形较为常用，也较为灵活。三角形构图具有安定、均衡、灵活等特点。下图所示为三角形构图效果。

三角形构图

8．O形构图法

O形构图也就是圆形构图，是把主体安排在圆心所形成的视觉中心。圆形构图可分为外圆构图与内圆构图，外圆是自然形态的实体结构，主要利用主体在圆形中的变异效果来体现表现形式；内圆是空心结构，如管道、钢管等。下图所示为O形构图效果。

O形构图

1.3.3　拍摄角度和高度对照片的影响

任意一个物体或景致都由它的正面、侧面和背面组成，因此拍摄者在进行拍摄构图时，除需要使用不同的构图法进行取景外，还需要注意拍摄的角度和高度。使用不同的拍摄高度进行拍摄，拍摄的画面效果也将会不同，甚至表达的意境也会完全不同。

1．正面拍摄

从正前方拍摄有利于表现对象的正面特征，能把横向线条充分地展现在画面上。下图所示为正面拍摄效果。

正面拍摄效果

2．侧面拍摄

从侧面拍摄适于表现被拍摄对象的侧面特征和外形轮廓，尤其有利于突出主体的形态轮廓线。下图所示为侧面拍摄效果。

侧面拍摄效果

3．斜侧面拍摄

斜侧面拍摄的特点在于使被摄体的横向线条

在画面上变为斜线，使物体产生明显的形体透视变化。较为普遍的是取侧面30°～60°之间的位置，尤其是以45°角拍摄时，其动感和纵深感更为强烈。下图所示为斜侧面拍摄效果。

斜侧面拍摄效果

4. 背面拍摄

背面拍摄是相机在被摄体的正后方拍摄，常常用于拍摄主体人物的画面，可以将主体人物和背景融为一体。下图所示为背面拍摄效果。

背面拍摄效果

拍摄高度的变化主要是指在垂直方向的不同视点，以拍摄者站立时双眼的高度为标准高度，凡低于这个高度进行拍摄视为低角度或仰拍，凡高于这个高度进行拍摄视为高角度或俯拍，与此高度平行的拍摄称为水平拍摄。

1. 水平拍摄

水平拍摄也叫平角度拍摄，是常用的拍摄高度，有利于正常表现被摄对象的透视关系，通常在

照相机与被摄对象之间没有景物遮挡时选用，直接进行取景拍摄。下图所示为水平拍摄效果。

水平拍摄效果

2. 仰视拍摄

仰视拍摄有利于突出被摄体高大的气势，能够将像树一样向上生长的景物充分地展示在画面上。利用贴近地面的仰拍还能够夸大运动对象的腾空、跳跃等动作。下图所示为仰视拍摄效果。

仰视拍摄效果

3. 俯视拍摄

俯视拍摄就好像登高望远一样，使由近至远的景物在画面上由下至上充分展开。俯视拍摄有利于表现地面上的景物层次、数量、位置等，能够给人一种辽阔、深远的感受。下页图所示为俯视拍摄效果。

俯视拍摄效果

1.3.4 利用光源进行拍摄

要适当地利用日光就要理解太阳的照射角度和被摄物体的位置关系如何影响光线的质量。下面介绍利用不同角度的光线进行拍摄的要点。

1．顺光

在顺光照射下，被摄物体正面受光，所有的投影都落在被摄物体的后面。顺光是沿拍摄方向直接射向被摄体的，这样曝光产生的照片缺少凹凸不平的阴影，没有纵深感。下图所示为顺光拍摄效果。

顺光拍摄效果

2．侧光

侧光是太阳从一侧照射被摄物体，被摄体一面受光，另一面则处于阴影下，就像绘画里的明暗法，使得照片同时具有质感和纵深感。侧光照射在有斑驳层次的被摄物体上时，倒影将使画面的纵深感得到加强，也更加立体地表现了被摄物的外部形态。右上图所示为侧光拍摄效果。

侧光拍摄效果

3．逆光

逆光的柔和光线和光辉更能激起浪漫的感觉。在风景照里，逆光经常用来突出被摄物的形态、轮廓，用来渲染气氛。下图所示为逆光拍摄效果。

逆光拍摄效果

4．顶光

当光线在被摄物体的顶部时，会使画面产生很多凹凸不平的阴影。但是低角度时利用顶光进行拍摄，可以将物体的轮廓更立体地表现出来。下图所示为顶光拍摄效果。

顶光拍摄效果

5．阴天和开阔背阴处的光线

在阴天和开阔背阴处的低反差光线下进行拍摄，能够展示各种细节，提高颜色饱和度，并增强对比度。成功使用阴天和开阔背阴处的光线，更能表现被摄物的纵深感。右图所示为阴天拍摄效果。

阴天拍摄效果

1.4 数码照片的获取

拍摄照片后，用户可以通过LCD（液晶显示器）对拍摄的照片进行及时查看，但是局限于LCD屏幕的大小，有很多细节的部分不容易查看，这就需要将数码照片导出至计算机中，用计算机对照片进行查看和处理，下面介绍以不同的方式获取数码照片的方法。

1.4.1 从读卡器中获取照片

不同品牌的数码相机对于数码照片的存储介质也有所不同，从不同的存储卡中导出相片最快捷的方式就是使用读卡器，根据存储卡的不同类型，匹配合适的读卡器，如下图所示。

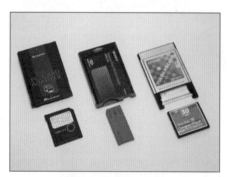

对应于不同存储卡的读卡器

通过USB接口连接至计算机，如下图所示，读卡器以U盘的形式将数码相机中的照片打开。

使用USB接口连接计算机

1.4.2 连接数据线导出照片

数码相机通常在购买的同时会随机提供进行数据传输的数据线，通过数码相机自带的数据线可以将照片导入计算机中，按照相机说明书中数据线的连接方式将数码相机的数据线与计算机的USB接口进行连接，计算机将自动提示用户查看照片文件信息，如下图所示，若需打开存放照片的文件夹，直接单击"确定"按钮即可。

连接提示对话框

01
基础知识
数码照片和摄影

02
基础知识
Photoshop CS5的

03
处理数码照片
使用Camera Raw

04
基本的编辑
对数码照片进行

Part 01　Part 02　Part 03　Part 04

1.5　数码照片的查看

用户可以通过Windows系统自带的Windows图片和传真查看器进行查看，也可以通过其他的图像查看软件快速查看拍摄的数码照片，具体操作方法和应用技巧如下。

1.5.1　从图片浏览器查看照片

通过Windows系统自带的Windows图片和传真查看器可以快速地对打开的数码照片进行浏览、缩放、旋转、删除和复制等操作。

选中需要查看的数码照片，右键单击鼠标，在弹出的隐藏菜单中选择"打开方式"选项，再在弹出的隐藏菜单中选择"Windows图片和传真查看器"选项，如右图所示。

实用技巧 ▶▶▶

在存放数码照片的文件夹中，直接双击需要查看的照片，对于选中的照片，Windows系统一般会自动通过"打开方式"选项的第1个选项即"Windows图片和传真查看器"打开数码照片。

选择菜单选项

打开"Windows图片和传真查看器"窗口，如下图所示。

"Windows图片和传真查看器"窗口

① 上一个/下一个图像：单击"上一个图像"按钮 **⑭** 可以查看照片文件夹中按顺序排列的前一张照片，单击"下一个图像"按钮 **⑮** 可以查看顺序排列的后一张照片。

② 设置查看模式：在"Windows图片和传真查看器"窗口中，查看照片的方式有3种，分别为"最适合"、"实际大小"和"开始幻灯片"模式。

　　单击"最适合"按钮 **⚹**，照片将以最合适的比例显示数码照片，如下图所示。

以"最适合"模式显示的效果

　　单击"实际大小"按钮 **⚹**，将以数码照片的实际大小浏览图像，若照片尺寸超出窗口，则在窗口的右侧和下侧会出现滚动条，如下图所示。

以"实际大小"模式显示的效果

　　单击"开始幻灯片" **⚹** 按钮，将以幻灯片的模式查看数码照片，幻灯片效果如下图所示。

以"开始幻灯片"模式显示的效果

实用技巧 ▶ ▶ ▶

在应用"开始幻灯片"模式对图片进行查看时，幻灯片的右上角会出现幻灯片查看控制按钮，包括"开始幻灯片" **⚹**，"暂停幻灯片" **⚹**，"上一个图片" **⚹**，"下一个图片" **⚹** 和"关闭窗口" **⚹** 5个按钮，通过这些按钮可以分别对幻灯片进行播放、暂停、查看上一个/下一个图片和退出幻灯片模式的操作。

③ 通过缩放查看照片：该选项用于对数码照片进行放大或缩小显示。单击"放大"按钮 **⚹**，数码照片将进行放大显示，如下图所示。

放大查看照片

　　单击"缩小"按钮 **⚹**，数码照片则进行缩小显示，如下图所示。

缩小查看照片

01 数码照片和摄影基础知识

02 Photoshop CS5的基础知识

03 使用Camera Raw处理数码照片

04 对数码照片进行基本的编辑

在使用"缩小"按钮对照片进行缩小显示时，数码照片只能缩小到"最适合"模式对照片进行查看，不能对照片进行无限制的缩小。

4 照片的旋转：单击"顺时针旋转"按钮，将对数码照片进行顺时针90°旋转，单击"逆时针旋转"按钮，将对数码照片进行逆时针90°旋转。

打开一张需要设置旋转的照片，如下图所示。

素材照片

下面是分别单击"顺时针旋转"按钮和"逆时针旋转"按钮后的图像效果。

顺时针旋转效果

逆时针旋转效果

5 删除：单击"删除"按钮，打开"确认文件删除"对话框，如下图所示，单击"是"按钮，即可将选中的数码照片删除；单击"否"按钮，将取消删除数码照片。

"确认文件删除"对话框

6 打印：单击"打印"按钮，将弹出"照片打印向导"对话框，如下图所示。

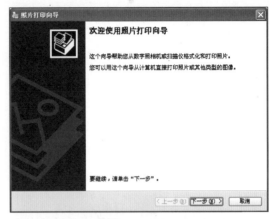

"照片打印向导"对话框

单击"下一步"按钮，切换至"照片选择"选项卡，在该选项卡中可以勾选多个复选框，选择需要打印的数码照片，如下图所示。

"照片选择"选项卡

再单击"下一步"按钮，切换至"打印选项"选项卡，选择要使用的打印机设备，设置打印机的各项参数后，单击"下一步"按钮切换到"布局选择"选项卡，在左侧的列表框中选择要使用的布局，在右侧的"打印预览"框中进行打印预览查看，如下图所示。

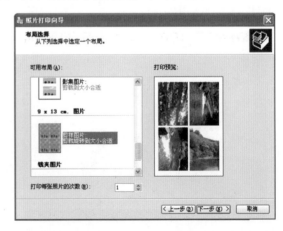

"布局选择"选项卡

单击"下一步"按钮，对设置的照片进行打印，然后单击"完成"按钮即可。

完成照片打印向导的设置

⑦ 复制到：用于快速复制查看的数码照片，单击"复制到"按钮 🔲，打开"复制到"对话框，在"保存在"下拉列表中，选择创建的照片副本要存放的文件夹位置，设置完后单击"保存"按钮即可。

"复制到"对话框

实用技巧 ▶ ▶ ▶

使用"复制到"按钮对照片副本进行存储时，通常将照片副本存储在不同的数码照片文件夹中，若是照片副本存储在与打开位置相同的文件夹中，可能会出现将原始照片进行覆盖的误操作，损失原始的照片数据。

1.5.2 使用ACDSee查看照片

ACDSee是目前最流行的看图软件之一，该软件被广泛地应用于图片的获取，图片的管理、浏览，图片的排序、优化甚至图片的分享等操作。

在需要查看的数码照片文件夹中，右击照片，在弹出的快捷菜单中选择"打开方式"|ACDSee 10菜单选项，如下图所示。

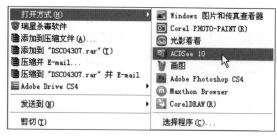

选择"打开方式"|ACDSee 10菜单选项

打开"ACDSee快速查看"窗口，如下图所示，常见的图片查看按钮这里不再一一介绍，下面将具体对"相片管理器"和"完整查看器"进行介绍。

"ACDSee 快速查看"窗口

❶ 相片管理器：在"ACDSee快速查看"窗口中，单击"相片管理器"按钮可以打开"ACDSee相片管理器"窗口，用户可以通过选择左侧的文件夹名称查看文件夹中的照片。在窗口中间位置，文件夹中的照片将以缩略图的方式进行排列。下图所示为"ACDSee相片管理器"窗口的查看方式设置按钮。

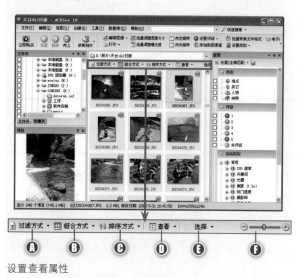

设置查看属性

A 过滤方式：单击下拉按钮，在弹出的菜单中可以对照片的质量进行评定，如右图所示。选择需要设置评级的照片后，在该菜单中直接单击级别即可，用户在浏览照片时，可以直接选中评级的等级对已进行评级的照片进行筛选查看。

●	全部(A)
	所有评级(R)
	1 级(1)
	2 级(2)
	3 级(3)
	4 级(4)
	5 级(5)
	未评级(U)
	类别(C)　　　　　▶
	未归类(T)
	高级过滤器(F)... Alt+I

"过滤方式"菜单选项

B 组合方式：单击下拉按钮，用户可以根据不同分类对照片进行筛选，还可以设定照片的组合方式以及是否对目录进行查看，具体的选项如右图所示。

●	无(N)
	作者(A)
	相机(C)
	拍摄日期(D)
	拍摄月份(M)
	拍摄年份(Y)
	文件名(L)
	文件大小(S)
	文件类型(P)
	文件夹(O)
	图像大小(I)
	关键词(K)
	评级(R)
✔	向前组合(F)　Alt+数字小键盘 +
	向后组合(B)　Alt+数字小键盘 -
	目录(T)　　　　　　Alt+L

"组合方式"菜单选项

C 排序方式：在浏览设置筛选的照片后，用户可通过"排序方式"选项对文件进行查看，可以分别根据文件的名称、图像类型、图像属性、升序或降序等排序方式进行照片的浏览和查看，如右图所示。

●	文件名
	大小 (KB)
	图像类型
	修改日期
	图像属性
	标题
	评级
	自定义排序(C)
	更多(M)...
✔	升序(F)　数字小键盘 +
	降序(B)　数字小键盘 -
	删除自定义排序(D)

"排序方式"菜单选项

D 查看：在该选项下可以选择浏览照片时照片的显示方式，用户可以根据需要设置照片查看的多种显示方式，具体选项如下图所示。

	略图+详细信息(U)
	胶片(F)
●	略图(T)
	平铺(E)
	图标(I)
	列表(L)
	详细信息(D)
	选择详细信息(C)...

"查看"菜单选项

E 选择：单击下拉按钮可以快速启动Bridge程序，Bridge程序可以对可视化素材进行高效管理，具体选项如下图所示。

	全部选择(A)	Ctrl+A
	选择所有文件(F)	Ctrl+Shift+A
	选择所有图像(I)	Ctrl+I
	按照评级选择(S)	▶
	清除选择(C)	Ctrl+Shift+D
	反向选择(V)	Ctrl+Shift+I

"选择"菜单选项

F 设置缩放比例：拖曳该选项上的滑块可以对浏览查看的照片大小进行设置，拖动滑块至最左侧时照片显示比例为25×18，拖动滑块至最右侧时照片显示比例为320×240。

2 完整查看器：在"ACDSee快速查看"窗口中单击"完整查看器"按钮，打开"ACDSee完整查看器"窗口，在该窗口的上侧新增了基本照片查看编辑按钮，左侧新增了照片效果处理按钮，如下图所示。

"ACDSee完整查看器"窗口

1.5.3 使用光影魔术手浏览照片

光影魔术手是一个用于快速处理数码照片的软件，其优势在于操作简单、方便，能够帮助摄影初学者快速地对数码照片进行处理，该软件同样可以用于数码照片的查看，下面介绍如何使用光影魔术手对照片进行浏览。

在存放数码照片的文件夹中，直接选中需要查看的数码照片，在"文件"菜单中选择"使用光影查看"选项即可，如下图所示。

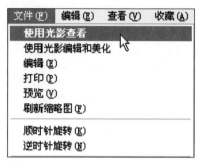

选择"使用光影查看"选项

打开"光影看看"窗口后，在该窗口中可以对选中的数码照片进行查看，与Windows图片和传真查看器类似，在该窗口中可以对图像进行缩放、旋转等操作。下面具体对窗口中的"主题相框设置"按钮和"光影编辑和美化"按钮进行介绍，如下图所示。

"光影看看"窗口

① 主题相框设置：单击该选项的下拉按钮可以打开隐藏的菜单选项，如右图所示，可以分别对主题相框的选项进行设置。

"主题相框设置"选项

Ⓐ 设置：选择该选项后，打开"主题相框设置"对话框，在对话框的左侧包含了光影魔术手中预设的多种不同类型的相框，通过勾选相框列表中的复选框对相框进行选择，设置完成后单击"确定"按钮，如下图所示。

"主题相框设置"对话框

Ⓑ 启用边框：选中该选项时，之前菜单中呈灰色显示的菜单选项呈可选状态，如右图所示。

主题相框菜单选项

Ⓒ 使用当前相框：可以对所有图像添加当前相框，并在光影看看中进行显示，如下图所示。

使用当前相框显示照片效果

Ⓓ 随机选择相框：选择该选项，在对照片进行前一个图片和后一个图片的查看时，光影看看将自动根据之前设置的多种相框对照片进行相框的添加。

Ⓔ 顺序选择相框：在对数码照片进行前后查看时，根据设置的相框排列顺序，一次性对照片进行相框的添加。

② 光影编辑和美化：单击此按钮，可以进入"光影魔术手"编辑界面，从而对图像进行进一步的编辑和美化。

1.6 数码照片的复制和移动

在对数码照片进行管理时，很容易因为误操作将珍贵的照片删除导致丢失，正确地对数码照片进行复制、移动和备份是大家必须要了解的内容。

1.6.1 数码照片的复制

在使用数据线或者读卡器对数码照片进行查看时，需要将这些照片导入计算机中，这就需要使用文件的复制功能。

在打开的数码照片存储文件夹中，选中需要进行复制的数码照片后，在文件夹左侧单击"复制所选项目"，如下图所示。

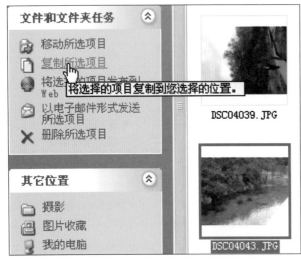

选中"复制所选项目"选项

打开"复制项目"对话框，在对话框的树形目录中，设置复制照片要存放的文件夹，之后单击"复制"按钮，则能够将选中的多张照片复制到设置的文件夹中，如下图所示。

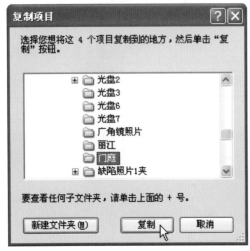

"复制项目"对话框

1.6.2 数码照片的移动

数码照片的移动过程与复制过程有些类似，同样是将需要进行移动的照片先选中再进行移动。需要注意的是，对数码照片移动后，原来存放数码照片的文件夹将不再存储原始照片，所以，数码照片被移动的过程即是对照片进行剪切的过程。

在存放数码照片的文件夹中，选中需要进行移动的数码照片，然后在文件夹窗口左侧单击"移动所选项目"选项，如下图所示。

单击"移动所选项目"选项

打开"移动项目"对话框，在树形目录中选择移动照片要存放的位置，之后单击"移动"按钮即可将选中的照片进行移动，如下图所示。

"移动项目"对话框

Part 02

必读！在Photoshop中处理照片的具体操作

Photoshop是一款功能强大的图像处理软件，是Adobe公司旗下最为出名的图像处理软件之一。利用该软件可以合成图像、修复数码照片，进行图像创意设计、专业印刷设计以及精美的网页设计等，该软件被广泛用于平面设计、广告制作、插画设计、照片处理，以及最新的3D效果的制作等领域。

打开的素材图像

设置黑白的立可拍照片效果

Selling for a Song

为照片调出更有层次的影调

制作渐变的梦幻效果

Chapter
02

Photoshop CS5的 基础知识

Photoshop作为数码照片的首选图像处理软件，利用它能够制作出移形换影、以假乱真的图像效果，该软件已于2010年升级到Photoshop CS5版本，要熟练掌握使用Photoshop对数码照片处理的方法，首先需要对Photoshop的基础知识有一定的了解。

合成特效

平面广告设计

创意图像绘制

数码照片处理

2.1 认识Photoshop CS5

Photoshop CS5是Photoshop软件推出的最新版本，该版本是CS4版本性能上的又一次升级，Adobe Photoshop CS5软件通过更直观的用户体验、更便捷的操作使用户能更轻松地使用其无与伦比的强大功能。

2.1.1 Photoshop CS5的启动和退出

在成功安装Photoshop CS5后，同普通软件的启动方法类似，Photoshop CS5的启动有以下两种方式。

方法1：通过快捷图标

可以通过双击桌面上的Photoshop CS5软件图标启动软件，如下左图所示。

方法2：通过菜单命令

单击屏幕下方的"开始"按钮，在弹出的"开始"菜单中选择"所有程序"选项，然后在打开的级联菜单中选择Adobe Photoshop CS5菜单命令，如下右图所示，即可启动Photoshop CS5软件。

双击图标启动

从"开始"菜单启动

要退出软件可以单击软件中的"文件"菜单，然后在打开的菜单命令中选择"退出"选项即可，如下图所示。

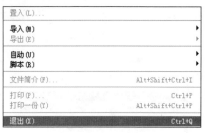

执行"文件"|"退出"菜单命令

另外，还可以单击窗口右上角的"退出"按钮，退出Photoshop CS5应用程序。

2.1.2 Photoshop CS5的工作界面

Photoshop CS5的工作界面在Photoshop CS4的基础上做了部分调整，整个界面仍然以灰色为主，在默认的工作界面中，以按钮和工具的形式作为应用程序栏。另外，Photoshop CS5将部分新增的功能以工具的形式出现并修改了制作3D图像的相关工具，Photoshop CS5的工作界面如下图所示。

Photoshop CS5的工作界面

① 应用程序栏：用于放置多个选项按钮，以便用户能快速进行程序的启用和设置，在该程序栏中包括Bridge按钮、抓手工具、缩放工具和旋转视图工具等多个选项按钮，如下图所示。

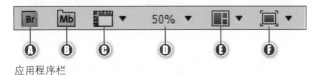

应用程序栏

Ⓐ 启动Bridge **▣**：单击该按钮可以快速启动Bridge程序，利用Bridge程序可以对可视化素材进行高效地管理。

Ⓑ 启动Mini Bridge **Mb**：单击该按钮可以打开Mini Bridge面板，在该面板中可以快速浏览、管理可视化素材。

Mini Bridge面板

Ⓒ 查看额外内容 **▣▾**：单击该选项右侧的下三角按钮可以打开下拉列表，如下图所示，分别可以控制在图像窗口中显示参考线、显示网格和显示标尺。

> ✓ 显示参考线
> 显示网格
> 显示标尺

"查看额外内容"下拉列表

Ⓓ 设置图像缩放比例 **50%▾**：单击该选项右侧的下三角按钮，可以打开"缩放比例"下拉列表，如下图所示，可以快速设置图像的缩放比例为25%、50%、100%和200%。

> 25%
> ✓ 50%
> 100%
> 200%

"缩放比例"下拉列表

Ⓔ 排列文档 **▦▾**：在Photoshop CS5中打开多个图像文件时，可以通过该选项对多个文档进行组合显示，如右上图所示。

排列文档的效果

Ⓕ 屏幕模式 **▣▾**：单击该选项右侧的下三角按钮可以设置屏幕模式，如下图所示，可以将屏幕分别设置为"标准屏幕模式"、"带有菜单栏的全屏模式"和"全屏模式"。

> ✓ 标准屏幕模式
> 带有菜单栏的全屏模式
> 全屏模式

"屏幕模式"菜单选项

② 菜单栏：Photoshop CS5的菜单栏共分为11大类，分别包括了"文件"、"编辑"、"图像"、"图层"、"选择"、"滤镜"、"分析"、"3D"、"视图"、"窗口"和"帮助"菜单选项。

③ 工具箱：工具箱中提供了用于图像绘制和编辑的各种工具，用鼠标单击工具箱中的工具按钮即可直接对工具进行选择。Photoshop CS5的工具箱与Photoshop CS4的工具箱相比除了变换了工具摆放的位置外，还添加了"混合器画笔工具"以及更新了3D工具等。

④ 属性栏：属性栏位于图像窗口的下方，在属性栏中将显示当前编辑图像的缩放比例、文件的大小、文件的尺寸、颜色通道和分辨率等信息，如下图所示。

> 宽度:1024 像素(8.67 厘米)
> 高度:681 像素(5.77 厘米)
> 通道:3(RGB 颜色，8bpc)
> 分辨率:300 像素/英寸

属性栏中的信息

⑤ 工作区选项：使用工作区选项能快速地打开或转换工作区，使面板的设置更具个性化，在Photoshop CS5中将原本菜单形式出现的工作区选项放置到了应用程序栏，且添加了"摄影"和"设计"等选项，如下图所示。

工作区选项

Part 01

Part 02

Part 03

Part 04

⑥ 选项栏： 根据工具的不同，选项栏中的选项也会相应地发生变化，下图所示是"套索工具"和"钢笔工具"所对应的选项栏。

"套索工具"选项栏

"钢笔工具"选项栏

⑦ 面板： 面板默认出现在Photoshop工作界面的右侧，用于设置和修改图像。Photoshop CS5根据功能的分类提供了23个面板，在"窗口"菜单中可以选择不同的面板对图像进行编辑，根据操作应用相应的面板，可以提高工作效率，并制作出需要的效果。

⑧ 标签页： 打开多个文件时，在选项栏的下方可以看到一排全新的标签页。当需要切换文件时，通过单击标签页上的文件名称就可以对图像文件进行切换，也可以按快捷键Ctrl+Tab在文件间切换，还可以在标签页的最右边单击"更多文件"按钮，然后从弹出的菜单中选择文件名称。

⑨ 图像窗口： 在该区域可以对图像进行绘制及编辑等操作，在Photoshop中，所有图像操作的效果都是在图像窗口中显示的，可以将打开的图像从标签页中拖曳出来，在窗口的标题栏中会显示文件名称、文件格式、缩放比例以及图像的颜色模式等属性，如下图所示。

独立的图像窗口

2.1.3 认识工具箱

工具箱的显示方式有两种，一种是单栏排列，属于默认的显示方式，另一种是双栏排列，单击工具箱上方的按钮▶▶，即可转换为双栏的排列方式。若工具按钮上带有◢符号，右击该工具按钮或是长按该工具按钮，即会弹出功能相近的隐藏工具选项，展开的隐藏工具如右上图所示。

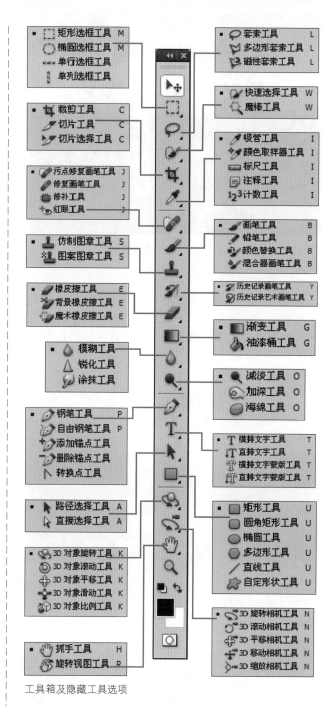

工具箱及隐藏工具选项

2.1.4 Photoshop CS5的新功能

Photoshop CS5充分利用增强的硬件处理能力，新增了操控变形、HDR色调、调整边缘等功能，简化了操作，提升了图像效果。

1. 操控变形

使用"操控变形"功能可以为图像添加图钉，以便随意扭曲特定的图像区域并保护其他图钉所在位置区域不变，其应用范围很广，可应用于发型设计或重新定位手臂等，如下页图所示。

01 数码照片和摄影基础知识

02 Photoshop CS5的基础知识

03 使用Camera Raw处理数码照片

04 对数码照片进行基本的编辑

素材图像　　　　　　调整后的素材图像

2. HDR色调

在"HDR色调"对话框中可以对图像的曝光度以及色调进行调整，HDR应用了强大的色调映射功能，可以调整图像的曝光度，创建从逼真照片到超现实照片的高动态图像。

素材图像

打开"HDR色调"对话框，设置预设为饱和，效果如下图所示。

设置HDR色调后的图像效果

3. 标尺工具

"标尺工具"的选项栏中新添加了"拉直"按钮，单击此按钮可一步校正倾斜的照片，使原本需要几步完成的操作简化为一步。

素材图像

使用"标尺工具"沿水平面方向绘制直线，单击"拉直"按钮，即可一步校正倾斜的照片。

校正后的图像效果

4. "内容识别"填充

"内容识别"填充是使用附近的相似图像内容不留痕迹地填充选区，以获得最佳结果，在创建选区时可略微扩展到要复制的区域。

素材图像

填充后的图像效果

5. 调整边缘

调整边缘是对选区调整的进一步升级，对图像选区进行细致地调整，特别适合调整毛发的选区。

素材图像

选区效果

2.1.5　了解菜单栏

在Photoshop CS5的菜单栏中，包含了11个菜单选项，如下图所示，在Photoshop CS4版本的基础上，除了"图层"和"分析"菜单外，其他的菜单都有所修改，单击菜单名称即可打开菜单选项，其中在带有右三角标识的菜单名称后包含有级联菜单，根据操作直接单击菜单选项即可对菜单选项进行选择。

| 文件(F)　编辑(E)　图像(I)　图层(L)　选择(S)　滤镜(T) |
| 分析(A)　3D(D)　视图(V)　窗口(W)　帮助(H) |

菜单栏

1. 文件

使用"文件"菜单命令可以对图像文件进行新建、打开、存储、关闭、置入、批量处理、打印等一系列操作，蓝色标识为Photoshop CS5新增的功能。

2. 编辑

使用"编辑"菜单命令可以对图像进行编辑，包括还原、剪切、拷贝、填充、描边、变换、定义图案和首选项的设置等。

"文件"菜单命令　　　　　　"编辑"菜单命令

3. 图像

使用"图像"菜单命令可以对图像的颜色模式、图像大小、画笔大小等进行设置，在"调整"选项中新增了"HDR色调"功能。

4. 图层

使用"图层"菜单命令可以对图层进行多种操作，其中包括新建图层、复制图层、添加图层蒙版、图层的对齐及合并等，便于用户对图层进行创建和管理。

"图像"菜单命令　　　　　　"图层"菜单命令

5．选择

在"选择"菜单命令中，包含了所有对选区的操作命令，可以对选区进行反向、修改、变换、扩大、载入等操作。

6．滤镜

在Photoshop CS4的基础上对"滤镜"菜单命令也进行了少数调整，增加了"镜头校正"滤镜。

"选择"菜单命令　　　　"滤镜"菜单命令

7．分析

使用"分析"菜单命令可以对图像进行测量和计算，用于精确地设置图像的比例及角度等。

8．3D

在"3D"菜单命令中，包含了多个对3D图像进行操作的命令，可以执行3D文件的打开、将2D图像创建为3D图像、进行3D渲染等操作。

9．视图

使用"视图"菜单命令可以对图像的视图进行调整，包括缩放视图、屏幕模式、标尺显示、参考线显示等选项的设置。

10．窗口

使用"窗口"菜单命令可以对工作区进行调整和设置，在该菜单命令下，直接单击菜单中的面板名称可以打开或关闭多个面板，也可以通过文件的名称对打开的文档进行切换。

"视图"菜单命令　　　　"窗口"菜单命令

11．帮助

在该菜单命令中，可以查看在图像处理中进行的操作和技术，包括Photoshop的注册等软件属性设置，还能够通过教程的方式对多个图像操作进行查看。

"帮助"菜单命令

"分析"菜单命令　　　　"3D"菜单命令

2.1.6 工作区面板组

Photoshop CS5根据面板在实际应用中的使用频率对面板进行了分类，在应用程序栏中添加了可快速转换工作区面板的选项，单击选项，面板将按预设的形式出现。

单击"基本"选项，在工作区中将会显示Mini Bridge面板、"历史记录"面板、"颜色"面板、"色板"面板等，如下左图所示。

单击"设计"选项，工作区将会显示"图层"面板、"通道"面板、"路径"面板等，如下右图所示。

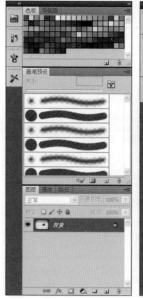
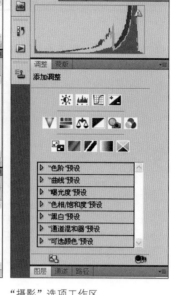

"绘画"选项工作区　　　"摄影"选项工作区

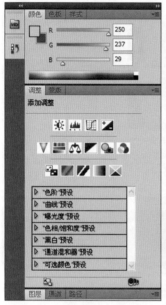

"基本"选项工作区　　　"设计"选项工作区

单击"绘画"选项，工作区将会显示"画笔"面板、"工具预设"面板等，如右上左图所示。

单击"摄影"选项，工作区将会显示"仿制源"面板、"直方图"面板、"导航器"面板等，如右上右图所示。

实用技巧

在对面板进行调用时，Photoshop CS5提供了新的工作区设置方式，根据图像处理的不同分类对工作区的面板设置进行选择。若用户根据自身的图像处理习惯对面板进行设置后，可以将面板的设置通过"新建工作区"对话框进行保存，如下图所示，以方便下次图像处理时对面板进行调用。

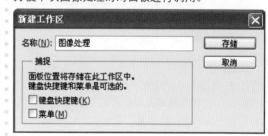

"新建工作区"对话框

2.2 Photoshop文件的基本管理

在进行图像处理之前，先介绍对文件的创建、关闭、存储等最基本的操作，这些操作都是通过"文件"菜单中的菜单选项进行的。

如下图所示即为"文件"菜单命令。

"文件"菜单命令

01 数码照片和摄影基础知识

02 Photoshop CS5的基础知识

03 使用Camera Raw处理数码照片

04 对数码照片进行基本的编辑

25

2.2.1 文件的新建

文件的新建是创建空白的图像文件，执行"文件"|"新建"菜单命令，打开"新建"对话框，如下图所示，在对话框中可以设置文件的大小、分辨率、背景色等文件的基本属性。

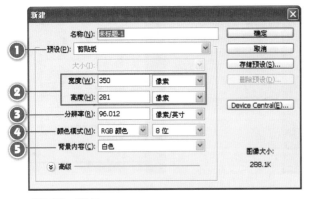

"新建"对话框

① 预设： 在该选项的下拉列表中可选择多种预设的文件大小尺寸，如右图所示，可以直接单击预设菜单名称创建固定尺寸的文件，也可以通过"自定"创建任意形状的图像文件。

剪贴板
默认 Photoshop 大小
美国标准纸张
国际标准纸张
照片
Web
移动设备
胶片和视频
01.jpg
自定

"预设"下拉列表

② 宽度和高度： 在"宽度"和"高度"后的文本框中输入数值作为文件的宽度和高度，在其后的下拉列表选项中可选择设置图像的单位以像素、英寸、厘米等规格进行。

③ 分辨率： 该选项用于设置图像的清晰度，分辨率越高，文件所占内存就越大，分辨率过大会影响后面操作的效率，建议不要将分辨率设置得过大。通常用于印刷的图像分辨率为300像素/英寸，而普通的网页图片，可采用较低的72像素/英寸。

④ 颜色模式： 在该选项的下拉列表中选择创建的文件的颜色模式和位数，默认创建的图像文件颜色模式为RGB模式、8位的图像文件。

⑤ 背景内容： 在该选项中可以设置新建文件的背景颜色。默认的背景内容为白色，还可以以当前的背景色和透明作为创建文件的背景色效果。下图所示为"背景内容"下拉列表。

白色
背景色
透明

"背景内容"下拉列表

2.2.2 文件的打开和保存

在Photoshop中除了可以通过新建的方式设置图像文件外，还能够打开多种类型的图像文件和对图像进行保存。

1. 文件的打开

执行"文件"|"打开"菜单命令，弹出"打开"对话框，选中需要打开的图像，再单击"打开"按钮，如下图所示，即可将选中的图像文件在Photoshop中打开。

"打开"对话框

① 文件名： 在对话框中选中需要打开的图像文件后，在"文件名"选项中将自动显示选中文件的名称。

② 文件类型： 在该选项的下拉列表中显示多个图像文件格式名称，若是选中打开的图像文件格式包含在下拉列表选项中，则可以直接通过"打开"命令将图像文件打开。

实用技巧 ▶ ▶ ▶

若是使用"打开"命令不能将其他格式的图像文件打开时，可以通过执行"文件"|"导入"菜单命令，通过导入图像的方式在Photoshop中将文件打开。

2. 文件的保存

文件的保存可以通过"存储"和"存储为"命令来实现，如果是已经保存过的图片，选择"存储"菜单命令则会在原有的文件上直接保存；如果需要将图像文件保存为其他格式则需要选择"存储为"菜单命令，打开"存储为"对话框，如下图所示。

① 保存在：在该选项的下拉列表中选择图像文件在计算机中的保存位置。

② 文件名：在"文件名"文本框中输入保存图像文件的名称。

③ 格式：在该选项后的下拉列表中选择图像文件所要存储的文件格式，默认存储格式为PSD格式，如下图所示。

"存储为"对话框

"格式"下拉列表

2.3 屏幕显示和辅助工具的应用

在图像处理的过程中，为了帮助用户更方便地对图像进行操作以及更好地查看图像，Photoshop提供了多种图像的显示模式。为了方便用户更精确地创建图像，设置了参考线等辅助工具，下面对屏幕模式的显示和辅助工具的应用进行具体介绍。

2.3.1 屏幕模式之间的切换

单击"启动程序栏"中的"屏幕模式"按钮，在弹出的菜单中可以选择图像的显示模式。可以通过标准屏幕模式、带有菜单栏的全屏模式和全屏模式三种屏幕模式来显示图像，如下图所示分别为三种屏幕模式切换的效果。

带有菜单栏的全屏模式

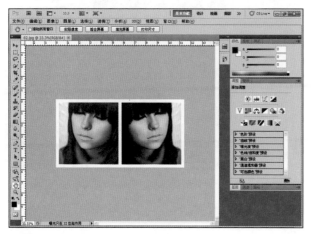

标准模式

实用技巧 ▶ ▶ ▶

在不同的屏幕模式之间进行切换还可以通过快捷键的方式来实现，在英文输入法状态下，按F键可以快速地在三种屏幕模式之间进行切换。

Part 01

全屏模式

2.3.2 调整窗口的显示方式

　　图像在窗口中的显示可以根据需要进行变换。在"启动程序栏"中选择"抓手工具"或"缩放工具"按钮，在其选项栏中会提供对图像窗口进行变换的4个按钮，分别为"实际像素"、"适合屏幕"、"填充屏幕"和"打印尺寸"，如下图所示，单击即可相应调整图像在窗口中的显示模式。

对图像窗口进行变换的4个按钮

❶ 实际像素：单击该按钮可以将打开的图像以实际的像素大小进行显示，图像的100%视图所显示的图像与它在浏览器中显示的一样，如下图所示是实际像素显示效果。

以"实际像素"显示图像

❷ 适合屏幕：单击该按钮，可调整缩放级别和窗口大小，使图像正好填满可以使用的屏幕空间，如右上图所示。

以"适合屏幕"显示图像

❸ 填充屏幕：单击该按钮可以使图像的高度正好填满可使用的空间，填充屏幕效果如下图所示。

以"填充屏幕"显示图像

❹ 打印尺寸：单击该按钮可以将图像的大小显示为打印尺寸效果，通常的打印尺寸是以图像的100%效果显示，如下图所示。

以"打印尺寸"显示图像

2.3.3 快速蒙版模式与基本编辑模式

在进行图像编辑时，可实现选区和临时蒙版之间的转换，以帮助用户更轻松地编辑图像。

单击工具箱中的"以快速蒙版模式编辑"按钮，进行编辑的区域会以红色、半透明的方式显示，再次单击该按钮，将退出快速蒙版编辑模式，返回正常编辑模式下，未进行编辑的部分以选区的方式显示。

在快速蒙版模式下编辑

正常编辑模式下显示选区

2.3.4 查看参考线、标尺和网格

当图像中有隐藏的参考线，或是需要显示网格和标尺这些辅助设置时，使用Photoshop CS5标题栏中的"查看额外内容"选项可以快速查看参考线、网格和标尺，如下图所示。

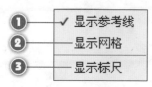

"查看额外内容"选项

① 显示参考线：在绘制过程中对图像和元素进行精确定位，参考线显示为浮动在图像上方的一些不会打印出来的线条，可以进行移动和清除参考线，还可以锁定参考线，使其不会被意外移动。右上图所示为显示参考线效果。

显示参考线效果

② 显示网格：网格对于对称排列图像元素很有用，在默认情况下显示为不会被打印出来的线条，但也可以显示为点。下图所示为显示网格效果。

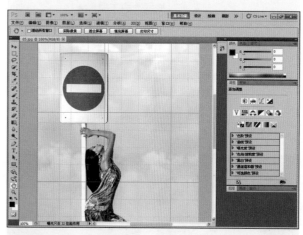

显示网格效果

③ 显示标尺：设置为"显示标尺"，标尺会出现在当前窗口的顶部和左侧，可以精确定位图像或元素，在移动鼠标指针时，标尺内的标记会显示指针的位置。下图所示为显示标尺效果。

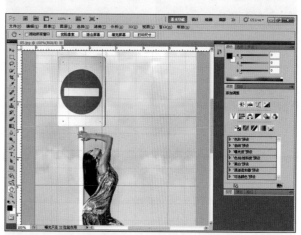

显示标尺效果

01 数码照片和摄影
基础知识

02 Photoshop CS5的
基础知识

03 使用Camera Raw
处理数码照片

04 对数码照片进行
基本的编辑

2.4 图像的选取

图像的选取就是在图像中设置不同形状的选区,通过选区进一步对图像进行操作,下面将通过选框工具、套索工具、钢笔工具和魔棒工具对不同类型的选区设置分别进行介绍。

2.4.1 规则边缘的选取——应用选框类工具

在创建选区的工具当中最基本的是规则选框工具,主要用于创建几何形状的选区,其中包括矩形、圆形、单行或单列。

在工具箱中右击"矩形选框工具"按钮或是长按该按钮,将弹出隐藏的规则选框工具,如下图所示。

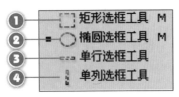

规则选框工具选项

① 矩形选框工具 M
② 椭圆选框工具 M
③ 单行选框工具
④ 单列选框工具

① 矩形选框工具 :矩形选框工具用于创建矩形形状的选区,单击鼠标并沿对角线方向拖曳,如下左图所示,释放鼠标即可创建矩形的选区,如下右图所示。

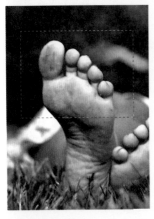 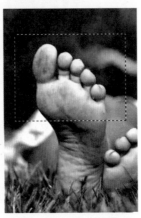

沿对角线拖曳鼠标　　　　　创建矩形选区效果

实用技巧 ▶ ▶ ▶

在沿对角线进行拖曳绘制矩形选区时,按住Shift键可以限定绘制的矩形宽度与高度的比例为1:1,即创建正方形的选区效果。

② 椭圆选框工具 :可以在图像中创建椭圆形选区,通过沿对角线拖曳鼠标设置椭圆形的宽度和高度,释放鼠标即可创建拖曳选区,如右上左图所示;同样的,在按住Shift键拖曳鼠标时可创建正圆形的选区,如右上右图所示。

创建椭圆选区效果　　　　　创建正圆选区效果

③ 单行选框工具 :可以在图像上设置一条或多条1像素宽的横向选区。选择该工具后,在图像上单击即可创建单行选区,如下左图所示;若按住Shift键的同时多次单击图像,则可创建多条单行选区,如下右图所示。

单击创建单行选区　　　　　创建多条单行选区

④ 单列选框工具 :与单行选区类似,选择该工具后,在图像中单击即可创建宽度为1像素的单列选区,如下左图所示;若按住Shift键的同时多次单击图像,则可创建多条单列选区,如下右图所示。

单击创建单列选区　　　　　创建多条单列选区

2.4.2 明晰边缘的选取——套索类工具

规则选框工具只能创建出简单的规整的几何选区，当需要创建较为复杂的选区时，就需要用到套索类工具。其中包含了"套索工具"、"多边形套索工具"和"磁性套索工具"。

在工具箱中，右击"套索工具"按钮 ，或是长按该按钮，将弹出套索类工具隐藏选项，如下图所示。

套索类工具选项

① **套索工具** ：可以用来创建任意形状的不规则的选区，按住鼠标左键不放在图像中拖曳形状，如下左图所示，释放鼠标后，根据绘制的轨迹自动地创建为选区，如下右图所示。

按住鼠标左键不放自由绘制　　　释放鼠标创建选区

② **多边形套索工具** ：可以在图像中创建多边形不规则选区，单击需要选取的图像外形，连续单击并移动鼠标，在绘制结束位置双击鼠标或是连接起始位置，即可创建多边形的选区效果，如下图所示。

单击创建多边形路径　　　　　创建多边形选区

③ **磁性套索工具** ：适用于快速选择边缘与背景反差较大的图像，反差越大，选取的图像就越精准。在图像边缘位置单击，按住鼠标不放并沿边缘进行拖曳，移动的轨迹将自动创建带有锚点的路径，拖曳的终点与起点位置相重合时释放鼠标，即可创建闭合的选区，如右上图所示。

沿图像边缘拖曳鼠标　　　　　新建图像选区效果

2.4.3 相近色彩区域的选取——魔棒工具

"魔棒工具"可以对着色相近的区域进行选取，能够快速地从单一的背景中选取图像，下面是对纯色背景使用"魔棒工具"进行选择后的图像效果。

素材照片　　　　　　　　　选择背景的效果

2.4.4 明显边界的快速选取——快速选择工具

使用"快速选择工具"利用可调整的圆形画笔笔尖快速"绘制"选区，拖动时，选区会向外扩展并自动查找和跟随图像中定义的边缘。

素材照片　　　　　　　　　选择选区的效果

Example **01** 制作柔美的双生人物效果

原始文件：随书光盘\素材\2\01.jpg、02.jpg

最终文件：随书光盘\源文件\2\Example 01 制作柔美的
双生人物效果.psd

本实例主要通过"魔棒工具"对单一的背景进行选取，对人物素材进行抠图，通过设置画布大小并对人物素材进行翻转，设置双生人物效果，再为素材添加背景图案，替换原有的单一背景，然后为图层蒙版添加"模糊"滤镜，设置柔和的人物边缘，最后添加"渐变"填充图层并调整图层的混合模式，以制作柔美的人物效果。

Before ●●●

After ●●●

STEP 01 选择背景区域

打开"随书光盘\素材\2\01.jpg"素材照片，如下左图所示，单击工具箱中的"魔棒工具"按钮，再选中"添加到选区"按钮，设置容差值为20，在画面中多次单击背景部分，设置背景图像的选区效果如下右图所示。

素材01.jpg

设置选区效果

STEP 02 复制图层并添加图层蒙版

在"图层"面板中，拖曳"背景"图层至下方的"创建新图层"按钮上，创建"背景副本"图层，如右上左图所示，然后按住Alt键的同时单击"添加图层蒙版"按钮，为"背景副本"图层添加图层蒙版，如右上右图所示。

复制背景图层　　　　　　添加图层蒙版

STEP 03 模糊图层蒙版

按住Alt键的同时单击"背景副本"图层的图层蒙版缩略图，进入蒙版编辑状态，如下左图所示，执行"滤镜"|"模糊"|"模糊"菜单命令，如下右图所示，为蒙版添加模糊效果。

蒙版效果　　　　　　执行"滤镜"|"模糊"|"模糊"
　　　　　　　　　　菜单命令

STEP 04 查看抠图效果

在"图层"面板中，单击"背景"图层前的"指示图层可见性"图标 👁，将该图标取消显示，如下左图所示，在图像窗口中可以查看隐藏图层后的抠图效果，如下右图所示。

隐藏显示图层　　　　　　隐藏图层的抠图效果

STEP 05 扩大画布尺寸

执行"图像"｜"画布大小"菜单命令，打开"画布大小"对话框，单击下方的九宫格中的右侧中格，设置画布向左侧扩展，再调整宽度为原有尺寸的200%，如下图所示，设置后单击"确定"按钮。

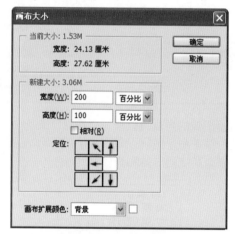

"画布大小"对话框

STEP 06 查看扩展画布后的效果

根据上一步对画布向左扩展为原有宽度的200%，在图像窗口中显示扩展后的图像效果如下图所示。

扩展画布后的图像效果

STEP 07 复制图像并翻转

继续复制"背景副本"图层为"背景副本2"图层，右键单击"背景副本2"图层的图层缩略图，在弹出的菜单中选择"应用图层蒙版"命令，对图层蒙版进行应用。再执行"编辑"｜"自由变换"菜单命令，打开"自由变换"工具，在选项栏中单击设置左侧中心作为翻转的参考点 ▦，再右键单击变换句柄，在弹出的快捷菜单中选择"水平翻转"命令，翻转图层副本后的效果如下图所示。

翻转人物图层效果

STEP 08 打开素材照片

执行"文件"｜"打开"菜单命令，打开"随书光盘\素材\2\02.jpg"素材照片，效果如下图所示，执行"选择"｜"全部"菜单命令，将素材图像中的所有图像进行选中。

素材02.jpg

STEP 09 复制图像并变形

按Ctrl+C快捷键复制上一步选中的素材图像，再切换到人物图像文件，选中"背景"图层，再按Ctrl+V快捷键将复制的图层粘贴在新的"图层1"图层上，打开"自由变换"工具，调整素材图像的位置和大小，如下图所示。

调整素材图像的位置和大小

···⫶⫶ STEP 10　添加渐变填充图层

在"图层"面板上，单击"创建新的填充或调整图层"按钮 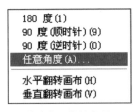，在弹出的菜单中选择"渐变"选项，打开"渐变填充"对话框，单击渐变色条打开"渐变编辑器"对话框，设置渐变颜色由白色至R为0、G为160、B为224的蓝色，如下左图所示，设置后单击"确定"按钮，返回"渐变填充"对话框，设置填充的样式为"径向"，缩放为150%，如下右图所示。

"渐变编辑器"对话框　　　"渐变填充"对话框

···⫶⫶ STEP 11　调整图层混合模式

调整添加的"渐变填充1"图层的混合模式为"柔光"模式，调整图层的不透明度为80%，设置后的图像效果如下图所示，完成本实例的制作。

实例效果图

2.5　校正和修复图像

在对数码照片进行基本的校正和修复时，常用到Photoshop中的移动工具，通过变换命令调整图像的角度，使用裁剪工具去除多余的图像内容，使用污点修复工具擦除照片上多余的小图像。

2.5.1　移动图像——移动工具

"移动工具" ▶⊹ 是Photoshop中最基本的应用工具，处于工具箱的最上方，可见该工具的应用是相当频繁的。

选中需要调整位置的图像素材，在打开图像时"背景"图层是处于锁定状态的，需要将其转换为普通图层后才能进行下一步的操作，选中"移动工具"后单击并拖曳图像即可移动图像，如下图所示。

使用"移动工具"调整图像位置

2.5.2　图像的旋转——任意角度命令

调整图像的角度可以通过"图像"菜单中的"任意角度"菜单命令进行设置，如下图所示，可以对图像进行任意角度的旋转和翻转。

```
180 度(1)
90 度(顺时针)(9)
90 度(逆时针)(0)
任意角度(A)...

水平翻转画布(H)
垂直翻转画布(V)
```

"图像旋转"菜单选项

打开需要旋转的素材照片，执行"图像"|"图像旋转"|"任意角度"菜单命令，打开"旋转画布"对话框，设置旋转角度和方向，如下图所示，单击"确定"按钮，则可以将图像进行固定角度的旋转，旋转效果如下页图所示。

"旋转画布"对话框

旋转图像效果

2.5.3 图像的修剪——裁剪工具

修剪图像的目的是移去部分图像或是突出构图效果，修剪图像应用的工具是"裁剪工具"，使用该工具可以对多余的图像进行去除或是扩大裁剪区域从而放大画布区域。

打开素材图像，在工具箱中选中"裁剪工具"后，在图像上拖曳出矩形框架，再对框架的大小和位置进行调整，如下左图所示，设置后单击选项栏右侧的"提交当前裁剪操作"按钮，确定对图像进行裁剪，裁剪后的图像效果如下右图所示。

绘制矩形裁剪框架

裁剪后的图像效果

实用技巧 ▶ ▶ ▶

当确认对图像进行裁剪时，可以按Enter键快速提交裁剪操作，按Esc键可以取消对图像进行裁剪。

2.5.4 图像的修补——修复类工具

可以通过Photoshop中的修复类工具对数码照片中的缺陷进行弥补和改善，在工具箱中长按"修复画笔工具"按钮，打开隐藏的修复类工具选项，其中包括污点修复画笔工具、修复画笔工具、修补

工具和红眼工具，如下图所示，下面分别对这些画笔的应用进行介绍。

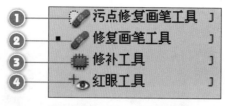

修复类画笔工具

① 污点修复画笔工具：可以快速移去照片中的污点和其他不理想的部分。

选中"污点修复画笔工具"，设置适当大小的画笔直径，移动至需要修复的图像上，直接单击图像上需要修复的污点位置即可，如下左图所示，修复效果如下右图所示。

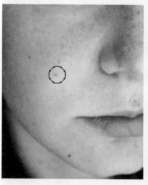
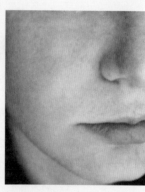

单击需要修复的污点位置　　修复后的效果

② 修复画笔工具：可以通过图像或图案样本对图像进行修复。在需要进行修复的图像上，设置合适的画笔，按住Alt键对鼠标位置进行取样，如下左图所示，再将光标移动至需要修复的图像位置，以取样的图像对画面瑕疵部分进行修复，修复效果如下右图所示。

对图像进行取样　　使用修复画笔工具效果

③ 修补工具：可以用其他区域或图案中的像素来修复选中的区域，与修复画笔工具一样，修补工具会将样本像素的纹理、光照和阴影与源像素进行匹配。在画面中绘制需要进行修补的图像区域，如下页左图所示，按住鼠标左键将选中的图像区域进行拖曳，如下页右图所示，释放鼠标即可完成对图像的修补。

选择修补区域 拖曳位置进行修补

④ 红眼工具：红眼是由于相机闪光灯在主体视网膜上反光引起的，使用红眼工具可以快速去除图像上的红眼。

选择"红眼工具"，在眼睛瞳孔位置绘制矩形框，如下左图所示，之后再对另一只眼睛进行去除红眼操作，去除红眼效果如下右图所示。

绘制矩形框 去除红眼效果

Example 02 修复有瑕疵的人物肖像

| 原始文件：随书光盘\素材\2\03.jpg |
| 最终文件：随书光盘\源文件\2\Example 02 修复有瑕疵的人物肖像.psd |

本实例主要通过多个修复工具的组合运用对带有瑕疵的人物肖像照片进行处理，通过"污点修复画笔工具"快速去除人物脸部的斑点，通过"修补工具"去除眼袋与色斑，再结合图层的混合模式提升照片的整体亮度，通过"可选颜色"调整图层恢复人物皮肤的娇嫩肤色。

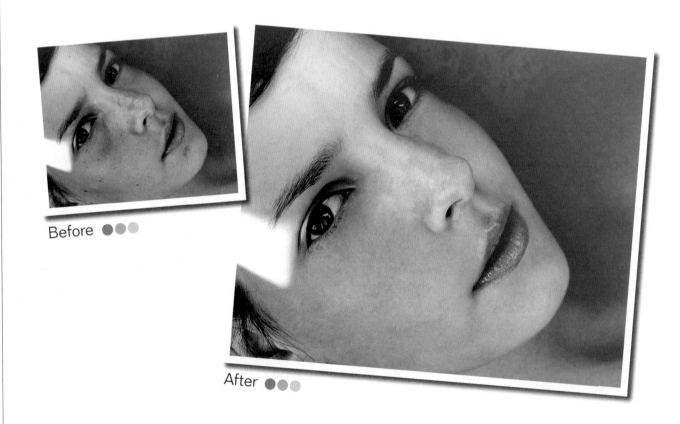

Before ●●●

After ●●●

Part 01 Part 02 Part 03 Part 04

STEP 01 复制和新建图层

执行"文件"｜"打开"菜单命令，打开"随书光盘\素材\2\03.jpg"素材照片，在"图层"面板中，按Ctrl+J快捷键复制一个背景图层为"图层1"，再单击面板下的"创建新图层"按钮 ，新建一个透明图层"图层2"，如下图所示。

"图层"面板

STEP 02 去除面部的色斑

选择工具箱中的"污点修复画笔工具" ，在选项栏中勾选"对所有图层取样"复选框后，设置画笔的直径为20px，移动光标至人物脸部的色斑位置，如下左图所示，单击即可消除人物脸部的色斑，多次单击去除人物脸部所有的色斑，去除后的效果如下右图所示。

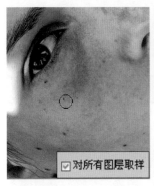

使用"污点修复画笔工具"　　　去除脸部色斑后的效果

STEP 03 去除人物眼袋

在"图层"面板中，按Shift+Ctrl+Alt+E快捷键盖印一个可见图层"图层3"，选择工具箱中的"修补工具"按钮 ，在人物眼部下方绘制一个适当大小的图像区域，单击并拖曳绘制区域至脸部下方皮肤，如右上左图所示，将拖曳位置的图像覆盖在原图像上，对人物的眼袋进行去除，设置后的图像效果如右上右图所示。

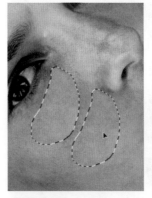

绘制并拖曳图像区域　　　　　　去除眼袋后的效果

STEP 04 修补人物鼻梁位置皮肤

继续使用"修补工具"在人物的鼻梁位置绘制适当大小的区域，绘制后单击并向鼻梁上方拖曳，如下左图所示，移动到适当位置后释放鼠标，覆盖原有位置不均匀的肤色，设置后的效果如下右图所示。

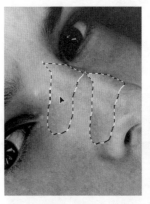
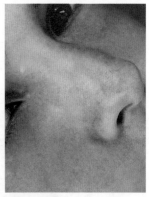

单击并拖曳绘制区域　　　　　　修补后的皮肤效果

STEP 05 继续对人物肤色进行修补

继续使用"修补工具"在人物脸颊、下巴、鼻翼等颜色较深的位置进行皮肤的均匀化处理，利用人物脸部其他位置较均匀的皮肤对原有的较暗皮肤进行修补，对脸部进行细致修补后的图像效果如下图所示。

对整个脸部进行修补后的效果

01 数码照片和摄影 基础知识

02 Photoshop CS5的 基础知识

03 使用Camera Raw 处理数码照片

04 对数码照片进行 基本的编辑

⋮⋮⋮ STEP 06 复制图层并调整图层混合模式

在"图层"面板中,选中"图层3"图层并按Ctrl+J快捷键创建一个副本图层"图层3 副本",再调整副本图层的混合模式为"滤色"模式,图层的不透明度为50%,如下左图所示,调整图层混合模式和不透明度后的画面效果如下右图所示。

"图层"面板

调整后的画面效果

⋮⋮⋮ STEP 07 减少皮肤的红色

在"图层"面板中,单击面板下方的"创建新的填充或调整图层"按钮 ,在弹出的菜单中选择"可选颜色"选项,打开"调整"面板的"可选颜色"选项,选中颜色为"红色",调整黑色分量浓度为-80%,如右上左图所示,选中"黑色"时调整黑色分量浓度为+5%,如右上右图所示,设置完成后单击"确定"按钮。

调整红色的颜色浓度

调整黑色的颜色浓度

⋮⋮⋮ STEP 08 查看图像效果

根据上一步在"可选颜色"选项中对红色颜色浓度的降低,减轻人物面部皮肤偏红的效果,使皮肤看起来细腻、清透,图像效果如下图所示。

实例效果图

2.6 对图像进行绘制和处理

当对照片的画面、明暗程度、颜色的饱和度、色调等方面进行调整时,可以通过下面介绍的工具进行设置。

2.6.1 图像的克隆——仿制图章

"仿制图章工具" 是从图像中取样,然后将样本应用到其他图像或同一图像的其他部分,能够用于图像的快速复制,还能够通过对图像进行仿制覆盖不需要的图像,该工具的操作与"修复画笔工具"类似。如下左图所示为对图像进行取样,右图所示为仿制图像效果。

对图像进行取样

仿制图像效果

2.6.2 图像的绘制——画笔工具

"画笔工具" 是用于涂抹颜色的工具,在"画笔"选项栏中,可以对不同的画笔属性进行设置,包括画笔的笔触的形态、大小以及材质等,如下图所示,对于特殊形态的图像还可以将其自定义为画笔。

"画笔"选项栏

① 画笔:单击该选项右侧的下三角按钮,打开"画笔预设"面板,在该面板中可以分别对画笔的笔触、直径和硬度等基本属性进行设置,如下页图所示。

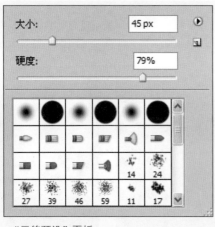

"画笔预设"面板

② 模式：用于控制画笔绘制的图像与下层图像的混合模式，混合模式的选项除了设置图层混合模式的25个选项外，还增加了"背后"和"清除"选项。

首先在选项栏中对画笔的模式进行设置，然后在画面中进行绘制，分别设置画笔模式为"滤色"模式和"饱和度"模式后，在画面中的绘制效果如下图所示。

"滤色"模式　　　　　"饱和度"模式

③ 不透明度：该选项用于调整画笔的不透明度。设置数值越小，笔触越透明，下面是分别设置画笔的不透明度为80%和30%后绘制的图像效果。

画笔不透明度为80%的效果

画笔不透明度为30%的效果

2.6.3　去除多余图像——背景橡皮擦工具

"背景橡皮擦工具"可在拖动时将图层上的像素抹成透明，从而可以在抹除背景的同时在前景中保留对象的边缘。通过指定不同的取样和容差选项，可以控制透明度的范围和边界的锐化程度。

素材照片

擦除背景后的效果

2.6.4 图像效果的处理——模糊、锐化及涂抹工具

在照片的艺术化处理中，合理地转换图像的虚实有助于明确地表达照片中主体和陪体之间的关系，Photoshop提供了模糊工具、锐化工具和涂抹工具，长按"模糊工具"按钮 将打开隐藏的工具选项，如下图所示。

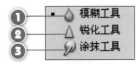

"模糊工具"的隐藏工具选项

❶ 模糊工具："模糊工具"可柔化硬边缘或减少图像中的细节，使用该工具在图像中进行涂抹后，被涂抹过的区域就会变得模糊，涂抹的次数越多，就越模糊。

打开素材照片，照片中的主题车辆、背景、标牌等内容都是清晰可见的，如下图所示。

素材照片效果

选择"模糊工具"，在选项栏中设置模糊的强度为75%，在照片的背景中涂抹，将除汽车前端之外的所有部分进行模糊处理，设置后的效果如下图所示。设置背景模糊后，模拟出相机的大光圈拍摄效果，更加突出汽车的霸气和豪华感。

模糊背景后的照片效果

❷ 锐化工具："锐化工具"用于增强边缘的对比度，使图像的线条更加清晰，图像效果更加鲜明，下图分别为原图与使用"锐化工具"涂抹后的图像效果，涂抹后的图像更加突出了细节。

原图效果　　　　　　　锐化后的效果

❸ 涂抹工具：利用"涂抹工具"可以在图像中模拟将手指划过湿油漆时所看到的效果，可拾取描边开始位置的颜色，并沿拖动的方向展开这种颜色。

打开一张素材照片，如下左图所示，选择"涂抹工具"在画面中涂抹，可以将原有的照片制作成绘画效果，如下右图所示。

素材照片效果　　　　　　涂抹为绘画效果

2.6.5 明暗的处理——减淡、加深及海绵工具

在数码照片的处理中，光影的明暗处理也很重要，如何突出暗部，如何突出亮部，能够通过Photoshop中的加深、减淡等工具实现，下面将具体介绍这些工具在明暗处理中的作用。

在工具箱中长按"减淡工具"按钮 ，可以打开隐藏的工具选项，其中包括了减淡工具、加深工具和海绵工具，如下图所示。

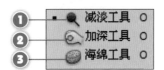

"减淡工具"的隐藏工具选项

① 减淡工具："减淡工具"和"加深工具"都是采用调节照片特定区域的曝光度的传统摄影技术，当需要将图像的某个位置变亮时就可以使用"减淡工具"。

打开一张素材照片，如下图所示。

素材照片效果

选择"减淡工具"后设置范围为"中间调"，设置曝光度为40%，勾选"保护色调"复选框，在素材的光点位置涂抹，使用"减淡工具"对亮部进行加强后的图像效果如下图所示。

使用"减淡工具"后的效果

② 加深工具："加深工具"的作用与"减淡工具"的作用相反，能够将某个位置的图像变暗，"加深工具"的选项设置与"减淡工具"的选项设置类似，下面分别为原素材照片和使用"加深工具"增强暗部的图像效果。

原照片效果　　　　　使用"加深工具"后的效果

③ 海绵工具：该工具可以精确地更改区域的色彩饱和度，使图像中特定区域的色调变深或变浅，利用选项栏中的"饱和"模式选项可以提高饱和度，而选择"降低饱和度"选项则可以降低饱和度。

打开一张素材照片，如下图所示。

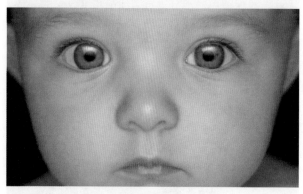

素材照片效果

选择工具箱中的"海绵工具" 🔘，并分别选择"降低饱和度"模式和"饱和"模式，设置流量分别为50%和10%，在素材照片中进行涂抹后的对比效果如下图所示。

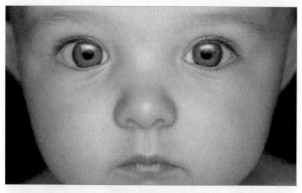

"降低饱和度"模式、流量为50%的效果

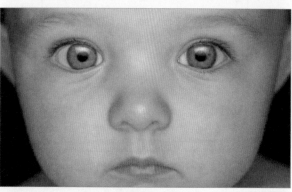

"饱和"模式、流量为10%的效果

01 数码照片和摄影基础知识

02 Photoshop CS5的基础知识

03 使用Camera Raw处理数码照片

04 对数码照片进行基本的编辑

Example 03 保留部分色彩突出局部效果

原始文件：随书光盘\素材\2\04.jpg

最终文件：随书光盘\源文件\2\Example 03 保留部分色彩突出局部效果.psd

　　本实例使用"锐化工具"对人物的五官进行锐化处理，设置更为明亮的眼睛效果，再通过"海绵工具"对人物的皮肤和头发部分进行低饱和度效果处理，保留原来图像上人物的五官及衣服色彩即可，再通过"海绵工具"对保留色彩部分进行增加饱和度效果的处理，最后使用"加深工具"和"减淡工具"使图像的层次感突出，具体的操作步骤如下。

Before ●●●

After ●●●

STEP 01　复制和新建图层

执行"文件"｜"打开"菜单命令，打开"随书光盘\素材\2\04.jpg"素材照片，在"图层"面板中，拖曳"背景"图层至"创建新图层"按钮上，复制一个背景图层为"背景副本"图层，如下图所示。

"图层"面板

STEP 02　清晰化五官

在"背景副本"图层上，单击工具箱中的"锐化工具"按钮 △ ，在人物的眼部位置和五官其他位置进行涂抹，设置后的图像效果如右上图所示。

锐化五官图像

锐化后的脸部效果

STEP 03　降低人物皮肤饱和度

选择工具箱中的"海绵工具" ，设置画笔直径为50px，模式为"降低饱和度"，流量为20%，设置后在人物的脸部皮肤位置进行涂抹，如下左图所示，涂抹后皮肤的饱和度降低了，图像效果如下右图所示。

涂抹脸部皮肤

降低皮肤饱和度的效果

STEP 04　降低其他位置的图像饱和度

继续使用"海绵工具"，复制"背景副本"图层后，调整流量为30%，在人物头发和剩余皮肤位置进行涂抹，降低饱和度，设置后的效果如下图所示。

模式: 降低饱和度　流量: 30%

降低头发和剩余皮肤饱和度效果

STEP 05　增加局部图像饱和度

复制"背景副本2"图层，继续使用"海绵工具"，设置画笔的直径为20px，调整模式为"饱和"模式，控制流量为16%，在人物的眼球、嘴唇和衣服等位置进行涂抹，适当地增加这些部分的图像饱和度，设置后的图像效果如下图所示。

模式: 饱和　流量: 16%

增加局部图像饱和度效果

STEP 06　增强层次感

复制"背景副本3"图层，分别选择工具箱中的"减淡工具"和"加深工具"，分别对图像的明暗效果进行设置，增强了人物头发的光泽感和暗部层次，增亮了人物的服饰和五官，设置后的图像效果如下图所示，完成本实例的制作。

实例效果图

实用技巧 ▶ ▶ ▶

选择用于图像修复和图像增效的多个工具时，在选项栏中通常都会有画笔大小的设置，通过"画笔预设"面板可以对画笔的直径和硬度等选项进行设置。但是，在具体的实例制作中，对图像进行修复和增效时，不同对象选择的画笔大小也会有所不同，这时，可以通过键盘上的"["和"]"键快速地对画笔的直径进行缩小和放大。

2.6.6　色彩的填充——油漆桶和渐变工具

在照片处理中，颜色的应用也相当频繁。Photoshop提供了两种用于颜色填充的方法，分别使用工具箱中的"渐变工具"和"油漆桶工具"能够实现，长按"渐变工具"按钮能够将隐藏的工具选项打开，如下图所示。

① ■ 渐变工具　G
② ◢ 油漆桶工具　G

颜色填充工具选项

① 渐变工具：利用渐变工具可以绘制具有颜色变化的色带。渐变工具根据需要可对图像进行各种形式的填充，如下图所示为为图像背景进行"线性"填充和"角度"填充后的图像效果。

"线性"填充效果

"角度"填充效果

实用技巧 ▶ ▶ ▶

在选择"渐变工具"时，打开"渐变编辑器"对话框后，渐变颜色块的第1个和第2个选项分别是由"前景色"和"背景色"控制的，第1个渐变色为"前景色到背景色渐变"，而第2个渐变色则为"前景色到透明渐变"，这样用户可以直接通过对前景色和背景色的变换快速地设置颜色渐变。

数码照片和摄影

01 基础知识

Photoshop CS5的

02 基础知识

使用Camera Raw

03 处理数码照片

对数码照片进行

04 基本的编辑

② **油漆桶工具：**用于在特定颜色和与其相近的颜色区域填充前景色或指定图案，常用于颜色比较简单的图像。

油漆桶工具的应用只需单击即可，在设置好的图像选区中直接单击鼠标，即可对选区进行单色填充，填充效果如右图所示。

在选区中单击鼠标

为选区填充单一颜色

Example 04	制作飞舞的彩虹色薄纱效果	原始文件：随书光盘\素材\2\05.jpg
		最终文件：随书光盘\源文件\2\Example 04 制作飞舞的彩虹色薄纱效果.psd

本实例通过"油漆桶工具"创建单一的颜色图层，用于设置整个画面的色调效果，使用"渐变工具"在画面中添加彩虹色渐变效果，通过调整彩色填充的混合模式、设置图层的混合模式和不透明度的方式将填充的色彩应用到原有的薄纱中，结合应用"图层蒙版"只保留薄纱部分位置的颜色效果，具体的制作过程如下所示。

Before ●●●

After ●●●

⋯⋯ STEP 01 复制背景图层

执行"文件"|"打开"菜单命令，打开"随书光盘\素材\2\05.jpg"素材照片，在"图层"面板中，拖曳"背景"图层至"创建新图层"按钮上，创建一个副本图层"背景副本"图层，如右图所示。

"图层"面板

STEP 02　调整图层混合模式和不透明度

在"图层"面板中，选中"背景副本"图层，调整该图层的混合模式为"滤色"模式，设置图层的不透明度为60%，设置后的图像效果如下图所示。

调整图层混合模式和不透明度效果

STEP 03　填充纯色图层

在"图层"面板中，创建一个新的图层"图层1"，单击工具箱中的"油漆桶工具"按钮，单击前景色色块，打开"拾色器（前景色）"对话框，在对话框中设置颜色为R220、G150、B0，如下左图所示，设置后单击画面，为"图层1"填充纯色，如下右图所示。

"拾色器（前景色）"对话框　　　　"图层"面板

STEP 04　调整图层的混合模式

在"图层"面板中，调整"图层1"图层的混合模式为"色相"模式，设置后的画面效果如下图所示，整体色相发生了改变。

调整图层混合模式效果

STEP 05　填充彩虹渐变

在"图层"面板中，再新建一个透明图层"图层2"，选择"渐变工具"，在选项栏中单击渐变色条，打开"渐变编辑器"对话框，选择预设的"透明彩虹渐变"，如下左图所示，设置后单击"确定"按钮，在"图层2"上由左至右添加水平的线性渐变，填充渐变效果如下右图所示。

"渐变编辑器"对话框　　　　填充线性渐变效果

STEP 06　调整图层属性

为"图层2"调整图层的混合模式为"颜色"模式，调整不透明度为80%，如下左图所示，设置后的画面效果如下右图所示，将彩虹色添加在原有图像上。

"图层"面板　　　　设置后的效果

STEP 07　添加并绘制图层蒙版

在"图层2"图层上，按住Alt键的同时单击面板下方的"添加图层蒙版"按钮，创建黑底的图层蒙版如下左图所示，选择工具箱中的"画笔工具"，设置前景色为白色，在"图层2"图层蒙版上进行涂抹，涂抹的部分是图像中的飘荡的薄纱部分，如下右图所示。

添加图层蒙版　　　　涂抹图层蒙版

知识链接 ▶ ▶ ▶

图层蒙版可以控制底层图像的显示程度,在图层蒙版上,单击蒙版的缩略图使其为选中状态,选择任意一种绘画工具,在图层蒙版上均可以进行涂抹和图像绘制,绘制的图像决定了底层图像的显示图像。

（1）图层蒙版中为黑色表示隐藏底层图像上的内容。

（2）图层蒙版中为白色表示显示底层图像上的内容。

（3）图层蒙版中为灰色表示显示部分底层图像上的内容。

•••••• STEP 08 查看图像效果

根据上一步对图层蒙版进行涂抹后,只保留彩虹渐变处于薄纱位置的图像,为飘荡的薄纱添加设置彩虹色渐变,实例效果如下图所示。

实例效果图

2.7 使用Bridge管理照片

Adobe Bridge是Adobe Creative Suite的控制中心,使用它可以对数据进行组织、浏览和查找,用于照片的管理更是非常方便和快捷的,可以快速地对照片进行查看、管理和处理。

2.7.1 启动Bridge应用程序

Adobe Bridge应用程序可以直接从"开始"菜单中选择Adobe Bridge CS4选项进行启动,还可以在启动Photoshop CS5程序之后,单击"启动应程序栏"中的"启动Bridge"按钮▦即可启动Adobe Bridge应用程序,其界面效果如下图所示。

Adobe Bridge程序界面

2.7.2　通过光盘路径浏览图像

在启动Adobe Bridge后，可以在左侧的"收藏夹"面板和"文件夹"面板对文件夹中的图像内容进行浏览，通过展开"收藏夹"面板或是展开"文件夹"面板中的树形图，将需要查看的照片文件选中，并通过"内容"面板浏览照片。

单击"我的电脑"前的展开按钮▶，将文件夹树形图展开，如下左图所示，将"我的电脑"树形图展开后，查看"我的电脑"中包含的硬盘内容，通过查找硬盘上的照片文件夹，选中需要查看的照片文件夹名称，如下右图所示。

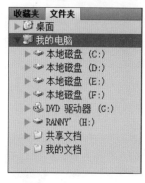 

展开树形图　　　　　　　　选中需要查看的文件夹名称

在Adobe Bridge中间位置的"内容"面板中，以缩略图的形式对选中文件中的照片文件进行浏览，浏览文件夹中的照片效果如下图所示。

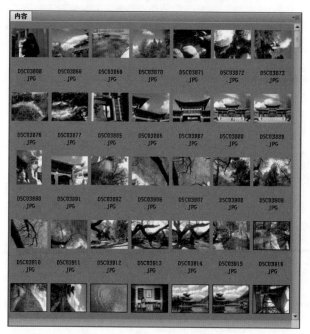

浏览文件夹中的照片

2.7.3　大尺寸预览照片

在"内容"面板中以缩略图的形式对照片图像进

行浏览后，若需要对某一张照片图像进行放大显示，则直接在"内容"面板中，单击需要查看的照片缩略图，如下左图所示，在"内容"面板的右侧"预览"面板中将放大显示选中的照片，如下右图所示。

单击需要查看的照片　　　　预览照片效果

在"预览"面板中，将鼠标光标放置在照片图像上时，光标自动变换为放大镜光标效果，如下左图所示，单击放大图像位置即弹出该位置的放大效果，如下右图所示，方便用户对图像的局部效果进行查看。

单击放大位置　　　　　　　局部放大效果

2.7.4　获取照片上的元数据

当在"内容"面板中单击要查看的照片图像时，在"预览"面板下方的"元数据"面板中可以查看数码照片的基本属性，如下图所示。

"元数据"面板

在"元数据"面板中可以对数码照片的各项详细属性进行查看，在"文件属性"选项中可以查看照片文件的基本属性，如下页左图所示，在"相机数据（EXIF）"选项中可以查看数码照片拍摄时的各项参数，如下右图所示。

查看文件属性

查看相机数据属性

2.7.5 为照片设置关键字

在Adobe Bridge中可以为数码照片设置关键字，帮助用户快速地查找相同类型的照片。单击

"关键字"面板名称打开"关键字"面板，面板效果如下左图所示。

在面板中可以查看分别以"地点"、"人物"和"事件"等类型进行分类的关键字预设选项，用户可以根据需要创建新的关键字，也可以在预设的关键字中创建子关键字，右键单击面板中关键字的名称，在弹出的菜单选项中可以对关键字进行创建、删除、重命名等，如下右图所示。

"关键字"面板

关键字的右键菜单选项

Example 05 为照片添加关键字以方便快速查找

本实例演示在Adobe Bridge中查看需要设置关键字的照片图像，在"关键字"面板中创建新的关键字，并对选中的照片设置关键字，最后通过对关键字的筛选，将设置不同关键字的照片进行快速地查找，下面将对实例的操作进行详细的介绍。

⋯⋯➤ STEP 01 启动Adobe Bridge程序

启动Photoshop CS5软件后，在"启动程序栏"中单击"启动Bridge"按钮■，打开Adobe Bridge应用程序界面，如下图所示。

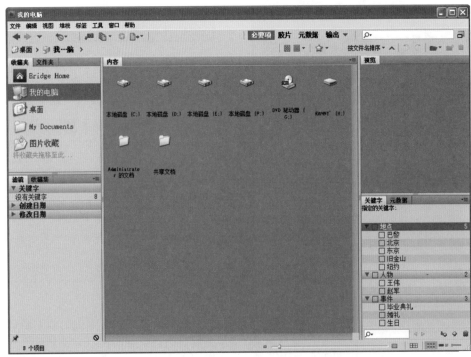

Adobe Bridge程序界面

···· STEP 02　打开照片存储文件夹

在Adobe Bridge程序左侧的"文件夹"面板中展开折叠的文件夹，选中需要进行设置的照片存储文件夹，如下图所示选中"丽江"文件夹。

选中照片文件夹

···· STEP 03　设置关键字

在Bridge的右下方打开"关键字"面板，右键单击面板中任意关键字名称，在弹出的快捷菜单选项中选择"新建关键字"菜单命令，如下左图所示，在文本框中输入合适的关键字后按Enter键确认，创建的新的关键字"丽江"如下右图所示。

选择菜单命令

创建新的关键字效果

···· STEP 04　创建子关键字

在上一步创建了"丽江"关键字后，右键单击名称，在弹出的快捷菜单中选择"创建子关键字"选项，如下左图所示，为"丽江"关键字创建子关键字"木府"，如下右图所示。

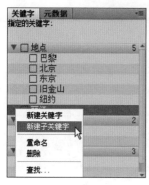
选择菜单命令　　　　创建子关键字效果

···· STEP 05　选中多个照片对象

在"内容"面板中，按住Ctrl键的同时单击多个照片图像缩略图，将需要设置关键字的照片文件同时选中，如下图所示。

选中多个照片文件

···· STEP 06　为选中文件设置关键字

保持上一步设置的多个图像文件处于选中状态，在"关键字"面板中，勾选"木府"子关键字前的复选框，如下图所示，为选中的图像文件设置关键字为"木府"。

设置关键字

···· STEP 07　填充纯色图层

在Bridge程序的左下方，打开"滤镜"面板，展开其中的"关键字"选项，如下左图所示，在该选项下可以查看创建的多个关键字选项，其中包括新创建的关键字"木府"，单击"木府"关键字的名称使其呈勾选状态，如下右图所示。

滤镜 收藏集	
▶ 评级	
▶ 文件类型	
▼ 关键字	
没有关键字	517
东巴文字墙	4
木府	4
玉龙雪山	20
▶ 创建日期	
▶ 修改日期	
▶ 取向	
▶ 长宽比	
▶ 颜色配置文件	

滤镜 收藏集	
▶ 评级	
▶ 文件类型	
▼ 关键字	
没有关键字	517
东巴文字墙	4
✓木府	4
玉龙雪山	20
▶ 创建日期	
▶ 修改日期	
▶ 取向	
▶ 长宽比	
▶ 颜色配置文件	

展开"关键字"选项　　　勾选"木府"关键字

⋯⋯ STEP 08　通过关键字筛选图像效果

在"内容"面板中,通过上一步勾选的"木府"关键字,对选中的文件夹中的图像文件进行筛选,在"丽江"文件夹中,为4张照片图像设置了"木府"关键字,则通过关键字"木府"进行筛选后的图像内容如下图所示。

通过关键字筛选后的照片图像效果

2.7.6　批量重命名照片

数码照片在拍摄的过程中通常是以序列号的形式依次进行命名的,在对数码照片进行管理的过程中,对照片进行重新命名也很重要。

在Adobe Bridge中不仅能够为单一图像进行重新命名,还能够为多个图像进行批量重新命名。若是需要对多个图像进行批量重命名,可先在"内容"面板中选中需要重命名的照片图像,然后执行"工具>批重命名"菜单命令,如下图所示。

执行菜单命令

将弹出"批重命令"对话框,在该对话框中设置新文件名,如下图所示。

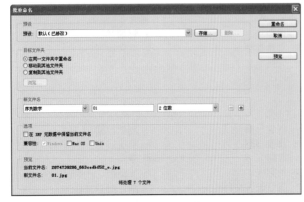

"批重命令"对话框

在"内容"面板中查看文件名,可以看到文件名已修改。

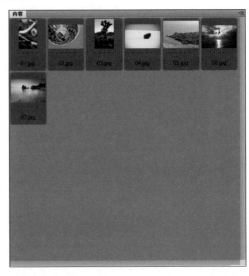

文件批量重命名

2.7.7　旋转照片

拍摄数码照片时,根据拍摄的要素选择运用镜头的横向拍摄还是竖向拍摄,在整理照片时,可以根据需要对照片进行旋转,方便用户对效果进行查看。

选中需要进行旋转的照片缩略图,利用"编辑"菜单中的命令可以对图像进行180度、顺时针90度、逆时针90度的旋转,如下图所示。

旋转 180 度	
顺时针旋转 90 度	Ctrl+]
逆时针旋转 90 度	Ctrl+[

"编辑"菜单下的旋转选项

对于选中的照片图像,还可以通过"逆时针旋转90度"按钮和"顺时针旋转90度"按钮,使图像处于横向显示。单击"逆时针旋转90度"按钮后,"预览"面板中将显示旋转后的图像效果,如下图所示。

旋转前的图像效果　　　　　旋转后的图像效果

2.7.8 对照片进行排序

在对数码照片进行整理时，浏览照片图像时通常是以"文件名"为默认的排列方式进行的，Bridge应用程序为用户提供了多种照片文件的排列方式。

选项栏的右侧有预设的 按文件名排序▾ 选项，单击下三角按钮将排列方式菜单打开，如下图所示，用户可以根据照片的类型、创建或修改的日期、大小、尺寸等对照片进行排列。

✔ 按文件名
按类型
按创建日期
按修改日期
按大小
按尺寸
按分辨率
按颜色配置文件
按标签
按评级
───────
手动

文件排序菜单命令

2.7.9 从Bridge中删除文件

对数码照片进行管理时，有时需要删除一些废照片，从而减少占用存储空间，在Bridge中，用户可以直接删除废照片。

在"内容"面板中，选中需要删除的照片，再单击右键，在弹出的快捷菜单中选择"删除"菜单命令，如下图所示。

选择"删除"菜单命令

在弹出的Adobe Bridge提示框中，设置是否将选中的照片文件删除，如下图所示，若确定删除单击"确定"按钮，若不删除则单击"取消"按钮。

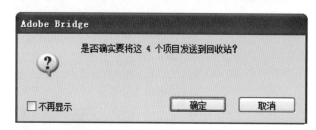

Adobe Bridge提示框

读书笔记

Chapter
03

使用Camera Raw 处理数码照片

数码摄影随着数码相机的普及走进人们的日常生活，随着拍摄技术的纯熟，越来越多的摄影师和摄影爱好者选择了更高质量的数码照片存储格式，这类高质量的存储格式被称为RAW格式。

Adobe Photoshop CS5为用户提供了一个专业的处理数码照片的应用程序：Camera Raw，该程序可以帮助用户对数码照片进行修复、优化图像效果、调整白平衡、调整图像的色调和清晰度等，通过Camera Raw中的多个控件可以对图像进行各种设置，本章将介绍Camera Raw的具体操作和应用。下图所示为Camera Raw对话框及其控件选项。

Camera Raw对话框

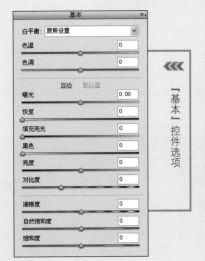

『基本』控件选项

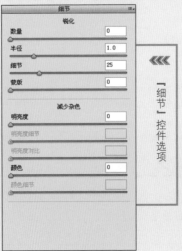

『细节』控件选项

『镜头校正』控件选项

3.1 初识Camera Raw

Camera Raw是作为一个增效工具随Adobe Photoshop一起提供的，Camera Raw提供了导入和处理相机原始数据文件的功能，可以使用Camera Raw来处理JPEG格式和TIFF格式的文件。

3.1.1 认识 Raw格式的文件

Raw是相机的CCD或CMOS在将光信号转换为电信号的原始数据的记录，它单纯地记录了数码相机内部没有进行任何处理的图像数据，所以，Raw格式文件是未经处理、也未经压缩的图像格式文件。

3.1.2 在Camera Raw中打开图像

使用Camera Raw对数码照片进行查看和编辑需要预先启动Adobe Bridge应用程序，在Camera Raw中打开照片的方法有以下两种。

方法1：在Adobe Bridge中可以选中需要打开的照片文件，在"文件"菜单中选择"在Camera Raw中打开"菜单命令，如右上图所示。

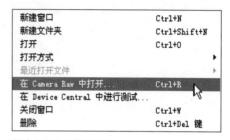

新建窗口	Ctrl+N
新建文件夹	Ctrl+Shift+N
打开	Ctrl+O
打开方式	▶
最近打开文件	▶
在 Camera Raw 中打开...	Ctrl+R
在 Device Central 中进行测试...	
关闭窗口	Ctrl+W
删除	Ctrl+Del 键

通过"文件"菜单打开

方法2：在Adobe Bridge中，右键单击需要打开的照片图像，在弹出的快捷菜单中选择"在Camera Raw中打开"菜单命令，如下图所示。

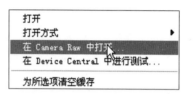

打开	
打开方式	▶
在 Camera Raw 中打开...	
在 Device Central 中进行测试...	
为所选项清空缓存	

通过右键快捷菜单打开

3.1.3 了解Camera Raw选项

下面将具体介绍Camera Raw对话框中的各个选项，Camera Raw对话框如下图所示。

Camera Raw对话框

① 标题栏：在Camera Raw对话框的顶部是标题栏，标题栏中显示了当前使用的版本号和所打开图像的格式，如下图所示。

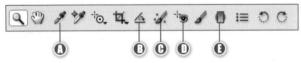

标题栏

② 工具栏：在工具栏中提供了13种对图像进行编辑的工具，其中包括了"缩放工具" 🔍、"抓手工具" ✋、"白平衡工具" 🖊、"颜色取样工具" 🖊、"裁剪工具" 🔲、"拉直工具" 📐、"目标调整工具" 🔯，"专色去除" 🖊、"红眼去除" 🔴、"调整画笔" 🖌、"渐变滤镜" 🔲、"打开首选项对话框" ☰、"逆时针旋转图像90度" 🔄 和"顺时针旋转图像90度" 🔄，如下图所示，下面具体介绍部分按钮的作用。

工具栏选项

A 白平衡工具 🖊：使用该工具可以指定对象的颜色，确定全局场景的光线颜色，然后自动调整图像的光照效果。

在打开的素材照片中，选择白平衡工具后，单击照片中原本为白色的图像区域，如下图所示。

单击白色图像位置

设置后的照片的白平衡立刻得到了真实还原，还原后的效果如下图所示。

还原真实色彩后的效果

B 拉直工具 📐：使用该工具Camera Raw会自动根据拉直工具绘制的长度和角度形成裁剪框，实现对图像的裁剪。

选择该工具后单击并沿墙面痕迹拖曳出斜线，如下图所示。

绘制斜线

释放鼠标后，绘制的斜线的长度作为裁剪框的宽，角度作为裁剪框倾斜的角度，裁剪框效果如下图所示。

裁剪框效果

C 专色去除 🖊：使用专色去除工具可对图像进行修复或者仿制。

D 红眼去除 🔴：使用红眼去除工具可去除因使用闪光灯拍摄造成的人或动物照片中的红眼，也可以去除用闪光灯拍摄的动物照片中的白色或绿色反光，作用类似于Photoshop中的"红眼工具" 🔴。

E 渐变滤镜 🔲：使用渐变滤镜工具可以渐变地对图像的亮度、饱和度、对比度、曝光、锐化等效果进行调整。

选择该工具后可以在图像中通过拖曳的方式设置图像的渐变效果，如下图所示为由左上角至右下角进行拖曳渐变。

拖曳渐变

通过右侧的选项可以对渐变进行创建和编辑，图像的效果可以通过曝光、亮度、对比度、饱和度、透明、锐化程度、颜色等选项进行设置，具体的应用将在3.4.2小节中做详细介绍，设置效果如下图所示。

设置图像渐变后的效果

3 图像预览区：在该区域可以查看通过控件对图像进行调整和操作所产生的效果。

4 缩放级别：单击缩放级别中的"－"按钮可以将图像缩小显示，单击"＋"按钮可以将图像放大显示。可以直接在文本框中输入缩放比例，也可以打开缩放级别下拉列表，选择固定的缩放比例，如下图所示。

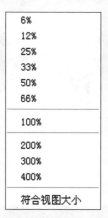

缩放级别下拉列表选项

5 存储图像：单击该按钮可以打开"存储选项"对话框，如下图所示，在对话框中可以对文件的属性进行设置，其中包括文件存储的目标、文件的命名和格式等。

存储选项

6 切换全屏模式：单击"切换全屏模式"按钮，Camera Raw窗口会全屏显示，不显示标题栏，全屏效果如下图所示。

以全屏模式显示

7 直方图：图像中每个亮度级别的像素数量表示形式，在直方图的下方显示了光标当前位置的RGB值以及打开图像的元数据。在直方图的左右两侧有两个上三角按钮，显示阴影和高光修剪，如下图所示。

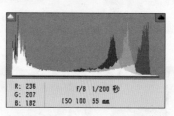

查看直方图

8 图像调整选项区：在图像调整选项区中包含了8个选项卡，可以对图像的多种处理进行分类，其中包括了"基本"选项、"色调曲线"选项、"细节"选项、"HSL/灰度"选项、"分离色调"选项、"镜头校正"选项、"相机校准"选项、"预设"选项。

9 选项卡：单击选项卡右侧的选项菜单按钮即可打开选项卡菜单，如下图所示。

选项卡菜单

10 打开图像：单击"打开图像"按钮，可以启动Photoshop CS5程序并在Photoshop CS5中打开图像。

3.1.4 选项卡的功能

在右侧的图像调整选项区中包含10个选项卡，不同的选项卡具有不同的功能。

① "基本"选项：用于调整照片的"白平衡"和"曝光度"，在Camera Raw中打开素材图像，对素材图像进行调整后，效果如下图所示。

原素材

设置白平衡和曝光度后效果

② "色调曲线"选项：用于调整照片的亮度和对比度，在曲线框中选中"强对比度"选项后，效果如下图所示。

调整曲线

③ "细节"选项：用于锐化图像以及减少照片内的杂色，锐化图像后的效果如下图所示。

锐化图像

④ "HSL/灰度"选项：用于调整照片的"色相"、"饱和度"和"明亮度"，还能将图像转换为灰度图像，转换为灰度图像后的效果如下图所示。

灰度图像

⑤ "色调分离"选项：用于调整图像中高光和阴影区域的"色相"和"饱和度"，调整后效果如下图所示。

调整色相

⑥ "镜头校正"选项：用于调整照片的色差，修复画面中的红/青边等，还能为照片添加镜头晕影，添加晕影后的效果如下页图所示。

添加晕影

添加颗粒

7 "效果"选项：用于为照片添加颗粒和为照片制作老照片的效果，为照片添加颗粒后的效果如右图所示。

8 "相机校准"选项：用于调整由于相机自身原因造成的照片偏色，调出照片的真实色彩。

9 "预设"选项：用于保存对照片的调整，默认设置为"预设"选项。

10 "快照"选项：为照片的当前效果添加快照保存调整进度，以便快速返回需要的操作位置。

3.2 在Camera Raw中进行基本的调整

在Camera Raw中对图像进行调整之前需要分析照片的用光问题，下面介绍最基本的数码照片的白平衡和照片色调的调整方法。

3.2.1 基本调整1——白平衡

白平衡是指物体颜色会因投射光线的颜色产生改变，在不同光线的场合下拍摄出的照片会有不同的色温。通过调整白平衡会按目前图像的特征，调整整个图像红绿蓝三色的强度，以修正外部光线所造成的误差。

在Camera Raw中打开素材照片后，可以在"基本"选项卡中查看对白平衡的调整选项，如下图所示。

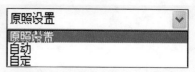

"白平衡"下拉列表选项

若打开的素材为相机原始图像，不仅可以对以上选项进行调整，还能够进行不同的白平衡设置，包括："日光"、"阴天"、"阴影"、"白炽灯"、"荧光灯"和"闪光灯"选项，如下图所示。

白平衡选项

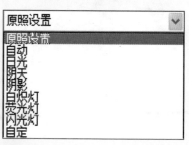

不同的白平衡选项

1 "白平衡"预设选项：在打开非相机原始图像（如TIFF或JPEG图像）进行白平衡调整时，在该下拉列表中可以通过"原照设置"选项查看数码照片的白平衡效果，如右上图所示，还可以通过"自动"选项进行自动修正，使用"自定"选项对照片的色温和色调进行调整。

2 色温：设置"白平衡"为"自定"时，若拍摄照片的光线色温较高，降低色温可校正该照片，使图像颜色变得更蓝以补偿周围光线的发黄效果；相反，如果拍摄照片时的光线色温较低，提高色温可校正该照片，图像颜色会变得更暖以补偿周围光线的发蓝效果。

打开一张相机原始图像，如下图所示，查看原始设置下的色温为5450。

素材照片

向左移动色温滑块降低色温，图像颜色变得更蓝以补偿周围的发黄光线效果，如下图所示。

降低色温效果

向右移动色温滑块增加色温，图像颜色变得更温暖以补偿周围的发蓝光线效果，效果如下图所示。

增加色温效果

❸ 色调：设置白平衡以补偿绿色或洋红色色调。减少色调可在图像中添加绿色；增加色调可在图像中添加洋红色。

实用技巧 ▶ ▶ ▶

要快速调整白平衡可以选择"白平衡工具" ✐，单击预览图像中应为中性灰色或白色的区域即可快速地实现白平衡调整，还可以双击"白平衡工具"将"白平衡"复位为"原照设置"。

Example 01 应用白平衡校正偏色照片

原始文件：随书光盘\素材\3\01.DNG

最终文件：随书光盘\源文件\3\Example 01 应用白平衡校正偏色照片.DNG

本实例通过Camera Raw将偏色的素材照片打开，使用"白平衡工具"调整照片的白平衡，再通过白平衡选项卡对白平衡进行"自定"设置，分别对"色温"和"色调"进行细致的调整，将偏色的素材照片还原为原本色彩效果，具体的操作步骤如下。

Before ●●●

After ●●●

⋯✦ STEP 01　启动Adobe Bridge CS5

打开"开始"菜单，单击"所有程序"选项，在弹出的应用程序菜单选项中选择Adobe Bridge CS4菜单命令，如下图所示，启动Adobe Bridge应用程序。

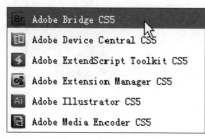

选择Adobe Bridge CS5菜单命令

⋯✦ STEP 02　打开素材照片

在Adobe Bridge中的"文件夹"面板中，选中"随书光盘\素材\3"文件夹，浏览该文件夹中的素材照片，选中01.DNG照片后单击右键，在弹出的快捷菜单中选择"在Camera Raw中打开"菜单命令，如下图所示。

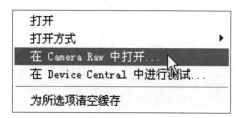

选择"在Camera Raw中打开"菜单命令

⋯✦ STEP 03　使用白平衡工具调整

在Camera Raw中单击工具选项中的"白平衡工具"按钮 ![按钮]，在人物的肩带高光位置单击，如下左图所示，吸取高光的白色作为照片中的白场，设置后的照片效果如下右图所示。

吸取高光位置　　　　　　　设置白场后的效果

⋯✦ STEP 04　继续使用白平衡工具

保持"白平衡工具"处于选中状态，在照片中单击人物头发位置较暗的部分，如下左图所示，将人物头发的暗部作为照片的黑场，设置后的照片效果如下右图所示。

吸取暗部位置　　　　　　　设置黑场后的效果

⋯✦ STEP 05　调整白平衡选项

在白平衡选项中，更细致地调整照片的色温和色调的数值，调整"色温"为-25，调整"色调"为+33，如下图所示。

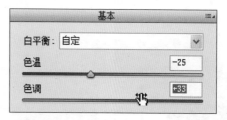

调整白平衡选项

⋯✦ STEP 06　存储设置后的图像效果

在图像预览中，查看调整白平衡后的照片效果如下图所示，单击Camera Raw中的"存储图像"按钮，打开"存储选项"对话框，将文件保存在"源文件\3\Example 01应用白平衡校正偏色照片.JPG"即可。

实例效果图

3.2.2 基本调整2——调整图像色调

在"基本"选项中可以通过图像色调控件对照片的色调范围进行调整，可以分别对图像的曝光、恢复、填充亮光、黑色、亮度和对比度选项进行设置，如下图所示。

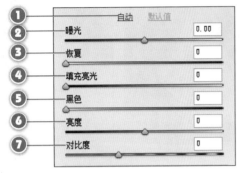

基本色调调整控件

① 自动：单击色调控件顶部的"自动"选项，Camera Raw 将分析相机原始图像，并自动对色调（曝光、恢复、填充亮光、黑色、亮度和对比度）进行调整，效果如下图所示。

原图　　　　　　　　自动调整后的效果

② 曝光：该选项可以调整整体图像亮度，对高光部分的影响较大。减少曝光可使图像变暗，如下图所示。

减少曝光

增加曝光可使图像变亮，如下图所示，曝光数值的每个增量等同于光圈大小。

增加曝光

③ 恢复：调整该选项可以尝试从高光位置恢复图像的细节，Camera Raw 可从将一个或两个颜色通道修剪为白色的区域中重建某些细节，如下左图所示为素材照片，调整恢复值为100后，太阳镜中的图像将更突出天空的细节，如下右图所示。

素材照片　　　　　　恢复值为100

④ 填充亮光：调整该选项值可以尝试从阴影恢复细节，但不会使黑色变亮，Camera Raw 可从将一个或两个颜色通道修剪为黑色的区域中重建某些细节，与"恢复"选项的作用区域相反。

在较暗的素材照片中，暗部的细节基本不能显现，如下左图所示，通过填充亮光对暗部增加亮度，可以查看暗部发丝等细节效果，如下右图所示。

素材照片　　　　　　填充亮光值为70

⑤ 黑色：指定哪些输入色阶将在最终图像中映射为黑色，扩散图像中的黑色区域，类似Photoshop 中的色阶功能，使图像的对比度看起来更强，如下左图所示为素材照片，调整黑色值为30后，增强了照片的立体层次，效果如下右图所示。

素材照片　　　　　　亮度值为30

素材照片　　　　　　黑色值为30

⑥ 亮度：调整图像的亮度或暗度，与"曝光"属性类似，向右移动滑块时，"亮度"压缩高光并扩展阴影，而不是修剪图像中的高光或阴影，如右上图所示为原素材照片和设置亮度值为30后的效果。

⑦ 对比度：增加或减少图像对比度，主要影响中间部分的色调，在增加对比度时，由中间色调到暗图像区域会变得更暗，中间色调到亮图像区域会变得更亮，如右图所示分别为设置图像的对比度值为-50和对比度值为+50的效果。

对比度值为-50　　　　对比度值为+50

Example 02　增强逆光拍摄下的花卉照片

原始文件：随书光盘\素材\3\02.DNG

最终文件：随书光盘\源文件\3\Example 02 增强逆光拍摄下的花卉照片.DNG

本实例通过Camera Raw的"基本"选项卡首先对照片的"曝光"进行添加，再对图像整体的"亮度和对比度"进行提升，然后调整图像的"填充亮光"和"恢复"值，体现照片的细节图像，最后通过增加部分"色调"将花朵设置得更为红艳动人。

Before ●●●

After ●●●

01 数码照片和摄影 基础知识

02 Photoshop CS5的 基础知识

03 使用Camera Raw 处理数码照片

04 对数码照片进行 基本的编辑

⁙ STEP 01   打开素材照片

在Adobe Bridge中选中"随书光盘\素材\3\02.DNG"照片，并在Camera Raw中打开，效果如下图所示。

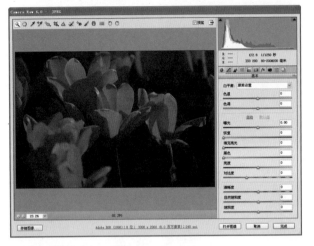

在Camera Raw中打开素材

⁙ STEP 02   增加曝光度

在"基本"选项卡中，向右拖曳滑块，增加照片的曝光度，设置曝光值如下图所示。

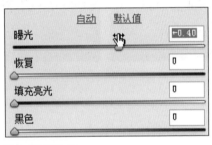

增加"曝光"值

⁙ STEP 03   调整图像的亮度和对比度

在"基本"选项卡的下方，先调整图像的"亮度"为+35，再调整图像的"对比度"为+39，如下图所示，增强照片整体的明晰程度，减轻照片的灰暗感。

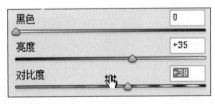

调整"亮度"和"对比度"值

⁙ STEP 04   查看调整色调后的效果

根据上两个步骤对图像曝光值、亮度和对比度参数的调整，将原本逆光拍摄的照片的较暗部分变亮了，调整后的照片效果如右上图所示。

查看调整色调后的效果

⁙ STEP 05   恢复高光和阴影的细节部分

继续对"填充亮光"选项值进行调整，改善暗部的细节，再调整"恢复"选项值，改善亮部位置的细节，具体设置的参数值如下图所示。

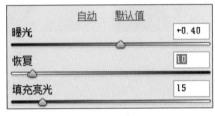

调整"恢复"和"填充亮光"选项值

⁙ STEP 06   查看调整细节后的效果

在Camera Raw中查看调整"填充亮光"值和"恢复"值后的照片效果，如下图所示。

调整细节后的照片效果

⁙ STEP 07   适当增加色温

在"基本"选项卡下，向右拖曳"色调"滑块，增加照片中的洋红色，设置参数如下图所示。

调整"色调"值

STEP 08　查看效果

完成后的实例效果如下图所示。

实例效果图

3.2.3　基本调整3——调整图像的清晰度

在数码照片的拍摄过程中，有时候会因为手部抖动或是其他情况造成照片模糊，应用Camera Raw中的"透明"选项可以对照片的清晰度进行校正。透明值越大，照片越清晰；透明值越小，照片越模糊。

打开一张素材照片，如下图所示，下面从方框中的图像查看应用"透明"选项对图像清晰度的控制。

素材照片效果

在"透明"选项中，调整滑块的值为-100时，图像的清晰程度降为最低，呈现模糊状态，如下图所示。

设置"透明"为-100的效果

向右滑动增加"透明"值时，可以将照片设置得更清晰，将数值调整至+100时，照片中帆船上的数字变得清晰可见了，如下图所示。

设置"透明"为+100的效果

3.2.4　基本调整4——设置更明艳的色彩

调整更明艳的色彩是对图像的饱和度进行调整、饱和度越高，图像越鲜明；饱和度越低，图像越暗淡。

打开一张素材照片，如下图所示，在Camera Raw中可以对图像的细节和整体分别进行色彩饱和度的控制。

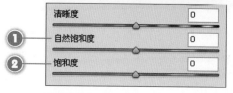

调整饱和度

① 自然饱和度：调整自然饱和度可以在颜色接近最大饱和度时最大限度地减少修剪。如下页左图所示为设置"自然饱和度"值为-50的效果，如下页右图所示为设置"自然饱和度"值为+50的效果。

饱和度值对于色彩的调整同自然饱和度有所不同，如下左图所示为设置"饱和度"值为-50的图像效果，如下右图所示为设置"饱和度"值为+50的图像效果。

"自然饱和度"为-50　　　　"自然饱和度"为+50

"饱和度"为-50　　　　"饱和度"为+50

实用技巧 ▶ ▶ ▶

自然饱和度的设置只应用于低饱和度的颜色，高饱和度时不会发生任何改变，所以通过自然饱和度的调整还可以防止肤色的饱和度过高。

知识链接 ▶ ▶ ▶

饱和度是指色彩的鲜艳程度，也称色彩的纯度。饱和度取决于色彩中含色成分和消色成分（灰色）的比例。含色成分越大，饱和度则越大；消色成分越大，饱和度则越小。

② 饱和度：调整"饱和度"选项可以均匀地调整图像整体颜色的饱和度，调整范围从-100（单色）到+100（饱和度加倍）。

3.3 在Camera Raw中进行颜色和色调的校正与修饰

使用Camera Raw对数码照片的原始数据进行调整时，应用Camera Raw选项卡中的多项控件能够帮助用户对照片进行更为精细的色彩和色调等方面的编辑，设置更有美感的数码照片。

3.3.1　应用曲线控件进行调整

通过调整曲线可以调整图像整体效果或者是单色通道的对比，也可以对图像的任意角度的明暗进行调整。

1. 参数

在Camera Raw的"基本"控件按钮旁是"曲线"控件按钮，在该控件中可通过参数对曲线进行控制，如右图所示。

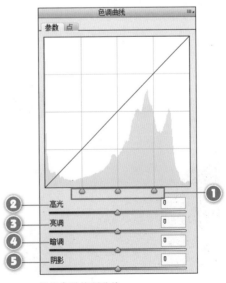

使用参数控制曲线

① 调整滑块：预设的滑块位置分别为25、50、75，分别控制图像暗部、中间调和高光的图像，这3个滑块可以进行任意拖曳，分别用于调整暗部、中间调和高光在曲线中所处的位置。

② 高光：为图像加上白色和黑色的对比，使图像看上去更为立体。高光技术常常用在化妆上，为人物的皮肤打造立体感，使人物看上去更为生动、层次更加强烈。

打开素材图片后，向左拖曳"高光"选项滑块至-65，减少白色和黑色的对比，调整滑块后的曲线形状如下左图所示，调整后的图像效果如下右图所示。

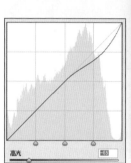

拖曳滑块后的曲线形状　　减少高光后的图像效果

向右拖曳滑块至+85，增强白色和黑色部分的对比效果，拖曳滑块后的曲线形状如下左图所示，调整后的图像效果如下右图所示。

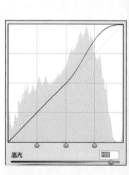

拖曳滑块后的曲线形状　　增强高光后的图像效果

③ 亮调：用于设置数码照片较亮部分的色调，从而增强或减弱亮光，其他部位一般不会发生变化。

打开素材照片后，向左拖曳"亮调"选项的滑块至-65，降低图像较亮部分的亮度，拖曳滑块后的曲线形状如右上左图所示，调整后的图像效果如右上右图所示。

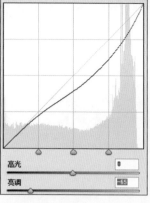

调低亮调的曲线形状　　　　调低亮调的图像效果

向右拖曳滑块至+45，可以增加亮部色调，调整后的曲线形状如下左图所示，设置后的图像效果如下右图所示。

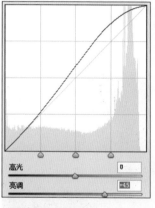

增加亮调的曲线形状　　　　增加亮调的图像效果

④ 暗调：用于图像暗部区域的调整，可以将图像中暗部区域调亮或变暗。

打开素材照片后，向左拖曳"暗调"滑块至-100，如下左图所示为调整后的曲线形状，暗部区域的图像将变得更暗，设置后的图像效果如下右图所示。

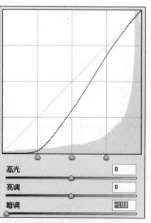

降低暗调值的曲线形状　　　降低暗调后的图像效果

若调整"暗调"滑块值为+100，设置暗部的曲线形状如下页左图所示，增加暗部的亮度则亮部不发生改变，设置后的图像效果如下页右图所示。

01
数码照片和摄影
基础知识

02
Photoshop CS5的
基础知识

03
使用Camera Raw
处理数码照片

04
对数码照片进行
基本的编辑

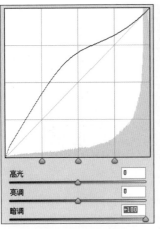

增加暗调值的曲线形状

增加暗调后的图像效果

5 阴影：用于设置数码照片阴影部分的色调，减少阴影将增强与亮部图像的对比，增加图像的层次感，增加阴影则能够突出暗部的细节。

打开素材照片后，拖曳"阴影"滑块值为-80，调整后的曲线形状如下左图所示，设置后的图像效果如下右图所示，增强人物侧脸及妆面的特点。

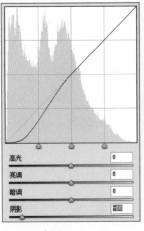

减少阴影值的曲线形状

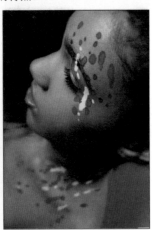

降低阴影后的图像效果

调整"阴影"的滑块至+70，调整选项值后的曲线形状如下左图所示，增加阴影将能够更突出暗部的细节，设置后的图像效果如下右图所示。

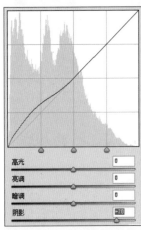

增加阴影值的曲线形状

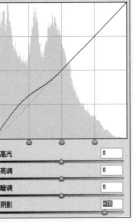

增强阴影后的图像效果

2. 点

在利用色调曲线对图像调整时，除了通过以上的参数选项进行调整外，用户还可以通过自定义曲线进行调整，如下图所示。

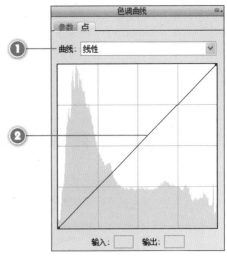

使用"点"控制曲线

1 曲线：在该选项下拉列表中，可以查看曲线原始的"线性"选项，对图像进行"中对比度"和"强对比度"的预设置，选择"自定"选项，用户可以自由调整曲线形状，如下图所示。

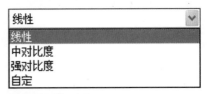

"曲线"下拉列表

打开一张素材照片，如下左图所示，选择"点"选项卡，在"曲线"下拉列表中选择"线性"，如下右图所示。

素材照片

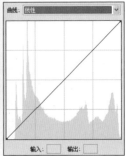

曲线的"线性"形状

若在"曲线"下拉列表中选择"强对比度"选项，下方的曲线形状将自动进行控制点的添加和移动，如下左图所示，设置后的图像效果如下右图所示。

② 设置任意曲线形状：在曲线控制区域中，用户可以在曲线上单击添加多个控制点，选中并拖曳控制点即可对曲线进行任意调整，曲线如下左图所示，设置后的图像效果如下右图所示。

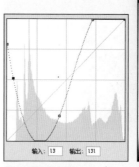

"强对比度"曲线形状　　　　"强对比度"的图像效果

设置任意曲线形状　　　　设置任意曲线后的图像效果

Example 03 为照片调出更有层次的影调

原始文件：随书光盘\素材\3\03.DNG

最终文件：随书光盘\源文件\3\Example 03 为照片调出更有层次的影调.DNG

本实例首先通过Camera Raw的"基本"选项卡对图像的亮度进行调节，然后在"细节"选项卡中调整图像的层次，使照片的影调更加具有层次，最后使用"调整画笔"对局部图像进行调整，使照片更加完美。具体操作步骤如下页所示。

Before ●●●

After ●●●

01 数码照片和摄影 基础知识

02 Photoshop CS5的 基础知识

03 使用Camera Raw 处理数码照片

04 对数码照片进行 基本的编辑

···∷ STEP 01　打开素材照片

在Adobe Bridge中选中"随书光盘\素材\3\03.DNG"素材照片，并在Camera Raw中打开，素材照片如下图所示。

在Camera Raw中打开素材

···∷ STEP 02　调整亮度

在"基本"选项卡中，调整图像的亮度，设置"曝光"值为+1.00，"恢复"值为13，"对比度"值为+33，如下图所示。

调整亮度值

···∷ STEP 03　查看图像效果

执行上一步调整的操作后，图像整体变亮，在预览窗口中查看效果，如下图所示。

查看图像效果

···∷ STEP 04　锐化图像

在"细节"选项卡中，对图像进行锐化处理，设置"数量"值为28，"半径"值为1.6，"细节"值为72，如下图所示。

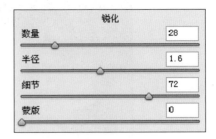

"锐化"选项组

···∷ STEP 05　查看图像效果

执行上一步的锐化操作后，图像变得清晰，部分细节过于完整，在预览窗口中查看效果，如下图所示。

锐化后的效果

···∷ STEP 06　调整图像细节

在"细节"选项卡中，对图像进行减少杂色处理，设置"明亮度"为38，"明亮度细节"为50，"明亮度对比"为22，如下图所示。

减少杂色值

···:ᵢ· STEP 07　查看图像效果

执行上一步的操作后，在预览窗口中查看效果，人物左手曝光过度，如下图所示。

减少杂色后的效果

···:ᵢ· STEP 08　选取调整范围

在工具栏中单击"调整画笔"按钮✐，单击左键拖曳鼠标，在图像中选中需要调整的图像区域，如下图所示。

设置调整范围

···:ᵢ· STEP 09　调整手部曝光度

在"调整画笔"面板中设置曝光为-1.35，如下图所示。

设置手部曝光度

···:ᵢ· STEP 10　查看效果

执行上一步的操作后，在预览窗口中查看效果，人物左手曝光度降低，如下图所示。

调整左手曝光度后效果

···:ᵢ· STEP 11　调整暗部影调

在"色调曲线"选项卡中，调整照片影调，设置暗调为-20，降低图像暗部的亮度，如下图所示。

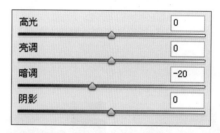

调整影调

···:ᵢ· STEP 12　查看图像效果

执行以上操作后，在预览窗口中可以查看本实例的最终效果，如下图所示。

最终效果图

3.3.2 处理图像的细节

在Camera Raw中对图像的细节进行处理时,可以对模糊的图像进行锐化,同时,还能够通过减少杂色的方式将图像设置得更为细腻。下图所示为"细节"选项卡。

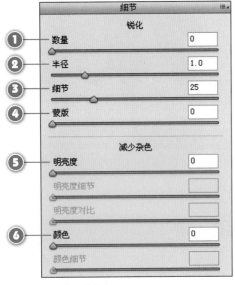

"细节"选项卡

① 数量:用于调整边缘清晰度,增加"数量"值可加强锐化效果。为了使图像看起来更清晰,可以将"数量"值适当调高,数值越高,则图像越清晰。如下左图所示为素材照片,调整"数量"值为100后的图像效果如下右图所示。

素材照片   "数量"值为100的图像效果

② 半径:用于调整应用锐化的半径的大小。具有微小细节的照片可以使用较小的半径;具有粗略细节的照片可以使用较大的半径。

③ 细节:用于调整在图像中锐化信息的数量和锐化过程强调边缘的程度。较低的设置主要锐化边缘以消除模糊;较高的设置有助于使图像中的纹理更显著。

④ 蒙版:此选项用于控制边缘蒙版。值为0时,图像中的所有部分均接受等量的锐化;值为100时,锐化主要限制在饱和度最高的边缘区域。当设置"数量"值为150时,调整"蒙版"的值为0的效果如右上左图所示,调整

"蒙版"的值为100时,人物的皮肤变得更细腻了,如下右图所示。

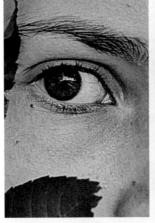 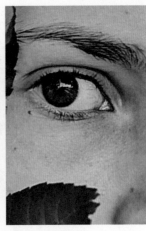

"数量"为150,"蒙版"为0   "数量"为150,"蒙版"为100

⑤ 明亮度:调整明亮度选项滑块可以减少灰度的杂色数量。

⑥ 颜色:调整"颜色"选项的滑块可以减少单色杂色。

3.3.3 调整部分色彩

在照片处理中,通常还需要对部分色彩图像进行处理,这在Camera Raw中可以通过调整HSL选项来实现,HSL选项卡中包含了色相、饱和度和明亮度3个选项,通过调整部分的颜色滑块达到色彩平衡的目的。下图所示为"HSL/灰度"选项卡。

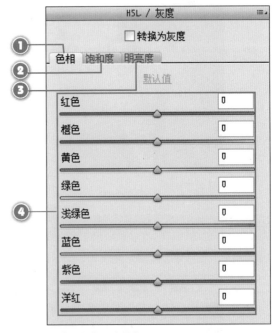

"HSL/灰度"选项卡

① 色相:"色相"选项卡中为每种颜色提供了一个通道,可以拖曳选项卡中的各个控件改变图像的颜色,如下页左图所示为原始照片,通过更改"色相"中的颜色通道,更换背景色调后的图像效果如下页右图所示。

素材照片效果　　　　　　　变换背景色调后的效果

② 饱和度：在运用色相控件对通道中的颜色进行设置后，可以使用饱和度来对颜色的浓度进行设置，如下左图所示为素材照片图像，如下右图所示是为多个颜色通道提升饱和度后的图像效果。

素材照片　　　　　　　　　提升饱和度后的效果

③ 明亮度：可以根据不同的颜色通道，选择相应的颜色进行亮度的提升和降低，如下左图所示为素材照片，调整多个色彩通道提升亮度后的图像效果如下右图所示。

素材照片　　　　　　　　　提升亮度后的效果

④ 基本色相：选项控件中包含了8种颜色通道，分别为红色、橙色、黄色、绿色、浅绿色、蓝色、紫色和洋红，从更小的范围对颜色进行控制。

3.3.4　设置灰度图像

灰度图像是由黑色到白色的渐变组成的图像，但它并不是黑白图像。这类图像通常显示为从最暗的黑色到最亮的白色的灰度。

打开一张素材照片，在"HSL/灰度"选项卡下，勾选"转换为灰度"复选框，如下图所示，可以将彩色照片转化为灰度照片。

勾选"转换为灰度"复选框

使用"默认值"对灰度图像进行调整，可以将下方所有颜色通道的值转换为0，单击"默认值"名称，效果如下左图所示，调整后的图像效果如下右图所示。

设置"默认值"灰度值　　　　默认值灰度图像效果

设置不同颜色通道下的滑块，如下左图所示，设置后灰度图像的效果如下右图所示。

设置不同颜色下的滑块　　　　调整后的图像效果

01 数码照片和摄影 基础知识

02 Photoshop CS5的 基础知识

03 使用Camera Raw 处理数码照片

04 对数码照片进行 基本的编辑

3.3.5 | 对图像色差进行补偿

色差是透镜成像的一个严重缺陷,在光源为多色光的情况下,由于镜头无法将不同频率的光线聚焦到同一点而造成的。Camera Raw提供了镜头校正控件,帮助校正带有色差的照片图像。下图所示为"色差"选项卡。

"色差"选项卡

① 修复红/青边:调整红色通道相对于绿色通道的大小,用于补偿照片中的红/青色边缘。

② 修复蓝/黄边:相对于绿色通道调整蓝色通道的大小,用于补偿照片图像中的蓝/黄色边缘,如下左图所示为素材照片,仰视拍摄时常常会在树叶或是房屋边缘出现蓝边效果,适当调整"修复蓝/黄边"滑块,补偿边缘效果如下右图所示。

素材照片效果 　　　修复蓝边后的图像效果

③ 去边:去除镜面高光周围的色彩散射颜色,在"去边"下拉列表中可以分别对所有的"高光边缘"和"所有边缘"进行设置,下拉列表选项如下图所示。

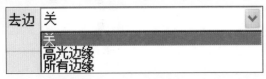

"去边"下拉列表

3.3.6 | 设置镜头晕影效果

在"镜头校正"选项卡中可以设置镜头晕影,通过数量和中点控件的设置可以调节晕影的大小,也可以与色差补偿结合使用,选项控件如下图所示。

"镜头晕影"选项

① 数量:增加数量以使角落变亮,可以将图像中原有的晕影效果移去;减少数量以使角落变暗,可以为图像增加晕影效果。如下图所示分别为设置晕影"数量"为+100和-100后的效果。

"数量"为+100的效果 　　"数量"为-100的效果

② 中点:减少中点值可以将调整应用于远离角落的较大区域,增加中点值可以将调整应用于离角落较近的区域,如下图所示分别为设置"中点"为0和100后的效果。

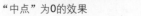 

"中点"为0的效果 　　　"中点"为100的效果

3.4 在Camera Raw中对图像进行局部处理

在Camera Raw中使用选项卡是对图像的整体进行设置，当需要对图像的局部进行修饰时，需要使用"调整画笔"和"渐变滤镜"。

3.4.1 使用"调整画笔"

"调整画笔"可用于对图像的"曝光"、"亮度"、"对比度"和其他色调的调整，可以设置调整画笔的"大小"、"羽化"、"流动"和"密度"，下图所示为"调整画笔"选项。

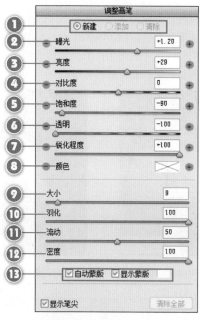

"调整画笔"选项

① 新建、添加及清除：在首次使用"调整画笔"时，需要新建蒙版，使用"调整画笔"之后，可以选择对绘制的区域进行"添加"操作或是"清除"已绘制的区域。

② 曝光：设置整体图像亮度，它对高光部分的影响较大，向右拖曳滑块可增加曝光度，向左拖曳滑块可减少曝光度，如下左图所示为"曝光"为-2.00的效果，如下右图所示为"曝光"为+2.00的效果。

"曝光"为-2.00

"曝光"为+2.00

③ 亮度：该选项用于调整画笔涂抹位置的亮度，它对中间调的影响最大，向右拖曳滑块可增加亮度，向左拖曳滑块可减少亮度，如下左图所示为在树叶上涂抹设置蒙版，调整"亮度"为-50时的图像效果，如下右图所示为调整"亮度"为+150时的图像效果。

"亮度"为-50　　　　　　"亮度"为+150

④ 对比度：该选项用于调整图像的对比度，对中间调的影响最大，向右拖曳滑块可增加对比度，向左拖曳滑块可减少对比度。若打开一张素材照片，如下左图所示，在人物面部设置图层蒙版，调整人物脸部的"对比度"为+100后，面部对比更强烈，设置效果如下右图所示。

素材照片　　　　　　"对比度"为+100

⑤ 饱和度：该选项用于更改颜色鲜明度或颜色纯度，设置适当大小的画笔在素材照片中进行涂抹，如下页左图所示，设置衣服的"饱和度"为+100后的图像效果如下页右图所示。

素材照片　　　　　　　　　设置高饱和度的服装效果

⑥ 透明：该选项用于增加局部对比度来增强图像深度，向右拖曳滑块可增加对比度，向左拖曳滑块可减少对比度。

⑦ 锐化程度：该选项可以增强边缘清晰度以显示细节。

⑧ 颜色：单击颜色块可以打开"拾色器"对话框，如下图所示，在对话框中可以单击颜色板进行颜色取样，还可以直接输入色相和饱和度，设置好颜色后单击"确定"按钮。

"拾色器"对话框

⑨ 大小：指定画笔笔尖的直径，笔尖直径是以像素为单位的，如下图所示分别为设置画笔大小为10px和50px后涂抹的蒙版效果。

画笔大小为10px　　　　　　画笔大小为50px

⑩ 羽化：用于控制画笔的硬度，羽化值越低，画笔越硬，边缘越清晰；羽化值越高，画笔越柔软，边缘越模糊。分别设置羽化值为0和100后涂抹的效果如下图所示。

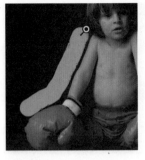 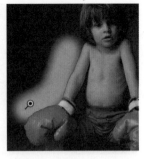

羽化值为0　　　　　　　　　羽化值为+100

⑪ 流动：该选项用于控制墨水的流动速度。

⑫ 密度：该选项是指墨水的透明度，设置为0表示完全透明，设置为100表示不透明。

⑬ 蒙版设置：该选项用于控制在图像预览中切换蒙版叠加的可见性，其后的颜色块则代表蒙版的显示颜色。勾选"显示蒙版"复选框后，在图像查看窗口中将显示涂抹的蒙版效果，如下左图所示；取消勾选该复选框，则显示调整后的图像效果，如下右图所示。

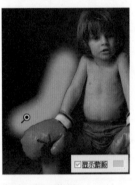 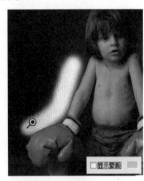

勾选"显示蒙版"　　　　　　不勾选"显示蒙版"

3.4.2　使用"渐变滤镜"

通过"渐变滤镜"选项可以对图像进行区域调整设置，通过由点到点的位置移动可以对部分图像区域进行颜色明亮程度、对比度、透明度、锐化程度等的设置。单击"渐变滤镜"按钮后，在右侧出现选项控件，如下图所示。

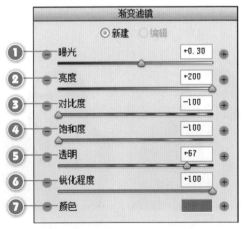

"渐变滤镜"选项

74

① 曝光：设置整体图像亮度，对高光部分的影响较大。向右拖曳滑块可增加曝光度，向左拖曳滑块可减少曝光度。下图所示分别为设置"曝光"为-2.60和1.00后的图像效果。

"曝光"为-2.60　　　　　　"曝光"为1.00

② 亮度：调整图像亮度，对中间调的影响更大。向右拖曳滑块可增加亮度，向左拖曳滑块可减少亮度。

③ 对比度：调整图像对比度，对中间调的影响更大。向右拖曳滑块可增加对比度，向左拖曳滑块可减小对比度。

④ 饱和度：用于更改颜色鲜明度或颜色纯度。向右拖曳滑块可增加饱和度，向左拖曳滑块可减少饱和度。

⑤ 透明：通过增加局部对比度来增加图像深度。向右拖曳滑块可增加对比度，向左拖曳滑块可减少对比度。

⑥ 锐化程度：增强边缘清晰度以显示细节。向右拖曳滑块可锐化细节，向左拖曳滑块可模糊细节。如右上图所示为"锐化程度"分别为0和+100时的对比效果。

"锐化程度"为0　　　　　　"锐化程度"为+100

⑦ 颜色：将色调应用到选中的区域，单击效果名称右侧的颜色样本框，选择色相，下图所示为分别选择蓝色和黄色的图像效果。

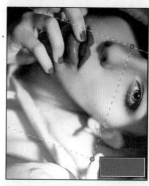 

设置颜色为蓝色　　　　　　设置颜色为黄色

3.4.3 照片的同步处理

在Adobe Bridge中同时选中多个文件，右击文件在弹出的快捷菜单中选择"在Camera Raw中打开"命令后，可以将多个图像文件在Camera Raw中同时打开，如下图所示。

在Camera Raw中打开多个文件

单击左侧的"全选"按钮，可以将多个图像文件同时选中，如下左图所示。再单击"同步"按钮，可以打开"同步"对话框，在该对话框中，可以勾选多个复选框，如下右图所示，用于对图像进行调整时的同步变换。

选中多个图像

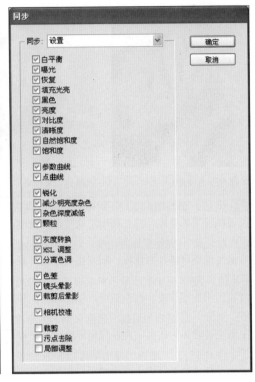

设置"同步"对话框

3.5 以其他格式存储相机原始图像

在Camera Raw中存储图像的格式有4种，分别为DNG、JPEG、TIFF 和PSD。

1. DNG格式

在Camera Raw中默认的存储格式为DNG，DNG格式的图像使用无损压缩，这表明在减小文件大小的同时不会丢失任何信息。DNG格式是转换为线性图像以插值（去马赛克）格式存储图像数据。生成的插值图像可以由其他软件进行解释，即使该软件没有捕捉图像的数码相机的配置文件。

2. JPEG格式

JPEG文件格式是一种有损压缩格式，当图像保存为JPEG格式时，可以指定图像的品质和压缩级别。

3. TIFF格式

TIFF 是一种灵活的位图图像格式，几乎所有的绘画、图像编辑和页面排版应用程序都支持这种格式。与 PSD 格式相比，TIFF可提供更高的压缩率，并且与其他应用程序的兼容性更好。

4. PSD格式

PSD格式是Photoshop特有的图像文件格式，支持Photoshop中所有的图像类型。它可以将所编辑的图像文件中的所有有关图层和通道的信息记录下来。在编辑图像的过程中，通常将文件保存为PSD格式，以便重新读取需要的信息。用PSD格式保存图像时，图像没有经过压缩。所以，当图层较多时，会占用很大的硬盘空间。

3.6 查看Camera Raw 对照片进行的调整

　　使用Camera Raw对数码照片进行处理后，可以查看照片调整的数据，打开Adobe Bridge软件，在"内容"面板中查看图像缩略图，如下左图所示。

　　处理过的数码照片在图像缩略图的右上角会有一个圆形标识，双击缩略图，在Camera Raw中打开图像，在软件中保留了所有对图像的参数设置，如下右图所示。

图像缩略图

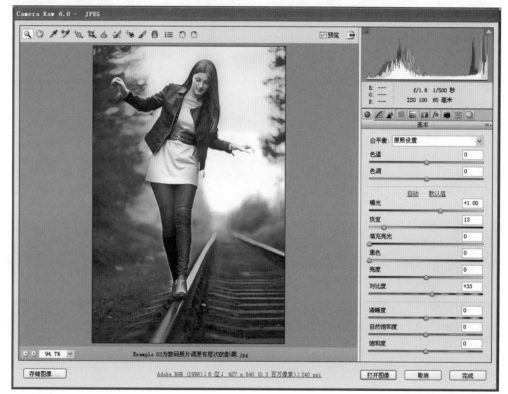

查看图像调整的参数设置

Chapter

04

对数码照片进行
基本的编辑

数码照片的基本编辑包括图像的缩放显示和图像的查看,可以通过"图像大小"和"画布大小"对话框对照片的尺寸进行自定义设置,还可以使用多种有效的裁剪方式帮助用户摒弃杂乱的图像,以及通过翻转和变形操作设置图像的位置和角度。下图所示为对数码照片进行基本编辑的对话框及菜单命令。

"图像大小"对话框   "画布大小"对话框

180 度(1)
90 度(顺时针)(9)
90 度(逆时针)(0)
任意角度(A)...

水平翻转画布(H)
垂直翻转画布(V)

"图像旋转"子菜单命令

"变换"子菜单命令

4.1 对数码照片进行查看

在Photoshop中进行照片处理时，需要随时对图像的细节内容进行查看，用户可以通过多种方式对图像进行任意大小的查看，常用的工具是"缩放工具"，另外，用户还可以通过使用快捷键以及"导航器"面板对图像细节进行查看。

4.1.1 图像的放大或缩小——应用"缩放工具"

"缩放工具"可以用于对图像进行放大和缩小的显示，直接在工具箱中单击"缩放工具"按钮，或是按Z键，即可将"缩放工具"选中，如下图所示。

"缩放工具"选项栏

❶ 放大：用于对图像进行放大显示。

打开一张素材照片，选择"缩放工具"后在图像中直接单击，如下左图所示，从单击位置即可对图像进行放大，放大后的图像效果如下右图所示，超出图像窗口的图像可以通过拖曳右侧和下侧的滚动条进行查看。

在图像中进行单击

放大后的图像效果

当在图像中不断单击对图像进行放大时，放大到一定程度的图像将以像素块的形式进行显示，放大后的图像效果如右图所示，放大图像的最大比例为1200%。

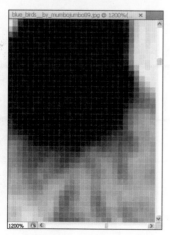

放大图像效果

使用"缩放工具"还能够通过创建矩形区域的方式对局部图像进行放大显示，如下左图所示为对人物的眼部绘制矩形放大区域，释放鼠标后即可在图像窗口中进行放大查看，如下右图所示。

绘制矩形放大区域　　放大局部效果

❷ 缩小：用于对图像进行缩小显示。直接单击图像窗口即可对图像进行缩小显示，如下图所示，单击一次可以将图像进行一定程度的缩小，最小可缩小的比例为0.22%。

单击图像进行缩小显示　　在图像窗口中缩小图像效果

❸ 调整窗口大小以满屏显示：当图像窗口处于浮动状态，勾选此复选框，在图像中进行放大或缩小显示时，图像窗口的大小将随图像的大小变换，如下页图所示为设置图像以66.67%缩放比例显示的效果。

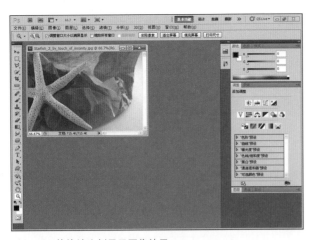

以66.67%的缩放比例显示图像效果

使用"缩放工具"对图像进行放大显示后,调整图像的缩放比例为100%时,图像窗口将跟随放大的图像进行变换,变换后的图像窗口大小如下图所示。

以100%的缩放比例显示图像效果

④ 缩放所有窗口:当有多个图像同时打开时,勾选此复选框可以设置对某一图像进行缩放变换时其他图像也相应地进行缩放变换。

打开4张素材图像,并在快速启动栏中设置4幅图像以田字形式排列,选择"缩放工具"为"放大"选项并勾选"缩放所有窗口"复选框,单击其中一张素材图像,将选中的图像窗口进行放大显示,如下左图所示,在其他3个图像窗口中的图像同样放大了。效果如下右图所示。

单击其中一个图像窗口

其他窗口同时进行放大显示

4.1.2 快速定位放大的图像——使用H键

使用H键对图像进行快速定位是Photoshop CS5中的一项新功能,该功能能够帮助用户对较大比例显示的图像进行局部定位和查看。

打开一张素材照片,设置显示比例为1200%,如下图所示。

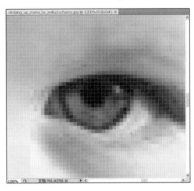

放大图像显示效果

按住H键的同时拖曳鼠标,放大的图像将快速缩小至适当比例,并在图像中以之前放大图像的比例设置缩略图框,在图像上可以任意移动图框的位置,如下图所示。

移动并设置放大区域

释放鼠标后,设置的图框区域将进行放大显示,放大后的图像效果如下图所示。

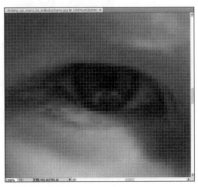

放大后的图像效果

4.1.3 查看任意位置的图像——应用"导航器"面板

"导航器"面板可以帮助用户快速地转换图像的视图,执行"窗口"|"导航器"菜单命令,可以打开"导航器"面板框,如下图所示。

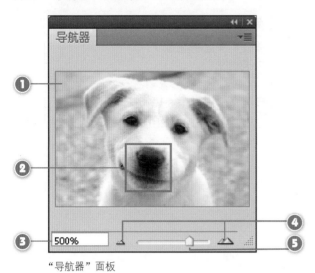

"导航器"面板

① 图片缩览图显示:显示图像的整体缩览效果。
② 代理缩览区域:红色矩形框为代理缩览区域,在图像窗口中将显示代理缩览区域框选的图像效果,如右上图所示。

设置代理缩览区域　　　　查看缩览区域中的图像

③ 缩放文本框:直接在文本框中输入缩放的比例即可设置图像的缩放大小,输入的数值小于0.49%或是大于3200%时,将弹出禁止对话框,如下图所示。

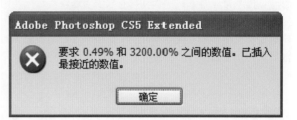

禁止对话框

④ 缩小和放大按钮:分别单击"缩小"和"放大"按钮可以对图像进行一定比例的缩小和放大。
⑤ 缩放滑块:向左拖曳可以缩小图像,向右拖曳可以放大图像。

4.2 设置照片的尺寸

在进行图像处理之前,首先需要对照片的尺寸进行适当设置,Photoshop提供了"图像大小"和"画布大小"命令,用于对数码照片进行图像大小和添加边框效果的设置。

4.2.1 自定义照片尺寸——应用"图像大小"菜单命令

在处理大尺寸的数码照片时会占用较多的CPU资源,这就需要对照片的尺寸进行调整,通过"图像大小"菜单命令就可以轻松实现。执行"图像"|"图像大小"菜单命令即可选中该命令,如下图所示。

执行"图像"|"图像大小"菜单命令

执行"图像"|"图像大小"菜单命令后,打开"图像大小"对话框,如下图所示,在对话框中可以分别对图像的像素大小、文档大小和分辨率等参数进行设置。

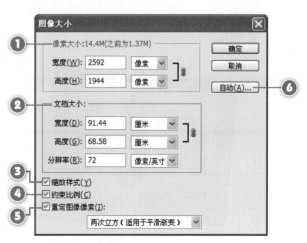

"图像大小"对话框

01 数码照片和摄影 基础知识

02 Photoshop CS5的 基础知识

03 使用Camera Raw 处理数码照片

04 对数码照片进行 基本的编辑

❶ 像素大小：该选项用于查看或更改图像的像素值，打开"图像大小"对话框时显示的宽度和高度值为数码照片最初文件的宽度和高度，通过修改任意数值即可更改图像的宽度和高度。

❷ 文档大小：该选项用于设置图像文档实际的宽度、高度和分辨率值。

❸ 缩放样式：勾选该复选框，可以在重设文件尺寸的同时对添加的图像样式进行缩放，这些样式包括阴影、发光等，若不勾选该复选框，则在缩放文件后，添加的图像样式将相对变换的尺寸进行放大和缩小。

❹ 约束比例：勾选该复选框，在图像"宽度"和"高度"数值后会出现一个锁形按钮 🔒，表示在更改"高度"和"宽度"任意一个数值时，另一个数值也会相应地进行更改，以维持原有的比例尺寸，若取消勾选该复选框，则用户可以设置图像高度和宽度的任意尺寸，破坏原有的比例时图像会出现特殊的变形，如下图所示分别为勾选"约束比例"和未勾选时的图像效果。

勾选"约束比例"设置图像　　未勾选"约束比例"设置图像

❺ 重定图像像素：若勾选该复选框，则可以更改图像宽度、高度或分辨率，并进行重定图像像素的设置。若不勾选该复选框，则只能更改文档的宽度、高度或分辨率，且不能更改文件的像素大小，勾选"重定图像像素"复选框后，可以在下拉列表中选择需要的重定图像像素参数，如下图所示。

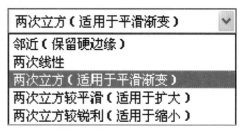

"重定图像像素"下拉列表

❻ 自动：单击该按钮，打开"自动分辨率"对话框，如下图所示，该对话框不但可以设置输出打印的挂网精度，还可以将打印图像的品质设置为草图、好或最好，直接单击单选按钮选择即可。

"自动分辨率"对话框

知识链接 ▶ ▶ ▶

高分辨率的图像比低分辨率的图像包含的像素点更多，因此每个像素点更小，与低分辨率的图像相比，高分辨率的图像可以重现更多细节和更细微的颜色过渡，因此高分辨率的图像画质更具真实感且更细腻。

Example 01 调小数码照片的尺寸

原始文件：随书光盘\素材\4\01.jpg
最终文件：随书光盘\源文件\4\Example 01调小数码照片的尺寸.jpg

　　本实例通过"图像像素"菜单命令，调整大尺寸的数码照片图像，并更改图像的分辨率值，具体的操作步骤如下。

Before ●●●

After ●●●

STEP 01 打开素材照片

执行"文件"|"打开"菜单命令，将"随书光盘\素材\4\01.jpg"素材照片打开，素材照片以25%的缩放比例显示效果如下图所示。

素材01.jpg

STEP 02 打开"图像大小"对话框

执行"图像"|"图像大小"菜单命令，打开"图像大小"对话框，如下图所示，在该对话框中可以查看打开的素材照片尺寸和分辨率。

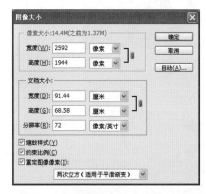

"图像大小"对话框

STEP 03 调小照片的宽度

在"图像大小"对话框中，设置照片的宽度为1024像素，如下图所示，由于勾选了"约束比例"复选框，所以，图像的高度自动变换为768像素，设置完成后单击"确定"按钮。

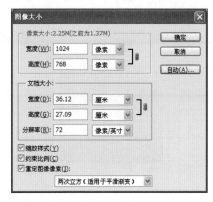

"图像大小"对话框

STEP 04 查看调整后的图像

调整后的图像在窗口中以66.67%的缩放比例显示的效果如下图所示。

查看图像效果

STEP 05 取消勾选"重定图像像素"选项

执行"图像"|"图像大小"菜单命令，打开"图像大小"对话框，单击"重定图像像素"复选框，取消该选项的勾选，如下图所示。

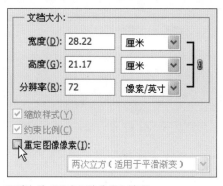

取消勾选"重定图像像素"选项

STEP 06 调整图像的分辨率

在"文档大小"选项下，调整图像的分辨率为300像素/英寸，文档的宽度和高度自动进行压缩设置，如下图所示，保持图像分辨率的大小不变而压缩了文档大小，设置完成后单击"确定"按钮，完成调小图像尺寸的操作。

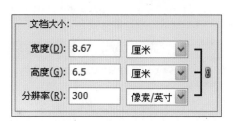

调整图像分辨率值

4.2.2 控制画布的大小——使用"画布大小"菜单命令

画布大小是呈现的可编辑的图像区域，通过"画布大小"菜单命令可以增大或减少图像的画布大小。对于增大的部分，图像周围会进行颜色填充，对于减少的部分，将会对图像进行裁剪。

右击图像窗口标签，会弹出快捷菜单，从中选择"画布大小"命令，如下图所示。

选择"画布大小"命令

打开"画布大小"对话框，如下图所示。

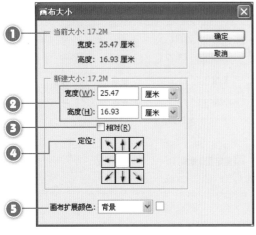

画布大小

1 当前大小：在该选项组中将显示当前打开图像的尺寸和图像的宽度及高度值。

2 新建大小：用户可以在选项组中设置任意数值以控制文档的宽度和高度。当数值超出原有的宽度和高度值时，对图像进行放大，当数值小于原有的宽度和高度值时，则需要对原有图像进行裁剪，警示对话框如下图所示。

警示对话框

3 指示新的大小尺寸是绝对还是相对：勾选"相对"复选框，会直接在图像四周增加或减少图像区域，未勾选"相对"复选框，则会在原有的图像尺寸上增加或减少区域，如下图所示分别为勾选"相对"复选框和未勾选时的图像效果。

勾选"相对"复选框　　　　　　取消勾选"相对"复选框

4 定位：单击定位的方块以指示现有图像在新画布上的位置。设置增加区域为上、右和下侧，如下图所示。

设置定位及扩大效果

设置增加区域为左、左下和下侧，如下图所示。

设置定位及扩大效果

5 画布扩展颜色：既可以在下拉列表中选择画布的扩展颜色，如下左图所示，也可以单击下拉列表后的颜色块，打开"选择画布扩展颜色"对话框，然后在该对话框中选择任意的颜色，如下右图所示。

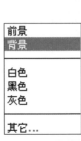 

设置画布扩展颜色

Example 02 设置黑白的立可拍照片效果

原始文件：随书光盘\素材\4\02.jpg

最终文件：随书光盘\源文件\4\Example 02 设置黑白的立可拍照片效果.psd

　　本实例主要通过"画布大小"命令对素材照片进行裁剪处理，将照片修剪为正方形的图像效果，再为其添加一定宽度的白色边框，打造立可拍照片拍摄的方形尺寸效果，然后通过对图层副本执行"去色"命令和设置图层混合模式，打造层次清晰的黑白照片效果，最后为图像添加合适的手写体文字，更加体现照片自由随性的感觉。

Before ●●●

After ●●●

01 数码照片和摄影基础知识

02 Photoshop CS5的基础知识

03 使用Camera Raw处理数码照片

04 对数码照片进行基本的编辑

⠿ STEP 01　打开素材照片

执行"文件"｜"打开"菜单命令，将"随书光盘\素材\4\02.jpg"素材照片打开，图像效果如下图所示。

素材02.jpg

⠿ STEP 02　设置画布大小

执行"图像"｜"画布大小"菜单命令，打开"画布大小"对话框，在"新建大小"选项组中单击"宽度"选项后的下拉按钮，在打开的下拉列表中选择"像素"单位，如下图所示。

"画布大小"对话框

STEP 03 限制画布大小

在"新建大小"选项组中，设置画布的宽度和高度均为400像素，在"定位"选项格中单击左中格，如下图所示，单击"确定"按钮。

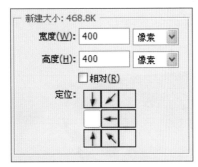

设置扩展区域定位

STEP 04 裁剪多余区域

由于上一步设置的文档大小小于原有图像尺寸，弹出警示对话框，根据上一步设置的定位对图像进行裁剪，直接单击"继续"按钮即可对图像进行裁剪，裁剪后的图像效果如下图所示。

限制画布大小后的效果

STEP 05 创建图层副本

打开"图层"面板，选中"背景"图层，再按快捷键Ctrl+J，为"背景"图层创建一个"背景 副本"图层，如下图所示。

"图层"面板

STEP 06 扩展画布区域

执行"图像"|"画布大小"菜单命令，再次打开"画布大小"对话框，设置画布的宽度和高度值如下左图所示，设置后单击"确定"按钮，扩展画布区域后的图像效果如下右图所示。

设置画布大小　　　　　　　　扩展画布后的效果

STEP 07 裁剪图像

单击工具箱中的"裁剪工具"按钮，选中"裁剪工具"，在画面中绘制一个适当大小的裁剪框，如下左图所示，设置后按Enter键提交裁剪操作，如下右图所示。

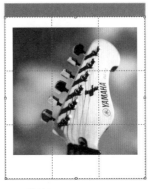

设置裁剪框　　　　　　　　　裁剪图像后的效果

STEP 08 为图层去色并设置图层的混合模式

选择"背景 副本"图层，执行"图像"|"调整"|"去色"菜单命令，如下左图所示，为图像去色，再在"图层"面板中设置图层的混合模式为"饱和度"，如下右图所示。

选择"去色"菜单命令　　　　　设置图层混合模式

STEP 09 添加文字

在"图层"面板中，为"背景"图层再创建一个副本，调整"背景 副本2"图层的混合模式为"变暗"，如下图所示，选择工具箱中的"横排文字工具"T，在画面适当位置添加文字，完成本实例的制作，实例效果如右图所示。

设置图层混合模式

实例效果图

4.3 图像的裁剪

在拍摄的大量数码照片中，有相当一部分照片存在构图问题，这就需要对图像进行适当地裁剪，打造更完美的构图比例，更鲜活地展示主题。Photoshop提供了"裁剪工具"，可以帮助用户对图像进行裁剪。

4.3.1 了解"裁剪工具"

"裁剪工具" 位于工具箱的上部，如下图所示，单击按钮即可将其选中。

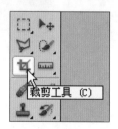

选择"裁剪工具"

在选择了"裁剪工具"和使用"裁剪工具"对图像进行裁剪时，选项栏会发生相应的变化，下面将对不同的选项栏设置分别进行介绍。

1. 未设置裁剪区域的选项栏

选择"裁剪工具"而未进行裁剪框的绘制时，选项栏效果如下图所示。

未设置裁剪区域的选项栏

① 宽度和高度：可以分别在"宽度"和"高度"文本框中输入数值用于设置图像的裁剪，如下左图所示为分别设置"宽度"为15厘米、"高度"为20厘米时的裁剪框形状，在文本框之间有"高度和宽度互换"按钮，可以将设置的宽度和高度值进行交换，如下右图所示为交换后的裁剪框形状。

设置裁剪框并绘制

交换宽度和高度后的裁剪框

② 分辨率：该选项用于设置图像的分辨率，文本框中输入的数值越大，图像的尺寸相应地也越大，因此，设置的分辨率值不应过大。

2. 创建裁剪区域后的选项栏

在图像窗口中单击并拖曳创建裁剪框后，选项栏的显示如下图所示。

创建裁剪区域后的选项栏

① 裁剪区域：选中"删除"单选按钮，可将裁剪框外的图像删除，效果如下图所示。

设置删除区域后的图像选区效果

选中"隐藏"单选按钮，则是将裁剪框外的图像隐藏起来，使用"移动工具"可查看图像效果，如下图所示。

设置隐藏区域后的图像选区效果

实用技巧 ▶ ▶ ▶

使用"裁剪工具"对图像进行裁剪时，若是图像文件只有单一的"背景"图层，直接在图层上应用"裁剪工具"，裁剪区域选项将会呈现灰色，不能对其进行设置，这时，需要对图层进行复制才能进行区域选项的设置。

② 屏蔽颜色：勾选"屏蔽"复选框，可以对裁剪区域和余下区域的颜色等进行区分，单击其后的颜色块，可以对屏蔽的颜色进行设置，如下图所示。

勾选"屏蔽"复选框

取消勾选"屏蔽"复选框后，在画面中只会显示裁剪框，如下图所示。

未勾选"屏蔽"复选框

③ 不透明度：在其后的文本框中可以直接输入设置屏蔽颜色的不透明度值，还可以通过单击右三角按钮打开不透明度滑块，通过拖曳滑块的方式设置不透明度，如下图所示分别为设置"不透明度"为50%和100%时的裁剪区域效果。

设置"不透明度"为50%   设置"不透明度"为100%

④ 透视：勾选该复选框，可以对创建的裁剪边框进行任意形状的变形，单击选中角控制点并进行拖曳即可，如下图所示，使用该选项可以用于快速地修正透视错误的图像。

为裁剪框设置变形效果

Example **03** 为数码照片更改构图

原始文件: 随书光盘\素材\4\03.jpg

最终文件: 随书光盘\源文件\4\Example 03 为数码照片更改构图.psd

本实例主要通过"裁剪工具"对原始的数码照片执行裁剪操作,通过裁剪对原有照片创建新的构图,在对照片进行重新构图后,摈弃了原有占大多数画面的背景图像,突出了人物主体,具体的操作步骤如下。

After ●●●

Before ●●●

⠿ STEP 01 打开素材照片

执行"文件"|"打开"菜单命令,将"随书光盘\素材\4\03.jpg"素材照片打开,打开"图层"面板,按快捷键Ctrl+J为背景图层创建一个副本,如下图所示。

为画面设置裁剪框

"图层"面板

⠿ STEP 02 使用"裁剪工具"进行裁剪

单击工具箱中的"裁剪工具"按钮，选中"裁剪工具"，在画面中绘制一个适当大小的矩形裁剪框，如右上图所示。

⠿ STEP 03 提交裁剪操作

绘制裁剪框后,单击选项栏右侧的"提交当前裁剪操作"按钮✔,将照片进行裁剪,裁剪后的图像效果如下图所示。

裁剪后的图像效果

STEP 04　调整图像色彩

选择"图层1"图层，执行"图像"|"自动颜色"菜单命令，如下图所示，为图像还原自动的色彩。

执行"图像"|"自动颜色"菜单命令

STEP 05　设置图层混合模式和不透明度

在"图层"面板中，调整"图层1"图层的混合模式为"柔光"，调整图层的"不透明度"为40%，如下图所示。

"图层"面板

STEP 06　查看图像效果

设置后的画面效果如下图所示，完成本实例的制作。

实例效果图

4.3.2　裁剪到指定尺寸

选择"裁剪工具"后，用户可单击其选项栏中的下三角按钮，弹出裁剪工具的预设拾取器，如下图所示，在拾取器中提供了多种固定尺寸的裁剪预设，选中后即可进行指定尺寸的裁剪。

裁剪工具的预设拾取器

Example 04　将照片裁剪为2英寸证件照

原始文件：随书光盘\素材\4\04.jpg

最终文件：随书光盘\源文件\4\Example 04 将照片裁剪为2英寸证件照.jpg

本实例使用"裁剪工具"在选项栏中设置2英寸证件照片的具体宽度和高度，将一张半身照片裁剪成为标准的证件照片，具体的操作步骤如下。

Before ●●●

After ●●●

Part 01　Part 02　Part 03　Part 04

STEP 01 打开素材照片

执行"文件"|"打开"菜单命令，将"随书光盘\素材\4\04.jpg"素材照片打开，在"图层"面板中为"背景"图层创建一个副本，素材照片如下图所示。

素材照片效果

STEP 02 设置裁剪选项栏

选择工具箱中的"裁剪工具"，在选项栏中设置裁剪框的"宽度"为3.5厘米，"高度"为5.3厘米，设置裁剪后的图像"分辨率"为300像素/英寸，在照片中单击并拖曳创建裁剪框，如下图所示。

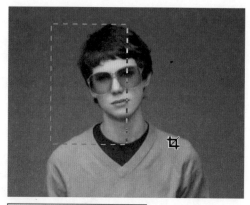

| 宽度: 3.5厘米 | ⇄ | 高度: 5.3厘米 |
| 分辨率: 300 | 像素/英寸 ▼ |

绘制裁剪框

STEP 03 设置并调整裁剪框

将裁剪框的大小设置为人物证件照的拍摄位置即可，设置裁剪框位置和大小如下图所示。

设置裁剪框效果

STEP 04 对照片进行裁剪

在选项栏的右侧单击"提交当前裁剪操作"按钮，即可对图像进行裁剪，制作成标准的2英寸证件照效果如下图所示，完成本实例的制作。

证件照效果

4.3.3 裁剪并修齐照片

"裁剪并修齐照片"命令可以将一次扫描的多个图像分为多个独立的图像文件。执行"文件"|"自动"|"裁剪并修齐照片"菜单命令，即可将扫描在一张图像中的多张照片进行自动裁剪并修正。

Example 05 将扫描的照片修齐并裁剪

| 原始文件：随书光盘\素材\4\05.jpg |
| 最终文件：随书光盘\源文件\4\05副本.jpg、05副本2.jpg |

本实例通过"裁剪并修齐照片"菜单命令，将经过扫描仪设置的有一定倾斜的素材照片进行修剪，将照片进行规整排列。

Before ●●●

After ●●●

⋯⋯ STEP 01 打开素材照片

执行"文件"｜"打开"菜单命令，弹出"打开"对话框，选中"随书光盘\素材\4\05.jpg"素材照片，单击"打开"按钮，素材照片效果如下图所示。

素材05.jpg

⋯⋯ STEP 02 执行"裁剪并修齐照片"
菜单命令

在"文件"｜"自动"的级联菜单中，选择"裁剪并修齐照片"菜单命令，如下图所示。

| 批处理(B)... |
| 创建快捷批处理(C)... |
| 裁剪并修齐照片 |
| WIA 支持... |
| Photomerge... |
| 合并到 HDR Pro... |
| 镜头校正... |
| 条件模式更改... |

执行"裁剪并修齐照片"菜单命令

⋯⋯ STEP 03 查看裁剪并修齐照片效果

系统将自动对素材图像中的多张图像进行裁剪和修正，自动创建为单一的图像文件，下面分别是创建的05副本.jpg和05副本2.jpg图像效果，如下图所示，完成对照片的裁剪和修齐。

05副本.jpg图像效果

05 副本2.jpg图像效果

4.4 调整数码照片的角度

在进行数码照片的拍摄中，由于拍摄的角度问题，会使照片出现一定的倾斜和扭曲，在Photoshop中，可以将倾斜的图像进行全部修正，还可以对变形的照片进行校正处理。

4.4.1 按固定角度翻转照片——通过"图像旋转"菜单命令

使用"图像旋转"命令可以旋转或翻转整个图像，使用此命令是对整个画布中的所有图像都进行操作，并不适用于单个图层或图层的部分图像的旋转，在"图像"|"图像旋转"的级联菜单中，可以执行多种角度的旋转命令，如下图所示。

图像大小(I)...	Alt+Ctrl+I
画布大小(S)...	Alt+Ctrl+C
图像旋转(G)	▶	180 度(1)
裁剪(P)		90 度(顺时针)(9)
裁切(R)...		90 度(逆时针)(0)
显示全部(V)		任意角度(A)...
复制(D)...		水平翻转画布(H)
应用图像(Y)...		垂直翻转画布(V)

执行"图像"|"图像旋转"菜单命令

1. 180度

将图像旋转半圈，如下图所示分别为原图和旋转180度后的图像效果。

原始图像　　　　　　旋转180度后的效果

2. 90度（顺时针）和90度（逆时针）

可以分别对图像进行顺时针四分之一圈和逆时针四分之一圈的旋转，打开一张素材照片如下图所示。

素材照片

下面分别为对素材照片进行旋转90度（顺时针）和旋转90度（逆时针）后的图像效果。

旋转90度（顺时针）效果　　旋转90度（逆时针）效果

3. 水平翻转画布

沿垂直轴水平翻转图像，打开一张素材照片，如下左图所示，执行"水平翻转画布"菜单命令后的图像效果如下右图所示。

素材照片　　　　　　水平翻转效果

4. 垂直翻转画布

沿水平轴垂直翻转图像，打开一张素材照片，如下左图所示，执行"垂直翻转画布"菜单命令后的图像效果如下右图所示。

素材照片　　　　　　垂直翻转效果

4.4.2 使用"标尺工具"校正倾斜的照片

在有些数码照片中，无法确定需对照片图像进行旋转的角度时，可以使用Photoshop CS5中"标尺工具"的"拉直"按钮对倾斜的照片进行校正。

打开一张素材照片，选中工具箱中的"标尺工具" ，在照片中绘制水平的线段，校正后照片的效果如右图所示。

素材照片效果　　　　　　校正后的照片效果

Example 06 校正倾斜的风景照片

原始文件：随书光盘\素材\4\06.jpg
最终文件：随书光盘\源文件\4\Example 06 校正倾斜的风景照片.psd

本实例主要通过"标尺工具"校正倾斜的照片，通过"阴影/高光"菜单命令，均衡照片中的曝光度，再调整照片的颜色，具体操作步骤如下。

Before ●●●

After ●●●

·:::· STEP 01　打开素材并复制图层

执行"文件"|"打开"菜单命令，打开"随书光盘\素材\4\06.jpg"素材照片，在"图层"面板中为"背景"图层创建一个副本图层，如下图所示。

复制图层

·:::· STEP 02　绘制水平参考线

在工具箱中单击"标尺工具"按钮 ，在图像中沿建筑的屋顶拖曳鼠标，绘制水平参考线，如下图所示。

绘制水平参考线

STEP 03 校正图像

在选项栏中单击"拉直"按钮，图像自动旋转裁剪，修正倾斜的图像，如下图所示。

校正后的效果

STEP 04 调整图像

执行"图像"|"调整"|"阴影/高光"菜单命令，打开"阴影/高光"对话框，设置"阴影"的数量为46%，"高光"的数量为10%，设置完成后单击"确定"按钮，如下图所示。

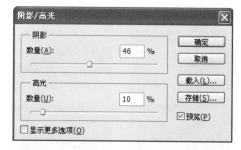

"阴影/高光"对话框

STEP 05 调整照片的颜色1

执行"图像"|"调整"|"可选颜色"菜单命令，打开"可选颜色"对话框，设置颜色为"红色"，其中，青色为-34，洋红为+24%，设置完成后单击"确定"按钮，如下图所示。

"可选颜色"对话框

STEP 06 调整照片的颜色2

在"可选颜色"对话框中，设置颜色为"黄色"，其中，青色为+62%，洋红为-55%，黄色为-58%，设置完成后单击"确定"按钮，如下图所示。

"可选颜色"对话框

STEP 07 调整照片的颜色3

在"可选颜色"对话框中，设置颜色为"蓝色"，其中，青色为+70%，洋红为-59%，黄色为-56%，设置完成后单击"确定"按钮，如下图所示。

"可选颜色"对话框

STEP 08 查看图像效果

在图像窗口中查看图像的最终效果，如下图所示。

图像效果

01 数码照片和摄影
基础知识

02 Photoshop CS5的
基础知识

03 使用Camera Raw
处理数码照片

04 对数码照片进行
基本的编辑

4.4.3 使用"变换"菜单命令变换图像

之前介绍了为整个图像进行变换的操作，本节将介绍对照片中的部分图像进行变换的方法，应用变换的图像可以是整个图层、单个图层或多个图层，通过"编辑"菜单下的"变换"命令变换图像，如右图所示。

再次(A)	Shift+Ctrl+T
缩放(S)	
旋转(R)	
斜切(K)	
扭曲(D)	
透视(P)	
变形(W)	
旋转 180 度(1)	
旋转 90 度(顺时针)(9)	
旋转 90 度(逆时针)(0)	
水平翻转(H)	
垂直翻转(V)	

"变换"菜单选项

1. 缩放

选择该命令后，在画面中对选中图层中的图像添加变换框，单击并拖曳四周的角控制手柄即可对图像进行放大和缩小调整，如下左图所示为放大图像的效果，如下右图所示为缩小图像的效果。

放大图像的效果　　　　　　缩小图像的效果

实用技巧 ▶ ▶ ▶

对图像进行缩放操作时，按住Shift键的同时单击并拖曳任意一个角控制手柄，可以对图像进行等比例缩放，同时按住Alt键和Shift键时单击并拖曳变换框，则可以从中心位置对图像进行缩放。

2. 旋转

选择该菜单命令后，将鼠标移动至变换框的边缘，光标将变成带有弧度的双箭头形状，单击并拖曳光标即可对图像进行旋转，如下左图所示为将图像进行顺时针旋转效果，如下右图所示为将图像进行逆时针旋转效果。

顺时针旋转图像效果　　　　逆时针旋转图像效果

3. 斜切

选择该菜单命令后，将鼠标移动至变换框的角控制点上可以将角控制点进行选中，单击并拖曳角控制点可以从水平或垂直方向对图像进行变形，用于图像透视效果的制作。

下面分别对图像进行水平和垂直方向的斜切变形，斜切效果如下图所示。

水平方向的斜切效果　　　　垂直方向的斜切效果

4. 扭曲/透视

选择"扭曲"菜单命令后，可以对图像进行任意位置的扩展和衍生，效果如下左图所示，而选择"透视"菜单命令后，可以对图像进行立体透视效果设置，如下右图所示。

对图像设置"扭曲"效果　　　对图像进行"透视"效果

5. 变形

选择"变形"命令后，在图像的周围将出现变形网格，如下左图所示，用户可以自由设置变形网格的形状，从而对图像设置变形效果，如下右图所示。

打开变形网格　　　　　　　设置变形网格

Example 07 制作精美的倒影图像

原始文件：随书光盘\素材\4\07.jpg

最终文件：随书光盘\源文件\4\Example 07 制作精美的倒影图像.psd

　　本实例主要通过"魔棒工具"对单一的背景进行选取，将玻璃器皿图像从背景中抠出，通过对图像的复制和设置垂直翻转，创建镜面般的倒影效果，使用"缩放"菜单命令对倒影的高度进行压缩，最后，通过"渐变工具"和"颜色"填充图层对整体画面设置色彩，制作精美的玻璃器皿倒影效果，具体的操作步骤如下。

Before ●●●

After ●●●

01 数码照片和摄影 基础知识

02 Photoshop CS5的 基础知识

03 使用Camera Raw 处理数码照片

04 对数码照片进行基本的编辑

··﹛﹜·· STEP 01　打开素材照片

执行"文件"|"打开"菜单命令，打开"随书光盘\素材\4\07.jpg"素材照片，单击工具箱中的"魔棒工具" ，在画面的白色背景位置单击，如下左图所示，设置白色背景选区，如下右图所示。

使用"魔棒工具"

设置白色背景选区

··﹛﹜·· STEP 02　反选选区

执行"选择"|"反向"菜单命令，如下左图所示，设置选区反向后将画面中的玻璃器皿选中，如下右图所示。

选择(S)	滤镜(T)	分析(A)	3D
全部(A)		Ctrl+A	
取消选择(D)		Ctrl+D	
重新选择(E)		Shift+Ctrl+D	
反向(I)		Shift+Ctrl+I	
所有图层(L)		Alt+Ctrl+A	
取消选择图层(S)			
相似图层(Y)			
色彩范围(C)...			

执行"选择"|"反向"菜单命令　　反选选区效果

⋯⁜ STEP 03　复制选区图像至新图层

按快捷键Ctrl+C将选区中的图像复制到剪贴板，再按快捷键Ctrl+V将复制的图像粘贴至新的图层中，如下图所示。

"图层"面板

⋯⁜ STEP 04　填充背景并扩展画布

在"图层"面板中，选中"背景"图层，设置前景色为白色，按快捷键Alt+Delete为背景图层填充白色，执行"图像"|"画布大小"菜单命令，打开"画布大小"对话框，在"新建大小"选项中选择设置画布的单位为"百分比"，如下左图所示，再在"高度"文本框中输入数值200，如下右图所示，设置后单击"确定"按钮。

设置画布单位

设置"高度"值为200

⋯⁜ STEP 05　扩展画布并移动图像

对画布的大小进行扩展后，图像的效果如下左图所示，选择工具箱中的"移动工具" ▶₊，将"图层1"中的玻璃器皿移动到画面适当位置，如下右图所示。

扩展画布后的效果

移动图像效果

⋯⁜ STEP 06　垂直翻转图像

选中"图层1"，按快捷键Ctrl+J创建一个图层副本，调整"图层1副本"在"图层1"图层下面，再按快捷键Ctrl+T打开"自由变换"工具，在选项栏中设置变换的中心点为 ▦，如下左图所示，单击右键打开快捷菜单，选择"垂直翻转"菜单命令，设置图像垂直翻转效果如下右图所示。

设置变换的中心点　　　　图像垂直翻转效果

⋯⁜ STEP 07　压缩图像设置倒影

保持变形框处于编辑状态，将鼠标移动至编辑框的最下方，单击边框并向上进行拖曳，适当地压缩翻转的图像，如下左图所示，设置后按Enter键确定倒影图像效果，如下右图所示。

拖曳变形框压缩图像　　　　压缩图像效果

⋯⁜ STEP 08　设置填充图层

按住Ctrl键的同时单击"图层1副本"图层的缩览图，载入"图层1副本"图层选区，单击面板下方的"添加新的填充或调整图层"按钮 ⬤，在弹出的菜单中选择"纯色"选项，打开"拾取实色"对话框，设置填充色为黑色，如下左图所示，设置后调整填充图层的混合模式为"柔光"，如下右图所示。

"拾取实色"对话框

"图层"面板

STEP 09 填充渐变

选择"渐变工具" ▣ ，打开"渐变编辑器"对话框，设置渐变色分别为R0、G0、B0，R68、G81、B86，R137、G158、B163，R255、G255、B255，如下左图所示，单击选项栏中的"径向渐变"按钮 ▣ ，再勾选右侧的"反向"复选框，在"背景"图层上新建"图层2"图层，从中心位置向四周进行拖曳，创建渐变效果如下右图所示。

"渐变编辑器"对话框

拖曳径向渐变效果

STEP 10 复制并设置图层

在"图层"面板中，选中"图层2"图层，按快捷键Ctrl+J创建一个副本图层，调整图层副本的混合模式为"叠加"，如下左图所示，设置后的图像效果如下右图所示。

"图层"面板

设置图层混合模式后的效果

STEP 11 拖曳渐变并调整不透明度

在"颜色填充1"图层上，新建"图层3"，继续使用"渐变工具"在画面中拖曳径向渐变，创建渐变如下左图所示，调整该图层的"不透明度"为50%，设置后的图像效果如下右图所示。

创建径向渐变效果

调整图层不透明度后的效果

STEP 12 调整图层混合模式

在"图层"面板中，调整"图层4"图层的混合模式为"点光"，如下左图所示，设置后的图像效果如下右图所示。

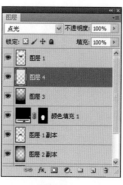

"图层"面板

点光效果

STEP 13 设置高光效果

在"图层"面板中，创建一个新图层，如下左图所示，继续使用"渐变工具"，在玻璃器皿的中心位置拖曳一个圆形的由白至透明的高光图像，效果如下右图所示，完成本实例的制作。

"图层"面板

实例效果图

01 数码照片和摄影 基础知识

02 Photoshop CS5的 基础知识

03 使用Camera Raw 处理数码照片

04 对数码照片进行 基本的编辑

Chapter 05

Photoshop图像调整功能解析

由于各种因素的影响，拍摄的数码照片可能存在颜色不够亮丽、偏色等一系列问题，如何才能将这些照片恢复正常，这就需要运用到Photoshop中的图像调整功能。

Photoshop CS5提供了更人性化、更易操作的图像调整功能，通过菜单选项的帮助可直接对图像进行色彩、色调、明暗等多方面的调整。另外，还新增加了"调整"面板，帮助用户在保护原始照片的基础上更有效地进行参数调整。下图所示为"调整"菜单命令和"调整"面板选项。

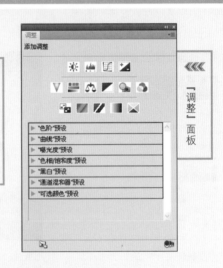

亮度/对比度(C)...	
色阶(L)...	Ctrl+L
曲线(U)...	Ctrl+M
曝光度(E)...	
自然饱和度(V)...	
色相/饱和度(H)...	Ctrl+U
色彩平衡(B)...	Ctrl+B
黑白(K)...	Alt+Shift+Ctrl+B
照片滤镜(F)...	
通道混合器(X)...	
反相(I)	Ctrl+I
色调分离(P)...	
阈值(T)...	
渐变映射(G)...	
可选颜色(S)...	
阴影/高光(W)...	
HDR 色调...	
变化...	
去色(D)	Shift+Ctrl+U
匹配颜色(M)...	
替换颜色(R)...	
色调均化(Q)	

"调整"菜单命令

"调整"面板

自动色调(N)	Shift+Ctrl+L
自动对比度(U)	Alt+Shift+Ctrl+L
自动颜色(O)	Shift+Ctrl+B

自动调整菜单命令

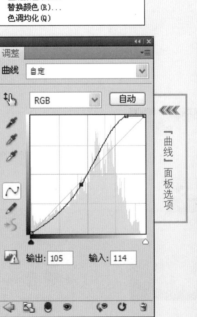

自然饱和度

自然饱和度： 0

饱和度： 0

"自然饱和度"面板选项

曲线 自定

RGB 自动

输出：105 输入：114

"曲线"面板选项

通道混和器 自定

输出通道：红
□单色

红色： +80 %

绿色： +60 %

蓝色： -140 %

总计： 0 %

常数： 0

"通道混合器"面板选项

5.1 简单图像调整命令

Photoshop CS5将之前放置在"图像"|"调整"菜单命令下的自动调整命令直接放置在"图像"菜单命令下，便于用户方便快捷地使用。

下图所示为自动调整命令选项。

自动色调(N)	Shift+Ctrl+L
自动对比度(U)	Alt+Shift+Ctrl+L
自动颜色(O)	Shift+Ctrl+B

自动调整命令

5.1.1 快速修复色彩——使用"自动色调"命令

"自动色调"命令会根据图像的色调来自动对图像的明度、纯度和色相进行调整，将图像的整个色调均匀化，适用于快速修复。

打开素材照片如下左图所示，执行"图像"|"自动色调"菜单命令后的照片效果如下右图所示。

原图　　　　　　　　　执行"自动色调"命令效果

知识链接 ▶▶▶

色调是对一幅作品的整体颜色的概括评价，表达作品色彩外观的基本倾向，通常可以从色相、明度、冷暖、纯度4个方面来定义一幅作品的色调。

5.1.2 快速校正较暗的照片——使用"自动对比度"命令

使用"自动对比度"命令可以调整图像的对比度，使高光区域显得更亮，阴影区域显得更暗，即增加图像之间的对比，适于快速调整色调较灰、明暗关系不明显的照片。

打开素材照片如下左图所示，执行"图像"|"自动对比度"菜单命令，快速修正模糊照片效果如下右图所示。

原图　　　　　　　　　执行"自动对比度"命令效果

知识链接 ▶▶▶

对比度指的是一幅图像中明暗区域最亮的白和最暗的黑之间不同亮度层级的测量，差异范围越大代表对比越大，差异范围越小代表对比越小。

5.1.3 快速恢复自然色——使用"自动颜色"命令

"自动颜色"菜单命令允许指定阴影和高光修剪百分比，并为阴影、中间调和高光指定颜色值。适于快速修正照片的自然色彩。

打开素材照片如下左图所示，执行"图像"|"自动颜色"菜单命令，调整后的照片效果如下右图所示。

原图　　　　　　　　　执行"自动颜色"命令效果

Part 01　Part 02　Part 03　Part 04

实用技巧 ▶▶▶

初学者在对数码照片进行其他操作之前，不妨先选用"自动色调"、"自动对比度"和"自动颜色"中的一个菜单命令，快速对照片的色调、影调等进行修正，再更深入地对数码照片进行图像调整。

5.2 常用图像调整命令

Photoshop中提供了多种用于图像调整的命令选项，在对照片色彩和色调进行变换时，最常用的调整命令包括"色阶"命令、"曲线"命令、"色彩平衡"命令、"色相/饱和度"命令、"替换颜色"命令和"照片滤镜"命令，下面具体对这些常用调整命令进行介绍。

5.2.1　应用"色阶"命令

色阶是表示图像亮度强弱的指数标准，图像的色彩丰满度和精细度是由色阶决定的，色阶指亮度，和颜色无关，最亮的只有白色，最暗的只有黑色。

对色阶进行调整可以执行"图像"｜"调整"｜"色阶"菜单命令，打开"色阶"对话框，如下图所示，通过对话框中的"通道"选项，可以对复合通道或是单色通道进行调整。

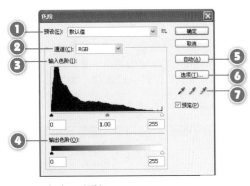

"色阶"对话框

① 预设：在"预设"下拉列表中可选择多种预设的色阶选项对照片进行调整。

打开随书光盘中的素材照片如下左图所示，在"预设"下拉列表中选择"加亮阴影"选项，设置后的照片效果如下右图所示。

原图　　　　　"加亮阴影"效果

② 通道：用于设置选择所要进行色调调整的通道。根据不同的照片颜色模式，提供的通道选项也各有不同，RGB颜色模式下的选项为RGB、红、绿和蓝通道，而CMYK颜色模式下的通道选项则分别为CMYK、青色、洋红、黄色和黑色，如下图所示。

RGB	
RGB	Alt+2
红	Alt+3
绿	Alt+4
蓝	Alt+5

CMYK	
CMYK	Alt+2
青色	Alt+3
洋红	Alt+4
黄色	Alt+5
黑色	Alt+6

RGB模式通道选项　　　　CMYK模式通道选项

若是为打开的素材照片选择通道为"蓝"，适当地对色阶值进行调整，设置色阶参数如下左图所示，设置素材照片效果如下右图所示。

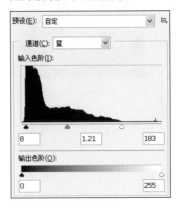

调整"蓝"通道色阶　　　　调整"蓝"通道效果

③ 输入色阶：左侧黑色滑块 ● 代表阴影、中间灰色滑块 ● 代表中间色，右侧白色滑块 ○ 代表高光，通过拖曳滑块调整色阶值分别对照片中的最暗处、中间色和最亮处的色调值进行设置，用于调整图像的色调和对比度。

拖曳黑色滑块向右侧移动，如下页左图所示，增加阴影的数值，照片的暗部区域将扩大，设置后的照片效果如下页右图所示。

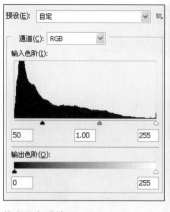

拖曳黑色滑块　　　　　　　　增加阴影效果

拖曳灰色滑块向左侧移动，如下左图所示，照片图像的中间色部分颜色会变亮，从整体上提高了图像的亮度，调整后的效果如下右图所示。

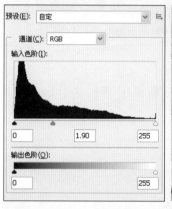

拖曳灰色滑块　　　　　　　　调亮中间色效果

拖曳白色滑块向左移动，如下左图所示，将图像中的亮部变得更亮，调整亮部后的画面效果如下右图所示。

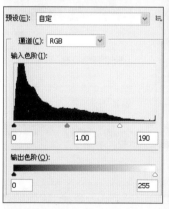

拖曳白色滑块　　　　　　　　增加亮部效果

④ **输出色阶**：通过输出色阶可调节图像的亮度。将黑色滑块向右拖动时图像会变得更亮，将右方白色滑块向左拖动时，可将图像亮度调暗。

打开素材照片，向右拖曳黑色滑块，图像亮度增强，照片效果如下左图所示，向左拖曳白色滑块，图像阴影增强，照片效果如下右图所示。

向右拖曳黑色滑块　　　　　　向左拖曳白色滑块

⑤ **自动**：单击该按钮可以自动将高光部分的颜色设置为白色，而将暗部设置为黑色。

⑥ **选项**：单击该按钮将打开"自动颜色校正选项"对话框，用于控制自动的工作方式，用于颜色的校正非常有效。

在素材照片中，设置中间调颜色为蓝色后，设置"目标颜色和剪贴"参数，如下左图所示，设置后的照片效果如下右图所示。

"自动颜色校正选项"对话框　　　设置后的照片效果

⑦ **吸管工具**：使用吸管工具可以对黑白及彩色图像自由地设置高光和暗调。

本实例主要通过"色阶"命令对原本由于拍摄光线不足造成的灰蒙蒙效果进行调整，灵活运用色阶对于色调的调整修正优势，快速且准确地对照片进行修正，再适当地调整图像的饱和度，增强画面的色彩感。

Before ●●●

After ●●●

∴∴∴ STEP 01　打开素材照片

执行"文件"｜"打开"菜单命令，打开"随书光盘\素材\
5\01.jpg"素材照片，效果如下左图所示。在"图层"面
板中，按Ctrl+J快捷键为"背景"图层创建一个副本，创
建副本效果如下右图所示。

素材01.jpg　　　　　　　　　　"图层"面板

∴∴∴ STEP 02　自动调整对比度

在"图层1"上，执行"图像"｜"调整"｜"自动对比
度"菜单命令，为照片图像自动调整对比度，设置效果如
下图所示。

调整"自动对比度"效果

∴∴∴ STEP 03　设置色阶参数

执行"图像"｜"调整"｜"色阶"菜单命令，打开"色
阶"对话框，单击"在图像中取样以设置白场"按钮 ✐，
在画面的云朵最亮的位置进行单击，如下左图所示，再调
整对话框中的参数值，设置参数效果如下右图所示。

　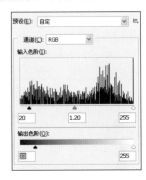

取样白场　　　　　　　　　　设置色阶参数

∴∴∴ STEP 04　查看图像效果

完成"色阶"对话框的设置后，单击"确定"按钮完成对
图像色阶的调整，调整色阶后的照片效果如下图所示。

调整色阶后的效果

:::STEP 05 调整图像饱和度

再为调整色阶的"图层1"创建一个副本，执行"图像"|"调整"|"自然饱和度"菜单命令，打开"自然饱和度"对话框，设置"自然饱和度"为50，"饱和度"为20，如下左图所示，设置完成后的效果如下右图所示。

自然饱和度(V): 50

饱和度(S): 20

"自然饱和度"参数设置　完成效果图

5.2.2 使用"曲线"命令

使用"曲线"可以调整图像的整个色调范围内的点，从而能够对图像从阴影到高光和单个颜色通道进行精确调整。执行"图像"|"调整"|"曲线"菜单命令，打开"曲线"对话框，如下图所示。

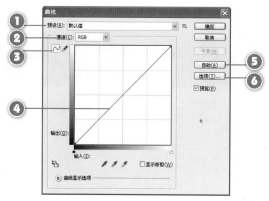

"曲线"对话框

❶ 预设：在"预设"下拉列表中可选择多种预设的色阶选项对照片进行调整。

打开随书光盘中的素材照片，如下图所示，再执行"图像"|"调整"|"曲线"菜单命令。

素材照片

在"预设"下拉列表中选择"彩色负片"选项，如下左图所示，设置照片的彩色负片效果如下右图所示。

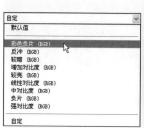
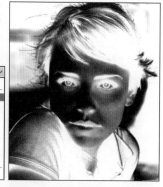

选中"彩色负片"选项　　设置后的照片效果

❷ 通道：与"色阶"对话框中的"通道"下拉列表类似，提供的选项根据图像颜色模式不同而不同。

❸ 设置曲线按钮：单击选中"编辑点以修改曲线"按钮 ∿（默认选项），可以在曲线上添加节点并调节节点的位置，如下左图所示，而单击"通过绘制来修改曲线"按钮 ✎，可以通过铅笔工具自由绘制的线条作为色彩的变换方式，如下右图所示。

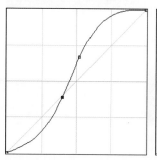
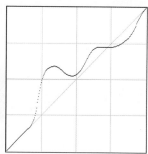

通过节点调整曲线　　　通过铅笔工具绘制曲线

实用技巧 ▶ ▶ ▶

在使用铅笔对曲线进行绘制时，通常会有断开的曲线段，这种情况下，单击对话框右侧的"平滑"按钮，将绘制的曲线自动进行连接和平滑处理，同时，再单击"编辑点以修改曲线"按钮，可以将绘制的曲线自动地转换为带有节点的曲线。

❹ 控制曲线：默认的曲线为右上角至左下角的斜线，上部1/3的位置用于控制图像的高光区域，中间1/3的位置用于控制图像的中间调区域，而底部的1/3的位置则是用于控制图像的阴影区域。

在对节点进行调整时，若是将曲线的节点向上移动，如下页左图所示，会使照片图像变亮，如下页右图所示。

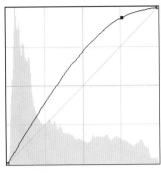

将节点向上移动

图像变亮

　　若在曲线上向下移动节点,如下左图所示,则会使照片图像变暗,调整效果如下右图所示。

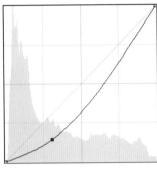

将节点向下移动

图像变暗

⑤ 自动:单击该按钮,可以对图像上各通道的曲线自动地进行调整,根据素材照片自动进行调整后的曲线效果如下图所示。

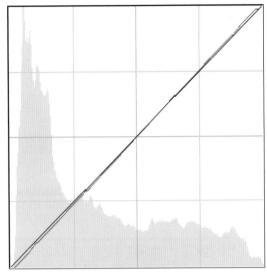

"自动"调整后的曲线效果

⑥ 选项:单击该按钮后可以打开"自动颜色校正选项"对话框,该对话框的设置方法与单击"色阶"对话框中的"选项"按钮打开的对话框设置方法相似。

Example 02 　用Lab曲线调出仿AB色

原始文件:随书光盘\素材\5\02.jpg

最终文件:随书光盘\源文件\5\Example 02 用Lab曲线调出仿AB色.psd

　　本实例主要通过"曲线"命令将转换为Lab模式的图像进行调整,实现照片的清透感,再结合"色阶"命令对暗部进行处理,设置仿AB色色调效果。

Before

After

Part 01

Part 02

Part 03

Part 04

STEP 01 打开素材照片

执行"文件"|"打开"菜单命令,打开"随书光盘\素材\5\02.jpg"素材照片,按Ctrl+J快捷键为"背景"图层创建一个副本,创建副本效果如下图所示。

"图层"面板

STEP 02 转换图像模式

执行"图像"|"模式"|"Lab颜色"菜单命令,在打开的警示对话框中单击"不拼合"按钮,如下图所示,保留创建的背景图层副本,将素材照片转换为Lab颜色模式。

警示对话框

STEP 03 转换调整通道曲线

执行"图像"|"调整"|"曲线"菜单命令,打开"曲线"对话框,如下左图所示,在"通道"下拉列表中选择"明度"通道,设置曲线效果如下右图所示。

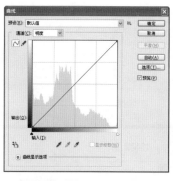

"曲线"对话框 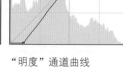 "明度"通道曲线

STEP 04 调整a、b通道曲线

在"曲线"对话框中分别选中a、b通道,根据如右上左图所示调整a通道曲线,根据如右上右图所示调整b通道曲线,调整完成后单击"确定"按钮即可。

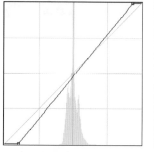 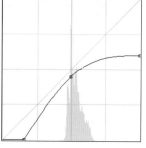

a通道曲线 b通道曲线

实用技巧 ▶ ▶ ▶

在不同的通道中进行曲线调整时,按住Alt键时,"曲线"对话框右侧的"取消"按钮将变成"复位"按钮,单击"复位"按钮后可以将调整的曲线变换为默认斜线状态。

STEP 05 查看调整曲线效果

在"曲线"对话框中对明度、a通道和b通道分别进行曲线调整后,照片效果如下图所示。

调整"曲线"后的效果

STEP 06 调整色阶设置暗部

执行"图像"|"调整"|"色阶"菜单命令,打开"色阶"对话框,如下左图所示适当地调整加深暗部区域,再调亮中间调区域,设置后的照片效果如下右图所示。

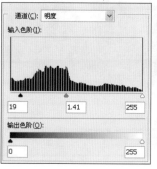 

设置色阶参数 调整"色阶"后的效果

⋯⋯ STEP 07 增加画面色彩丰富性

在调整图像色阶之后，整体颜色较接近AB色效果，再执行"图像"|"应用图像"菜单命令，打开"应用图像"对话框，设置源通道为a，设置"混合"为"柔光"模式，"不透明度"为50%，如下图所示，设置完成后单击"确定"按钮。

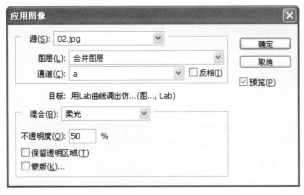

"应用图像"对话框

知识链接 ▶ ▶

使用"应用图像"命令将一个图像的图层和通道（源）与现用图像（目标）的图层和通道混合，使用"应用图像"命令可将两个图像进行混合，也可在同一图像中选择不同的通道来进行混合。

⋯⋯ STEP 08 调整颜色模式

最后执行"图像"|"模式"|"RGB模式"菜单命令，将素材照片颜色模式转换为原来的RGB模式，设置后的照片效果如下图所示，完成本实例的制作。

最终效果图

5.2.3 使用"自然饱和度"命令

"自然饱和度"命令主要用于调整图像的饱和

度，以便在颜色接近最大饱和度时最大限度地减少修剪。将饱和度值降低为0时，图像会转换为一个灰度图像。在调整人像照片时使用"自然饱和度"命令还可以防止肤色过于饱和。

执行"图像"|"调整"|"自然饱和度"菜单命令，打开"自然饱和度"对话框，如下图所示。

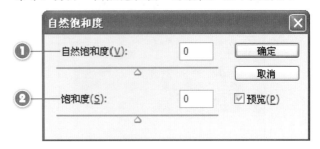

"自然饱和度"对话框

① 自然饱和度：拖曳"自然饱和度"下方的滑块能够调节图像中的自然饱和度，向右拖动可以增加自然饱和度，向左拖动可以减少自然饱和度。

减少自然饱和度

增加自然饱和度

② 饱和度：使用"饱和度"比"自然饱和度"调整图像的色彩饱和度更加强烈一些，拖曳滑块时图像上的变化更加明显。

减少饱和度

增加饱和度

05 Photoshop图像
调整功能解析

06 使用Photoshop对数码
照片进行绘制和修补

07 使用Photoshop对
数码照片进行润饰

08 数码照片处理
高级技巧

Example 03 低饱和度照片的艺术效果

原始文件：随书光盘\素材\5\03.jpg
最终文件：随书光盘\源文件\5\Example 03 低饱和度
照片的艺术效果.psd

　　本实例通过使用"自然饱和度"命令调整图像的色彩饱和度，使色彩艳丽的照片降低颜色饱和度，为照片
打造出淡雅的艺术效果，具体操作步骤如下。

Before ●●●

After ●●●

STEP 01　打开素材并复制图层

打开"随书光盘\素材\5\03.jpg"素材照片，在"图层"
面板中为"背景"图层创建一个副本图层，如右图所示。

复制图层

···‡··· STEP 02　调整图像的饱和度

执行"图像"|"调整"|"自然饱和度"菜单命令，打开"自然饱和度"对话框，设置"饱和度"为-40，如下图所示。

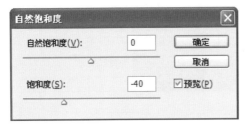

"自然饱和度"对话框

···‡··· STEP 03　查看图像效果

在图像窗口中查看效果，图像颜色的饱和度明显下降了，如下图所示。

查看图像效果

···‡··· STEP 04　添加图层蒙版

在"图层"面板中，单击"添加图层蒙版"按钮 ，为"背景 副本"图层添加图层蒙版，如下图所示。

添加蒙版

···‡··· STEP 05　绘制蒙版

在工具箱中选中"画笔工具" ，在图像中花卉和灯笼的区域涂抹，绘制蒙版，如下图所示。

绘制蒙版

···‡··· STEP 06　盖印可见图层

按快捷键Ctrl+Shift+Alt+E盖印可见图层，"图层"面板如下图所示。

盖印可见图层

···‡··· STEP 07　调整图像的自然饱和度

执行"图像"|"调整"|"自然饱和度"菜单命令，打开"自然饱和度"对话框，设置"自然饱和度"为-44，如下图所示。

调整自然饱和度

···‡··· STEP 08　查看图像效果

在图像中查看为照片打造的低饱和度的艺术效果，如下页图所示。

查看图像效果

··· STEP 09　设置画布大小

执行"编辑"|"画布大小"菜单命令，打开"画布大小"对话框，勾选"相对"复选框，设置宽度为1厘米，高度为1厘米，画布扩展颜色为"黑色"，如下图所示。

设置画布大小

··· STEP 10　查看图像效果

在图像窗口中查看添加黑色边框后的效果，如下图所示。

最终效果

5.2.4　使用"色彩平衡"命令

使用"色彩平衡"命令可以更改图像的总体颜色混合，分别可以对图像的阴影区、中间调和高光区进行颜色的调整。

在选择该命令之前，需要确认是否选中图像的复合通道，保证该命令能够被选用。执行"图像"|"调整"|"色彩平衡"菜单命令即可打开"色彩平衡"对话框，如下图所示。

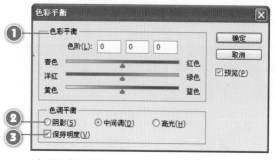

"色彩平衡"对话框

① 色彩平衡：用于调整颜色均衡，通过在"色阶"选项的文本框中输入数值来进行色彩的设置，或是通过下方滑块来添加颜色或取消颜色。打开随书光盘中的素材照片，如下图所示。

素材照片效果

在"色阶"后的文本框中输入数值用于控制颜色混合效果，如下左图所示设置参数，调整"色阶"参数后的照片效果如下右图所示。

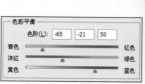

设置"色阶"参数

调整"色阶"参数后的效果

05 Photoshop图像调整功能解析　06 使用Photoshop对数码照片进行绘制和修补　07 使用Photoshop对数码照片进行润饰　08 数码照片处理高级技巧

② 区域选择：可以选择"阴影"、"中间调"和"高光"单选按钮，用于选择着重需要更改的颜色区域。

③ 保持明度：勾选"保持明度"复选框以防止图像的亮度值随颜色的更改而改变，用于保持图像的色彩平衡，如右图所示为勾选了"保持明度"后的照片效果。

勾选"保持明度"后的效果

Example 04 快速恢复儿童脸部的通透感

| 原始文件：随书光盘\素材\5\04.jpg |
| 最终文件：随书光盘\源文件\5\Example 04 快速恢复儿童脸部通透感.psd |

本实例通过结合使用"色彩平衡"和"曲线"调整命令对人物照片的色彩进行调整，通过使用"色阶"调整命令设置整体照片图像的明暗层次，快速恢复儿童脸部的通透感，使儿童皮肤显示出原本的柔嫩白皙。

Before ●●●

After ●●●

⋯✛ STEP 01　打开素材照片

打开"随书光盘\素材\5\04.jpg"素材照片，按Ctrl+J快捷键为"背景"图层创建一个副本，创建副本效果如下图所示。

"图层"面板

⋯✛ STEP 02　调整色彩平衡中间调

在"图层1"上执行"图像"|"调整"|"色彩平衡"菜单命令，打开"色彩平衡"对话框，如下图所示调整中间调的色阶参数。

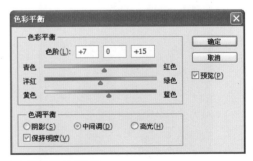

"色彩平衡"对话框

05
调整功能解析
Photoshop图像

06
照片进行绘制和修补
使用Photoshop对数码

07
数码照片进行润饰
使用Photoshop对

08
高级技巧
数码照片处理

:::: **STEP 03** 调整色彩平衡高光

在"色彩平衡"对话框中单击选中"高光"单选按钮，根据如下左图所示调整色阶值，调整后单击"确定"按钮，通过色彩平衡调整图像的效果如下右图所示，减弱了照片中皮肤的黄色效果。

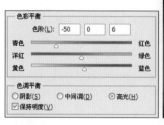

调整高光色阶参数　　　　设置后的画面效果

实用技巧 ▶ ▶ ▶

在对人物照片进行调整时，对于照片本身不存在曝光不足的情况，通常在调整色彩平衡时不勾选"保持明度"复选框，否则在调整色阶值时容易出现高光位置曝光过度的情况。

:::: **STEP 04** 调整曲线设置亮度

继续在"图层1"上执行"图像"|"调整"|"曲线"菜单命令，在打开的"曲线"对话框中根据如下左图所示调整曲线，调整后的照片效果如下右图所示。

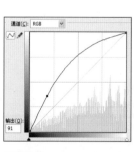

调整曲线　　　　调整曲线后的效果

:::: **STEP 05** 调整色阶增加对比度

对图像的曲线进行调整后，再为图像添加"色阶"调整命令，根据如右上左图所示设置色阶值，设置后的照片效果如右上右图所示，完成本实例的制作。

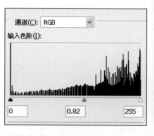

调整色阶值　　　　调整色阶后的效果

| 5.2.5 | 应用"色相/饱和度"命令 |

使用"色相/饱和度"调整命令可以调整图像中特定颜色范围的色相、饱和度和亮度，或者同时调整图像中的所有颜色。尤其适用于CMYK图像中的颜色，以便它们处在输出设备的色域内。

执行"图像"|"调整"|"色相/饱和度"菜单命令或按Ctrl+U快捷键，打开"色相/饱和度"对话框，如下图所示。

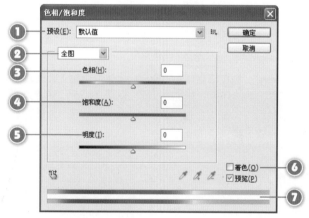

"色相/饱和度"对话框

① 预设：该选项是Photoshop CS5中新增加的一个选项，类似于"色阶"或"曲线"调整命令中的预设项，帮助用户快速地对图像色调进行变换，操作方法是单击选中下拉列表中的选项即可。

打开随书光盘中的素材照片，如下图所示。

素材照片效果

打开"色相/饱和度"对话框，在"预设"下拉列表中选择"黄色提升"选项，如下左图所示，设置预设项后的画面效果如下右图所示。

选择"黄色提升"预设项　　　预设后的照片效果

2 选择编辑通道：默认选项为"全图"，可以一次性调整所有颜色，在该下拉列表中还可以选择图像中的某一特定颜色，可以选中的颜色有6种，如下图所示。

全图	
全图	Alt+2
红色	Alt+3
黄色	Alt+4
绿色	Alt+5
青色	Alt+6
蓝色	Alt+7
洋红	Alt+8

选择编辑通道

3 色相：拖曳滑块或是在其后的文本框中输入数值，用于图像色调的选择，数值的范围可以是-180～+180，如下左图所示为调整"色相"为-89，如下右图所示为调整色相后的效果。

调整色相值　　　　调整色相后的效果

4 饱和度：拖曳滑块或是在其后的文本框中输入数值用于控制照片的饱和度，向左拖曳滑块减小饱和度，向右拖曳滑块增加饱和度，数值范围为-100～+100，如右上图所示分别为设置"饱和度"为-50和+30的花朵效果。

"饱和度"为-50　　　　　"饱和度"为+30

5 明度：拖曳滑块或是在其后的文本框中输入数值，可以对全部图像或是单一的色彩进行明暗调整，数值范围为-100～+100。

6 着色：勾选该复选框，如果前景色是黑色或白色，则图像会转换成红色色相（0度）。如果前景色不是黑色或白色，则会将图像转换成当前前景色的色相，每个像素的明度值不改变。如下图所示为勾选"着色"复选框后，调整"色相"分别为25和190时的花朵效果，如下图所示。

"色相"为25

"色相"为190

7 颜色条：上面的颜色条显示调整前的颜色，下面的颜色条显示调整如何以全饱和状态影响所有色相，颜色条的色相跟随上面选项数值的变换而进行变换。

Example 05 为黑白花朵上色

原始文件：随书光盘\素材\5\05.jpg

最终文件：随书光盘\源文件\5\Example 05 为黑白花朵上色.psd

本实例通过使用选区工具，将图像进行分区，在选区内应用"色相/饱和度"菜单命令为照片上色，从而制作出彩色花朵的效果。

Before ●●○

After ●●●

:::·•· STEP 01 打开素材并复制图层

打开"随书光盘\素材\5\05.jpg"素材照片，在"图层"
面板中为"背景"图层创建一个副本图层，如下图所示。

复制图层

:::·•· STEP 02 创建选区

在工具箱中，单击"多边形套索工具"按钮，在图像中
沿背景轮廓创建选区，如下图所示。

创建选区

:::·•· STEP 03 调整背景颜色

执行"图像"|"调整"|"色相/饱和度"菜单命令，打
开"色相/饱和度"对话框，勾选"着色"复选框，设置
"色相"为31，"饱和度"为28，如下图所示。

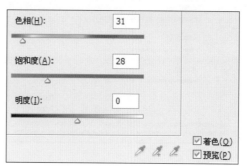

"色相/饱和度"对话框

:::·•· STEP 04 查看效果

在图像窗口中查看调整图像背景后的效果，如下图所示。

查看图像效果

STEP 05 创建选区

在工具箱中单击"多边形套索工具"按钮 ☑，在选项栏中单击"新选区"按钮 ▣，在图像中沿花瓣轮廓创建选区，如下图所示。

创建选区

STEP 06 调整色相及饱和度

执行"图像"|"调整"|"色相/饱和度"菜单命令，打开"色相/饱和度"对话框，勾选"着色"复选框，设置"饱和度"为50，如下图所示。

"色相/饱和度"对话框

STEP 07 查看效果创建选区

在工具箱中，单击"多边形套索工具"按钮 ☑，在选项栏中单击"添加到选区"按钮 ▣，在图像中沿花瓣轮廓创建选区（不要选中蜻蜓的尾部），如下图所示。

创建新选区

STEP 08 调整花瓣颜色1

执行"图像"|"调整"|"色相/饱和度"菜单命令，打开"色相/饱和度"对话框，勾选"着色"复选框，设置"色相"为22，"饱和度"为50，如下图所示。

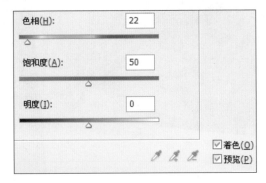

调整花瓣颜色1

STEP 09 创建选区

在图像中查看效果，在工具箱中，单击"多边形套索工具"按钮 ☑，在图像中沿花瓣轮廓创建选区，如下图所示。

创建选区

STEP 10 调整花瓣颜色2

执行"图像"|"调整"|"色相/饱和度"菜单命令，打开"色相/饱和度"对话框，勾选"着色"复选框，设置"色相"为44，"饱和度"为50，如下图所示。

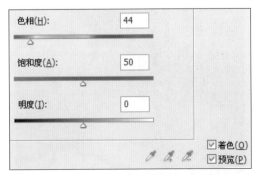

调整花瓣颜色2

STEP 11 调整花瓣颜色3

根据STEP 05～06中对色相/饱和度的设置来为第4～5片花瓣着色，如下图所示。

调整花瓣颜色3

STEP 12 查看效果

根据对"色相/饱和度"的调整方法，逐个选中花瓣，为剩下的花瓣着色，调色后的最终效果如下图所示。

最终效果

5.2.6 应用"替换颜色"命令

替换颜色，顾名思义能够进行颜色替换。在Photoshop中，"替换颜色"命令能够通过添加蒙版的方式对图像中的特定颜色进行选择，再根据新设置的颜色进行替换，并对替换颜色的色相、饱和度和明度进行设置，也能够直接使用"拾色器"对替换的颜色进行选取。

执行"图像"｜"调整"｜"替换颜色"菜单命令，打开"替换颜色"对话框，如右上图所示。

"替换颜色"对话框

❶ **本地化颜色簇**：在图像中选择多个颜色范围，勾选"本地化颜色簇"复选框来构建更加精确的蒙版。

❷ **吸管工具**：用于对需要替换的色彩进行选取，选中"吸管工具" 🖉 时，单击图像任意位置，吸取单击位置色彩，利用其后的"颜色"色块进行相应的变换，选中"添加到取样"按钮 🖉 ，可以多次单击添加区域，选中"从取样中减去"按钮 🖉 ，可以移去选取的颜色区域。

❸ **颜色容差**：通过拖曳"颜色容差"滑块或输入数值来调整蒙版的容差，用于控制选区中包括哪些相关颜色的程度，值越大则选择的区域越广，值越小则选择的区域越窄。下图所示为分别设置"颜色容差"为40和200的颜色区域效果。

"颜色容差"为40   "颜色容差"为200

❹ **"替换"选项**：在"替换"选项组下，可以分别对替换颜色的色相、饱和度和明度进行设置，而其后的颜色块跟随色相、饱和度和明度值的变换而变换。

打开素材照片，设置替换的颜色色相、饱和度和明度分别为-151、+43和+6，替换后的效果如下页右图所示。

05 Photoshop图像
调整功能解析

06 使用Photoshop对数码
照片进行绘制和修补

07 使用Photoshop对
数码照片进行润饰

08 数码照片处理
高级技巧

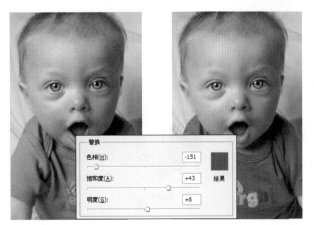

素材及替换颜色选项　　　　　　替换颜色后的效果

在进行颜色替换时，还可以直接双击颜色块，打开"选择目标颜色"对话框，如下左图所示，对替换的颜色进行选取，单击"确定"按钮后，查看替换的颜色效果如下右图所示。

"选择目标颜色"对话框　　　　　　替换颜色后的效果

Example 06 快速变换人物衣服的颜色

原始文件：随书光盘\素材\5\06.jpg
最终文件：随书光盘\源文件\5\Example 06 快速变换人物衣服的颜色.psd

　　本实例通过多次使用"替换颜色"调整命令快速变换人物衣服的颜色，并通过对光线色彩区域的调整去除素材照片中人物的发光效果。

Before ●●●

After ●●●

⁘ STEP 01　打开素材照片

打开"随书光盘\素材\5\06.jpg"素材照片，按Ctrl+J快捷键为"背景"图层创建一个副本，创建副本后的效果如右图所示。

创建图层副本

STEP 02 设置替换颜色区域

在"图层1"上执行"图像"|"调整"|"替换颜色"菜单命令，打开"替换颜色"对话框，单击"吸管工具"按钮 🖊，在人物衣服的中间色区域单击，如下左图所示，再单击"添加到取样"按钮 🖊，单击人物手臂下方较暗的衣服颜色，添加颜色取样，如下右图所示。

单击设置中间调颜色　　单击添加取样

STEP 03 设置替换颜色

在"替换颜色"对话框中，设置"颜色容差"为88，在"替换"选项下，设置替换颜色的"色相"、"饱和度"和"明度"分别为-108、-22和-10，如右图所示，设置后单击"确定"按钮。

"替换颜色"对话框

STEP 04 查看替换颜色效果

根据上一步设置的替换颜色参数，为人物的服饰替换颜色后的画面效果如下图所示。

替换人物衣服颜色效果

STEP 05 设置高光颜色替换

根据之前替换颜色的方法，为"图层1"创建一个副

本，在替换区域中双击颜色块，选择需要替换的颜色为R206、G62、B62，调整颜色容差，如下左图所示，再在"替换"选项下设置替换颜色参数，如下右图所示。

 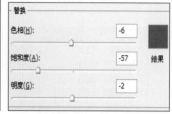

选择需要替换的颜色　　设置替换颜色参数

STEP 06 查看替换高光颜色效果

对高光颜色进行颜色替换后，画面效果如下图所示，完成本实例的制作。

实例效果图

5.2.7 使用"照片滤镜"命令

使用"照片滤镜"调整命令可以对图像色调进行变换，图像效果模拟在相机镜头前添加彩色滤镜，以便调整通过镜头传输的光的色彩平衡和色温。

执行"图像"|"编辑"|"照片滤镜"菜单命令，打开"照片滤镜"对话框，如下图所示。

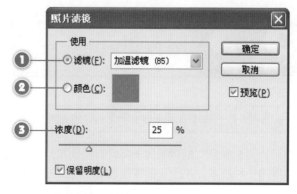

"照片滤镜"对话框

1 滤镜：单击选中"滤镜"选项，通过选择不同滤镜对照片色调进行变换，在该选项的下拉列表中，可以选中加温滤镜或冷却滤镜，如下左图所示，或是选中单一的颜色，如下右图所示。

加温滤镜/冷却滤镜　　　　　选择单一颜色

2 颜色：单击选中"颜色"选项，双击颜色块，可以打开"选择滤镜颜色"对话框，用户可以根据需要对任意颜色进行选择，如下图所示。

"选择滤镜颜色"对话框

3 浓度：拖曳该选项下的滑块或是直接在其后的文本框中输入数值，用于控制调整的颜色数量，浓度越高，颜色调整幅度就越大。

　　打开素材照片，如右上图所示，为其添加"照片滤镜"菜单命令，在"滤镜"下拉列表中选中"加温滤镜（LBA）"选项，设置"浓度"为25%，如右中图所示。

素材照片

"照片滤镜"对话框

　　设置后的照片效果如下图所示，照片的色调变暖，增强了夕阳效果。

设置后的效果

5.3 高级图像调整命令

本节将介绍应用于图像变换的高级图像调整命令，包括"可选颜色"、"通道混合器"、"匹配颜色"以及"渐变映射"4种命令。

5.3.1 应用"可选颜色"菜单命令

　　"可选颜色"的调整属于高端扫描仪和分色程序使用的一种技术，用于在图像中的每个主要原色成分中更改印刷色的数量，可以有选择地修改任何主要颜色中的印刷色数量，而不会影响其他主要颜色。

　　执行"图像"|"编辑"|"可选颜色"菜单命令，打开"可选颜色"对话框，具体的设置如下页图所示。

"可选颜色"对话框

① 颜色：在此下拉列表中可以选择图像中的单一颜色，有选择地修改印刷色数量。

打开素材照片，如下左图所示，执行"图像"|"调整"|"可选颜色"菜单命令，在对话框中选择"绿色"，如下右图所示。

素材照片

选择"绿色"进行调整

② 设置印刷色百分比：在4种印刷色后的文本框中输入百分比或是拖曳下方的滑块，控制印刷色的数量，颜色百分比范围在-100～+100%。下图所示为当青色设置的颜色百分比不同时的照片效果。

调整"青色"为-100%

降低照片中绿色中的青色

调整"青色"为+100%

增加照片中绿色中的青色

③ 设置方法：选择"相对"单选项，颜色浓度按照总量的百分比更改现有的青色、洋红、黄色或黑色的量，而选择"绝对"单选项则采用绝对值控制颜色的浓度。

Example **07** 增强照片的色彩

原始文件：随书光盘\素材\5\07.jpg

最终文件：随书光盘\源文件\5\Example 07 增强照片的色彩.psd

本实例通过"可选颜色"和"自然饱和度"调整命令对风景照片进行调整，通过使用"可选颜色"调整命令增加照片中的明亮感，通过对蓝色和绿色的颜色调整设置绚丽的天空和海面颜色。

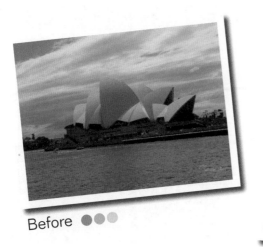

Before ●●●

After ●●●

05 Photoshop图像 调整功能解析

06 使用Photoshop对数码照片进行绘制和修补

07 使用Photoshop对数码照片进行润饰

08 数码照片处理高级技巧

STEP 01 打开素材照片

执行"文件"|"打开"菜单命令，打开"随书光盘\素材\5\07.jpg"素材照片，效果如下图所示，按Ctrl+J快捷键，在"图层"面板中创建一个"背景"图层副本。

素材07.jpg

STEP 02 设置可选颜色

选中"图层1"，执行"图像"|"调整"|"可选颜色"菜单命令，打开"可选颜色"对话框，单击选择"绝对"单选项，如下左图所示，再调整上面的"颜色"值为"青色"，根据如下右图所示设置调整颜色值。

选择"绝对"单选项　　　　　设置调整颜色值

STEP 03 继续调整颜色值

继续对颜色进行选择，调整"蓝色"的颜色调整分别为29%、0%、0%和-30%，如下左图所示，调整"白色"颜色调整为0%、0%、0%、-21%，如下右图所示，调整"中性色"为0%、0%、0%、-15%，调整"黑色"为0%、0%、0%、-4%，设置后单击"确定"按钮。

设置"蓝色"调整颜色值　　　设置"白色"调整颜色值

STEP 04 查看画面效果

调整后照片中的颜色比之前更明亮，画面效果如下图所示。

实例效果图

STEP 05 增加画面饱和度

再为"图层1"添加一个副本，为"图层1 副本"执行"图像"|"调整"|"自然饱和度"菜单命令，打开"自然饱和度"对话框，设置"自然饱和度"为40，如下图所示，设置完成后单击"确定"按钮。

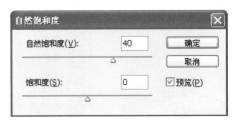

"自然饱和度"对话框

知识链接 ▶ ▶ ▶

使用"自然饱和度"命令调整饱和度以便在颜色接近最大饱和度时最大限度地减少修剪，该调整增加与已饱和的颜色相比不饱和的颜色的饱和度。

STEP 06 查看画面效果

对图像的自然饱和度调整后，适当地增强了海面的蓝色反光，设置后的画面效果如下图所示。

实例效果图

5.3.2　应用"通道混合器"命令

　　使用"通道混合器"命令可以将当前颜色的像素与其颜色通道中的像素按一定比例进行混合，颜色通道是代表图像RGB或CMYK中颜色分量的色调值的灰度图像，利用它可以进行创造性的颜色调整，创建高品质的灰度图像、棕褐色调图像或其他色调图像。

　　对于不同的颜色模式，打开"通道混合器"对话框后显示的"输出通道"和"源通道"的选项也有所不同，在RGB颜色模式中，可以对红、绿、蓝3个通道进行设置，在CMYK颜色模式中，则可以对青色、洋红、黄色和黑色通道进行设置。

　　打开RGB颜色模式的素材照片，执行"图像"|"编辑"|"通道混合器"菜单命令，打开"通道混合器"对话框，如下图所示。

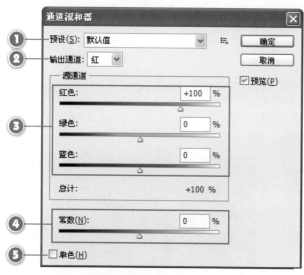

"通道混合器"对话框

① 预设：在此下拉列表中可以选择多种黑白图像的调整方式，用于创建高品质的黑白图像。

　　查看打开的素材照片，如下左图所示，在该图像上添加"通道混合器"调整命令，在预设的下拉列表中选择"使用橙色滤镜的黑白"下拉选项，如下右图所示。

素材照片　　　　　　　　设置预设

　　选择预设下拉选项后的画面效果如下图所示。

选择预设选项后的效果

② 选择"输出通道"：在"输出通道"下拉列表中选择要在其中混合一个或多个现有通道的通道，如下左图所示对"红色"通道中的"红色"增加后，画面中整体图像的红色增强了，如下右图所示。

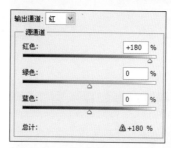

增加"红"通道红色百分比　　　增强红色后的效果

③ 调整"源通道"选项：在该选项中，拖曳滑块可以控制颜色分量在输出通道中所占的比重，向左拖曳滑块可以减少比重，向右拖曳则可以增加比重，设置的范围在-200～+200%，对单一颜色进行比重设置后，将正负数值相加的结果作为总计的颜色比值。

> **实用技巧** ▶ ▶ ▶
>
> 选择某个"输出通道"后，对应于选择通道的源滑块设置将默认为100%，并将所有其他通道设置为0%。例如：如果选取的是"绿"作为输出通道，则会将"绿色"的源通道滑块设置为100%，并将"绿色"和"蓝色"源通道滑块均设置为0%。

④ "常数"设置：在输出的通道中添加一个透明通道，用于控制输出通道的灰度值。负值表示增加更多的黑色，正值表示增加更多的白色。

⑤ "单色"选项：勾选该复选框时，则能对所有通道应用相同效果的设置，得到只有灰阶的图像即黑白图像。

Example 08 从春天到秋天

原始文件：随书光盘\素材\5\08.jpg
最终文件：随书光盘\源文件\5\Example 08 从春天到秋天.psd

本实例通过使用"通道混合器"来调整图像颜色，将图像中绿油油的树木调出树叶枯黄的景象，配合图层蒙版和"可选颜色"命令，使颜色更加丰富、更具层次感，从而打造出逼真的落叶纷飞的画面效果。

Before ●●●

After ●●●

STEP 01 打开素材并复制图层

打开"随书光盘\素材\5\08.jpg"素材照片，在"图层"面板中为"背景"图层创建一个副本图层，如下图所示。

复制图层

STEP 02 绘制快速蒙版

在工具箱中单击"以快速蒙版模式编辑"按钮，选中"画笔工具"按钮，在图像中绘制蒙版。

绘制蒙版

STEP 03 查看选区

在工具箱中单击"以标准模式编辑"按钮，退出快速蒙版，在图像中查看选区。

查看选区

STEP 04 调整通道混合器1

执行"图像"|"调整"|"通道混合器"菜单命令，打开"通道混合器"，设置输出通道为"红"，其中，红色为+120%，绿色为+66%，蓝色为-16%。

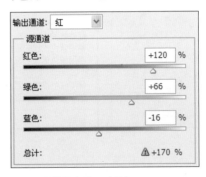

设置"通道混合器"对话框

STEP 05 调整通道混合器2

在"通道混合器"对话框中设置输出通道为"绿"，其中，红色为+20%，绿色为+100%，设置完成后单击"确定"按钮。

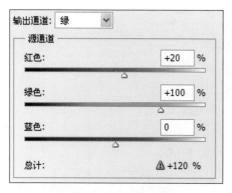

设置"通道混合器"对话框

STEP 06 查看图像效果

在图像窗口中查看树叶变成金黄色后的效果，如下图所示。

查看图像效果

STEP 07 复制图层

在"图层"面板中，复制"背景副本"图层得到"背景副本2"图层，如下图所示。

复制图层

STEP 08 设置可选颜色1

执行"图像"|"调整"|"可选颜色"菜单命令，打开"可选颜色"对话框，设置颜色为"红色"，其中，青色为+25%，洋红为+43%，黄色为-12%，如下图所示。

设置"可选颜色"对话框1

STEP 09 设置可选颜色2

在"可选颜色"对话框中，设置颜色为"黄色"，其中，青色为+36%，洋红为+37%，如下图所示。

设置"可选颜色"对话框2

STEP 10 查看效果

在图像窗口中查看效果，图像中树叶的颜色更加丰富，如下图所示。

查看效果

Part 01
Part 02
Part 03
Part 04

·:|::· STEP 11　添加图层蒙版

在"图层"面板中单击"添加图层蒙版"按钮 ，为"背景 副本2"图层添加图层蒙版，如下图所示。

添加图层蒙版

·:|::· STEP 12　查看最终的效果

在工具箱中单击"画笔工具"按钮，在图像中进行涂抹，在水面上绘制蒙版，最终效果如下图所示。

图像的最终效果

5.3.3　应用"匹配颜色"菜单命令

使用"匹配颜色"命令可以匹配多个图像、图层或是选区之间的颜色，用于调整图像的亮度、色彩饱和度和色彩平衡，"匹配颜色"命令中的高级算法能够更好地控制图像的亮度和颜色成分。

打开需要调整的素材照片，效果如下图所示。

素材照片效果

执行"图像"|"调整"|"匹配颜色"菜单命令，打开"匹配颜色"对话框，如下图所示。

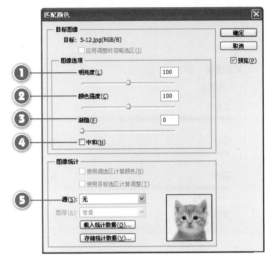

"匹配颜色"对话框

❶ 明亮度：用于增加或减少图像的明亮度，向左拖曳滑块会使图像变暗，向右拖曳滑块会使图像变亮，分别调整"明亮度"为-50和+150的效果如下图所示。

调整"明亮度"为-50　　调整"明亮度"为+150

❷ 颜色强度：用于增加或减少图像的色彩强度，向左拖曳滑块缩小色彩范围、降低图像饱和度，使其变换为单色；向右拖曳滑块可用于增加颜色范围并加强图像颜色，下图所示为将"颜色强度"设置为40和140的对比效果。

"颜色强度"为40　　　"颜色强度"为140

❸ 渐隐：控制应用于图像的调整量，向右拖曳滑块可以减少对图像进行调整的量，下页图所示为将"渐隐"值设置为0和50的图像效果。

"渐隐"为0　　　　　"渐隐"为50

④ 中和：通常应用在同一图像上的不同图层，勾选"中和"复选框可以自动地移去目标图层中的色痕。

⑤ 源：从"图像统计"区域中的"源"下拉列表中选取要将其颜色与目标图像中的颜色相匹配的源图像，用户不需要参考另一个图像来计算色彩调整时，可选择"无"，因此目标图像和源图像相同。

Example 09 巧用"匹配颜色"调出唯美的暖色照片

原始文件：随书光盘\素材\5\09.jpg

最终文件：随书光盘\源文件\5\Example 09 巧用"匹配颜色"调出唯美的暖色照片.psd

本实例先通过"匹配颜色"菜单命令改变图像的颜色，再在"图层"面板中修改图像的混合模式，从而调出唯美的暖色照片。

Before ●●●

After ●●●

⋯⋯ STEP 01　打开素材并复制图层

打开"随书光盘\素材\5\09.jpg"素材照片，在"图层"面板中为"背景"图层创建一个副本图层，然后单击"创建新图层"按钮，在"图层"面板中创建"图层1"图层，如下图所示。

复制并创建新的图层

⋯⋯ STEP 02　建立选区

在工具箱中选中"矩形选框工具"，在图像中绘制选区，如下图所示。

创建选区

STEP 03　设置前景色

打开"拾色器（前景色）"对话框，设置前景色为R189、G255、B124，如下图所示。

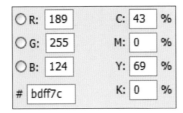

设置前景色

STEP 04　填充选区1

按快捷键Alt+Delete进行快速填充操作，将选区填充为前景色，如下图所示。

填充选区1

STEP 05　设置前景色

打开"拾色器（前景色）"对话框，设置前景色为R255、G61、B9，如下图所示。

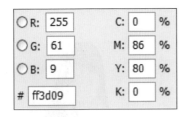

设置前景色

STEP 06　填充选区2

执行"选择"|"反向"菜单命令，将选区填充为前景色，按快捷键Ctrl+D取消选区，如右上图所示。

填充选区2

STEP 07　隐藏图层

在"图层"面板中单击"指示图层可见性"图标 👁，隐藏"图层1"图层，选中"背景副本"图层，如下图所示。

隐藏图层

STEP 08　调整匹配颜色

执行"图像"|"调整"|"匹配颜色"菜单命令，打开"匹配颜色"对话框，设置"颜色强度"为67，"渐隐"为32，"源"为"09.jpg"，"图层"为"图层1"，如下图所示。

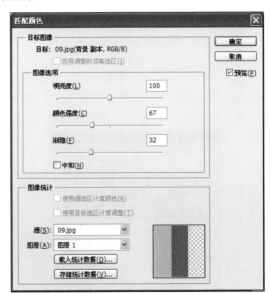

"匹配颜色"对话框

STEP 09　查看图像效果

在图像窗口中查看效果，图像色调变为黄绿色，如下图所示。

查看效果

STEP 10　设置"图层"面板

在"图层"面板中，设置"背景副本"图层的混合模式为"变暗"、不透明度为80%，如下图所示。

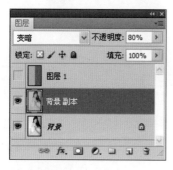

设置混合模式

STEP 11　添加文字

在工具箱中单击"横排文字工具"按钮T，在图像中输入文字，图像最终的效果如下图所示。

添加文字后的最终效果

5.3.4　应用"渐变映射"菜单命令

使用"渐变映射"命令可以将图像的灰度范围映射到指定的渐变填充图层，加入指定的双色渐变，将图像明暗映射到渐变填充的一个端点颜色，亮光映射到另一个端点颜色，中间调映射到两个端点间的颜色。

打开一张素材照片，效果如下图所示。

素材照片效果

执行"图像"|"调整"|"渐变映射"菜单命令，打开"渐变映射"对话框，如下图所示。

"渐变映射"对话框

1 灰度映射所用的渐变：直接单击下方的渐变条，打开"渐变编辑器"对话框，在对话框中对颜色渐变进行设置，如下左图所示，根据渐变对素材照片进行映射后的效果如下右图所示。

"渐变编辑器"对话框　　　　设置映射后的效果

② 仿色：添加随机杂色以平滑渐变填充的外观并减少带宽效应。

③ 反向：切换渐变填充的方向，从而反向渐变映射，根据之前对渐变颜色的设置，勾选"反向"复选框后的照片效果如右图所示。

反向后的照片效果

Example 10 制作艺术版画效果

原始文件：随书光盘\素材\5\10.jpg
最终文件：随书光盘\源文件\5\Example 10 制作艺术版画效果.psd

本实例通过"渐变映射"调整命令，为素材人物图像设置多色调的照片效果，通过"滤镜库"中的"纹理化"滤镜为照片添加颗粒的版画效果，通过选区与图层混合模式的结合操作，为画面添加深色的边框效果。

Before ●●●

After ●●●

STEP 01 打开素材照片

打开"随书光盘\素材\5\10.jpg"素材照片，如下图所示，在"背景"图层上按Ctrl+J快捷键，在"图层"面板中创建一个"背景"图层副本。

调整"色彩平衡"效果

STEP 02 设置渐变映射

在"图层1"上执行"图像"|"调整"|"渐变映射"菜

单命令，打开"渐变映射"对话框，单击其中的渐变条打开"渐变编辑器"对话框，选择预设的"铜色渐变"，如下图所示，设置后单击"确定"按钮，再勾选下方的"反向"复选框，如下页上图所示。

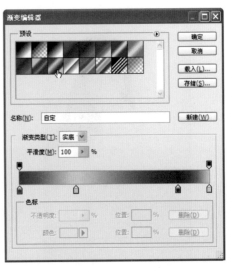

"渐变编辑器"对话框

"渐变映射"对话框

STEP 03 查看添加渐变映射效果

添加"渐变映射"后的图像效果如下图所示。

添加"渐变映射"效果

STEP 04 添加纹理效果

选中"图层1",按Ctrl+J快捷键复制一个图层副本,执行"滤镜"|"滤镜库"菜单命令,在"滤镜库"对话框中选择"成角的线条"滤镜,如下上图所示设置滤镜参数,再在滤镜库右下角单击"创建新效果"按钮,再添加一个"纹理化"滤镜,如下下图所示设置参数,设置后单击"确定"按钮。

设置"成角的线条"滤镜参数

设置"纹理化"滤镜参数

STEP 05 查看添加滤镜效果

为素材照片添加"成角的线条"和"纹理化"滤镜后,效果如下图所示。

添加滤镜效果

STEP 06 设置边框选区

单击工具箱中的"矩形选框工具"按钮,在画面中绘制一个合适的矩形选区,如下左图所示,设置后执行"选择"|"反向"菜单命令,将绘制的矩形选区反向选择,如下右图所示。

绘制矩形选区　　　　　　反选选区效果

STEP 07 调整混合模式设置边框

对矩形选区进行反向选择后,在"图层1副本"图层上,按Ctrl+C快捷键复制选区内容,再按Ctrl+D快捷键将复制图形添加到新图层"图层2",调整"图层2"图层的混合模式为"正片叠底",如右图所示,设置后的效果如下图所示。

"图层"面板

实例效果图

05 Photoshop图像
调整功能解析

06 使用Photoshop对数码
照片进行绘制和修补

07 使用Photoshop对
数码照片进行润饰

08 数码照片处理
高级技巧

5.4 图层"混合模式"的应用

在"图层"面板中，首先对图层进行设置的选项即为"设置图层的混合模式"选项，可使用多种方式对图层进行混合，Photoshop CS5将模式分为组合型、加深型、减淡型、对比型、比较型和色彩型6大类，下面具体对其中的几类作介绍。

5.4.1 图层的组合型模式

组合型混合模式中包含了图层在默认状态下的"正常"模式以及"溶解"模式，如下图所示。

组合型混合模式选项

打开PSD素材文件，查看"图层"面板内容如下图所示，素材文件效果如下下图所示。

"图层"面板

素材文件效果

知识链接 ▶ ▶ ▶

在通过图层混合模式对图像进行调整之前，需要了解混合模式调整中提到的几个概念：基色是图像中的原稿颜色，混合色是通过绘制或编辑工具应用的颜色，结果色是混合后得到的颜色。

❶ 正常：编辑或绘制每个像素使其成为结果色。这是默认模式。（在处理位图图像或索引颜色图像时，"正常"模式也称为阈值。）

❷ 溶解：编辑或绘制每个像素使其成为结果色。但是，根据任意像素位置的不透明度，结果色由基色或混合色的像素随机替换，根据素材文件，调整图层混合模式为"溶解"，如下左图所示，设置后的效果如下右图所示。

"溶解"混合模式   "溶解"模式效果

知识链接 ▶ ▶ ▶

当选择直线工具（当填充区域被选中时）、油漆桶工具、画笔工具、铅笔工具、"填充"命令和"描边"命令时，同样可以对混合模式进行设置，保留原"图层"面板中的混合模式选项外，还增加了"背后"和"清除"两种混合模式，如下图所示。

背后：仅在图层的透明部分编辑或绘画，仅在取消选择"锁定透明区域"的图层中使用，类似于在透明纸的透明区域背面绘画。

```
正常
溶解
背后
清除
```

混合模式选项

清除：编辑或绘制每个像素使其透明，要使用此模式，必须是在取消选择"锁定透明像素"的图层中。

5.4.2 图层的加深型模式

加深型模式可将当前图像与底层图像进行混合，将底层图像变暗，该模式下包含变暗、正片叠底、颜色加深、线性加深和深色5种选项，如下页图所示，下面对这些加深模式进行详细介绍。

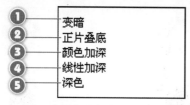

加深型混合模式选项

① 变暗：查看每个通道中的颜色信息，并选择基色或混合色中较暗的颜色作为结果色。将替换比混合色亮的像素，而保持比混合色暗的像素，如下左图所示设置混合模式为"变暗"模式，如下右图所示为"变暗"模式效果。

"变暗"混合模式　　　　　"变暗"模式效果

② 正片叠底：查看每个通道中的颜色信息，并将基色与混合色进行正片叠底。任何颜色与黑色正片叠底产生黑色，与白色正片叠底则保持不变。如下左图所示为"正片叠底"模式效果。

③ 颜色加深：查看每个通道中的颜色信息，并通过增加对比度使基色变暗以反映混合色。与白色混合后不产生变化。如下右图所示为"颜色加深"模式效果。

"正片叠底"模式效果　　　　"颜色加深"模式效果

④ 线性加深：查看每个通道中的颜色信息，并通过减小亮度使基色变暗以反映混合色。与白色混合后不产生变化。如右上左图所示为"线性加深"模式效果。

⑤ 深色：比较混合色和基色的所有通道值的总和并显示值较小的颜色。如右上右图所示为"深色"模式效果。

"线性加深"模式效果　　　　"深色"模式效果

5.4.3　图层的减淡型模式

减淡型模式与加深型模式相反，设置该类型的混合模式后，当前图像中的黑色将会消失，任何比黑色亮的区域都可能加亮底层图像，减淡型模式包括了变亮、滤色、颜色减淡、线性减淡（添加）和浅色5种模式，如下图所示。

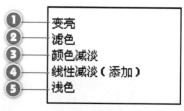

减淡型混合模式选项

① 变亮：查看每个通道中的颜色信息，并选择基色或混合色中较亮的颜色作为结果色。比混合色暗的像素被替换，比混合色亮的像素保持不变。如下左图所示设置混合模式为"变亮"模式，如下右图所示为"变亮"模式效果。

"变亮"混合模式　　　　　"变亮"模式效果

② 滤色：查看每个通道的颜色信息，并将混合色的互补色与基色进行正片叠底。结果色总是较亮的颜色。如下页左图所示为"滤色"模式效果。

❸ 颜色减淡：查看每个通道中的颜色信息，并通过减小对比度使基色变亮以反映混合色。如下右图所示为"颜色减淡"模式效果。

"滤色"模式效果　　　　　　"颜色减淡"模式效果

❹ 线性减淡（添加）：查看每个通道中的颜色信息，并通过增加亮度使基色变亮以反映混合色。如右上左图所示为"线性减淡（添加）"模式效果。

❺ 浅色：比较混合色和基色的所有通道值的总和并显示值较大的颜色。如右上右图所示为"浅色"模式效果。

"线性减淡（添加）"模式效果　　"浅色"模式效果

实用技巧 ▶ ▶ ▶

在"图层"面板中为图层设置图层混合模式时，可以单击"设置图层混合模式"下拉按钮，在下拉列表中随意选择一个模式，选中的选项以蓝色条显示，此时向前或向后滚动鼠标滚轮或是按键盘上的↑和↓或是←和→方向键，快速对模式选项进行向前和向后一项的选择。

Example 11 制作电影画面效果

原始文件：随书光盘\素材\5\11.jpg

最终文件：随书光盘\源文件\5\Example 11 制作电影画面效果.psd

　　本实例通过对照片图层添加多种混合模式，设置具有一定层次的画面效果，再对照片添加"光照效果"和应用"色阶"调整命令，将其制作成带有蓝色色调的电影画面效果。

Before ●●●

After ●●●

···⋮··· STEP 01　设置图层副本并调整混合模式

打开"随书光盘\素材\5\11.jpg"素材照片，在"背景"图层上按Ctrl+J快捷键，在"图层"面板中创建一个"背景"图层副本，调整图层的混合模式为"正片叠底"，再调整图层的"不透明度"为50%，如下左图所示，设置完成后的效果如下右图所示。

"图层"面板　　　　　　画面效果

···⋮··· STEP 02　盖印一个可见图层

为"图层1"添加混合模式后，按Shift+Ctrl+Alt+E快捷键，为图层盖印一个可见图层"图层2"，如下图所示。

"图层"面板

···⋮··· STEP 03　添加光照效果

在"图层2"上执行"滤镜"|"渲染"|"光照效果"菜单命令，如下左图所示，打开"光照效果"滤镜对话框，如下右图所示设置光照的角度，调整负片强度为38，设置后单击"确定"按钮。

执行"光照效果"菜单命令　　　设置光照位置和强度

···⋮··· STEP 04　提升画面局部亮度

选中"图层2"图层，再为其添加一个图层副本，调整"图层2 副本"图层的混合模式为"滤色"，调整图层"不透明度"为30%，如下左图所示，设置后的画面效果如下右图所示。

"图层"面板　　　　　　调整后的画面效果

···⋮··· STEP 05　调整画面亮度/对比度

再次盖印一个图层"图层3"，执行"图像"|"调整"|"亮度/对比度"菜单命令，打开"亮度/对比度"对话框，勾选"使用旧版"复选框后，设置亮度和对比度的值如下图所示，设置后单击"确定"按钮。

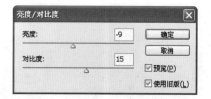

"亮度/对比度"对话框

实用技巧 ▶ ▶ ▶

当勾选"使用旧版"复选框时，"亮度/对比度"在调整亮度时只是简单地增大或减小所有像素值，但在此例中，可以通过增加对比度减少亮度，防止人物脸部过曝且突出了人物的脸部特征。

···⋮··· STEP 06　查看调整亮度/对比度效果

对"图层3"图层添加"亮度/对比度"调整命令后的画面效果如下图所示。

调整亮度/对比度后的画面效果

05
Photoshop图像
调整功能解析

06
使用Photoshop对数码照片进行绘制和修补

07
使用Photoshop对数码照片进行润饰

08
数码照片处理
高级技巧

STEP 07　添加蓝色色调

继续在"图层3"图层上执行"图像"|"调整"|"色阶"菜单命令，在打开的"色阶"对话框中调整"红"通道色阶参数如下左图所示，调整"蓝"通道色阶参数如下右图所示，最后单击"确定"按钮。

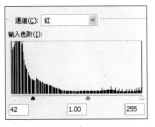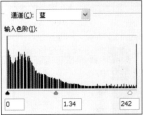

设置"红"通道色阶值　　　设置"蓝"通道色阶值

STEP 08　锐化部分脸部

添加"色阶"调整命令后，画面效果如下左图所示，再单击工具箱中的"锐化工具"按钮，选择"锐化工具"，设置"强度"为30%，在人物的脸部中心位置适当地涂抹，增加其清晰度，设置画面效果如下右图所示即可，完成本实例的制作。

调整色阶后的效果　　　实例效果图

5.4.4　图层的对比型模式

对比型模式具有加深型和减淡型模式的特点，使图像之间的颜色对比更强烈，使暗部变得更暗，亮部变得更亮，对比型模式包括了叠加、柔光、强光、亮光、线性光、点光和实色混合这7种模式，如下图所示。

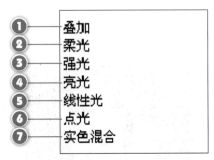

① 叠加
② 柔光
③ 强光
④ 亮光
⑤ 线性光
⑥ 点光
⑦ 实色混合

对比型混合模式选项

① 叠加：对颜色进行正片叠底或过滤，具体取决于基色。图案或颜色在现有像素上叠加，同时保留基色的明暗

对比，如下左图所示设置图层的混合模式为"叠加"模式，如下右图所示为设置后的画面效果。

"叠加"混合模式　　　"叠加"模式效果

② 柔光：使颜色变暗或变亮，具体取决于混合色。效果与发散的聚光灯照在图像上相似。如下左图所示为"柔光"模式效果。

③ 强光：对颜色进行正片叠底或过滤，具体取决于混合色。效果与耀眼的聚光灯照在图像上相似。如下右图所示为"强光"模式效果。

"柔光"模式效果　　　"强光"模式效果

④ 亮光：通过增加或减小对比度来加深或减淡颜色，具体取决于混合色。如下左图所示为"亮光"模式效果。

⑤ 线性光：通过减小或增加亮度来加深或减淡颜色，具体取决于混合色。如下右图所示为"线性光"模式效果。

"亮光"模式效果　　　"线性光"模式效果

⑥ 点光：根据混合色替换颜色。如下左图所示为"点光"模式效果。

⑦ 实色混合：将混合颜色的红色、绿色和蓝色通道值添加到基色的RGB值，这会将所有像素更改为原色。如下右图所示为"实色"混合模式效果。

"点光"模式效果　　　　　　"实色"混合模式效果

5.4.5　图层的比较型模式

比较型模式是在原有基色中对混合色进行相减的操作，该模式中包含了差值和排除等四种模式。

比较型混合模式选项

① 差值：查看每个通道中的颜色信息，并从基色中减去混合色，或从混合色中减去基色，具体取决于哪一个颜色的亮度值更大。如下左图所示为"差值"模式效果。

② 排除：创建一种与"差值"模式相似但对比度更低的效果。与白色混合将反转基色值。与黑色混合则不发生变化。如下右图所示为"排除"模式效果。

"差值"模式效果　　　　　　"排除"模式效果

5.4.6　图层的色彩型模式

使用色彩型混合模式合成图像时，Photoshop会将色相、饱和度和亮度这些要素中的一种或两种应用在图像中，色彩型混合模式包括了色相、饱和度、颜色和明度4种混合模式，如下图所示。

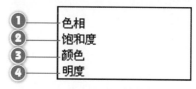

色彩型混合模式选项

① 色相：用基色的明亮度和饱和度以及混合色的色相创建结果色。如下左图所示为"色相"模式效果。

② 饱和度：用基色的明亮度和色相以及混合色的饱和度创建结果色。在无（0）饱和度（灰色）的区域上使用此模式绘画不会发生任何变化。如下右图所示为"饱和度"模式效果。

"色相"模式效果　　　　　　"饱和度"模式效果

③ 颜色：用基色的明亮度以及混合色的色相和饱和度创建结果色。这样可以保留图像中的灰阶，便于给单色图像上色和给彩色图像着色。如下左图所示为"颜色"模式效果。

④ 明度：用基色的色相和饱和度以及混合色的明亮度创建结果色。此模式创建与"颜色"模式相反的效果。如下右图所示为"明度"模式效果。

"颜色"模式效果　　　　　　"明度"模式效果

Example 12 用混合模式模拟光照效果

原始文件：随书光盘\素材\5\12.jpg

最终文件：随书光盘\源文件\5\Example 12 用混合模式模拟光照效果.psd

本实例首先使用"通道"面板为照片调整色彩，然后在"图层"面板中修改图像的混合模式，从而为照片模拟光照效果。

Before ●●●

After ●●●

STEP 01 打开素材并复制图层

打开"随书光盘\素材\5\12.jpg"素材照片，在"图层"面板中为"背景"图层创建一个副本图层，如下图所示。

复制图层

STEP 02 查看"绿"通道

在"通道"面板中，单击选中"绿"通道，隐藏其他通道，如下图所示。

"通道"面板

···⁘··· STEP 03 选取通道

按快捷键Ctrl+A全部选中图像，按快捷键Ctrl+C进行复制操作，如下图所示。

选取通道

···⁘··· STEP 04 选中"蓝"通道

在"通道"面板中，单击选中"蓝"通道，按快捷键Ctrl+V进行粘贴操作，如下图所示。

选中"蓝"通道

···⁘··· STEP 05 查看所有通道

在"通道"面板中，单击RGB通道，显示所有通道，如下图所示。

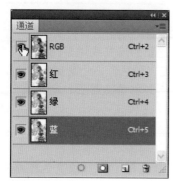

查看所有通道

···⁘··· STEP 06 查看图像效果

在图像窗口中查看图像，图像颜色呈现蓝红色，如下图所示。

查看效果

···⁘··· STEP 07 修改混合模式

在"图层"面板中，复制"背景副本"图层得到"背景副本2"图层，设置混合模式为"减去"、不透明度为76%，如下图所示。

修改混合模式

···⁘··· STEP 08 查看混合后的效果

在图像窗口中查看效果，整个图像变得很暗淡，如下图所示。

查看混合后的效果

05
Photoshop图像
调整功能解析

06
使用Photoshop对数码
照片进行绘制和修补

07
使用Photoshop对
数码照片进行润饰

08
数码照片处理
高级技巧

STEP 09 添加蒙版

在"图层"面板中，单击"添加图层蒙版"按钮 ，为"背景副本2"图层添加图层蒙版，如下图所示。

添加蒙版

STEP 10 绘制蒙版

在工具箱中单击"画笔工具"按钮，在图像中涂抹，在人物位置绘制蒙版。

绘制蒙版

STEP 11 盖印可见图层

按快捷键Ctrl+Shift+Alt+E盖印可见图层，设置混合模式为"叠加"、不透明度为46%，如下图所示。

"图层"面板

STEP 12 查看最终效果

在图像窗口中查看图像的最终效果，如下图所示。

查看最终的效果

5.5 填充图层和调整图层的应用

本节将介绍通过添加调整图层的方式对图像进行调整，使用调整图层能够更方便地在面板中对图层进行操作。

5.5.1 创建新的填充图层

在"图层"面板中，单击面板下方的"创建新的填充或调整图层"按钮 ，打开菜单选项，在该菜单选项中，顶端的3个命令用于创建填充图层，如下图所示，其后的所有命令用于创建调整图层。

```
纯色…
渐变…
图案…
```

创建填充图层菜单选项

5.5.2 使用填充图层

在"创建新的填充或调整图层"菜单选项中，可以选择填充"纯色"、"渐变"和"图案"3个选项，分别用于颜色填充图层、渐变填充图层和图案填充图层。

与直接在图层上进行填充不同，在创建了填充图层之后，双击"图层缩览图"即可打开相应的图层编辑对话框，可对填充的图层进行重新编辑和设置，在"图层"面板中显示创建的填充图层效果如下页图所示。

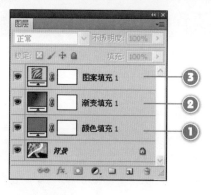

"图层"面板

① 颜色填充：在菜单选项中选择 "纯色" 菜单命令，打开"拾取实色"对话框，如下图所示，在对话框中可以直接单击颜色板进行选择，也可以通过在右侧输入颜色值进行设置，创建填充图层。

"拾取实色"对话框

② 渐变填充：选择菜单选项中的"渐变"菜单命令，打开"渐变填充"对话框，如下图所示，单击渐变色条可以打开"渐变编辑器"对话框，用于设置填充渐变，还可以分别对添加渐变的样式、角度和缩放等选项进行设置。

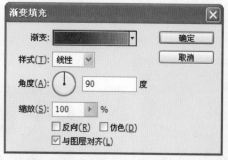

"渐变填充"对话框

③ 图案填充：选择菜单选项中的"图案"菜单命令，打开"图案填充"对话框，如下图所示，单击左侧图案缩略图可以在弹出的图案拾取器中选择多种图案，还能够对图案进行缩放等操作。

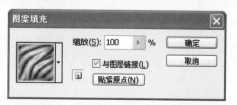

"图案填充"对话框

Example **13** 填充红绿蓝三色效果

| 原始文件：随书光盘\素材\5\13.jpg |
| 最终文件：随书光盘\源文件\5\Example 13 填充红绿蓝三色效果.psd |

本实例在素材照片中添加了多个颜色填充图层，通过调整图层的混合模式和不透明度等变换素材照片的色调，再通过添加"渐变填充"设置图像的暗角效果，结合图层蒙版和"可选颜色"调整命令打造更加细腻的人物皮肤效果。

Before ●●●

After ●●●

05 Photoshop图像
调整功能解析

06 使用Photoshop对数码
照片进行绘制和修补

07 使用Photoshop对
数码照片进行润饰

08 数码照片处理
高级技巧

···∰··· STEP 01　载入通道选区

打开"随书光盘\素材\5\13.jpg"素材照片，执行"窗口"|"通道"菜单命令，打开"通道"面板，按住Ctrl键的同时单击"红"通道缩略图，载入"红"通道选区，如下左图所示，载入"红"通道选区后的画面效果如下右图所示。

"通道"面板　　　　　载入"红"通道选区效果

···∰··· STEP 02　根据选区添加填充图层

保持载入的"红"通道选区处于选中状态，回到"图层"面板，单击面板下方的"添加新的填充/调整图层"按钮 ⬤ ，在弹出的菜单中选择"纯色"菜单选项，打开"拾取实色"对话框，根据下图所示设置颜色参数，设置后单击"确定"按钮。

"拾取实色"对话框

···∰··· STEP 03　调整填充图层的混合模式

调整上一步添加的"颜色填充1"图层的混合模式为"柔光"模式，如下左图所示，调整图层混合模式后的画面效果如下右图所示。

"图层"面板　　　　　画面效果

···∰··· STEP 04　继续添加颜色填充图层

根据载入"红"通道选区的方法，再载入"绿"通道选区，添加一个绿色填充图层，颜色参数设置如下左图所示。再载入"蓝"通道选区，添加一个蓝色填充图层，颜色参数设置如下右图所示。

"绿"通道选区填充参数　　　"蓝"通道选区填充参数

···∰··· STEP 05　调整图层混合模式

在"图层"面板中，分别调整步骤4添加的两个颜色填充图层的混合模式为"柔光"模式，如下左图所示，调整后的画面效果如下右图所示。

"图层"面板　　　　　画面效果

···∰··· STEP 06　盖印图层并调整亮度/对比度

选中"颜色填充3"图层，按Shift+Ctrl+Alt+E盖印一个可见图层，如下左图所示，再执行"图像"|"调整"|"亮度/对比度"菜单命令，打开"亮度/对比度"对话框，勾选"使用旧版"复选框，再设置亮度/对比度参数，如下右图所示，设置后单击"确定"按钮。

"图层"面板　　　　　"亮度/对比度"对话框

⋯⋯ STEP 07　添加渐变填充图层

在盖印的可见图层上添加一个"渐变填充"图层，单击渐变色条打开"渐变编辑器"对话框，根据如下左图所示设置渐变，单击"确定"后在"渐变填充"对话框中选择渐变样式为"径向"，调整"缩放"为150%，勾选"反向"复选框，如下右图所示。

"渐变编辑器"对话框　　　"渐变填充"对话框

⋯⋯ STEP 08　添加图层蒙版并进行绘制

选中"渐变填充1"图层蒙版，选中工具箱中的"画笔工具"按钮，选择"柔角"画笔，画笔大小设为80px，"不透明度"设为50%，前景色设置为"黑色"，在图层蒙版中进行涂抹，如下左图所示，设置后的画面效果如下右图所示。

"图层"面板　　　　画面效果

⋯⋯ STEP 09　锐化和模糊部分图像

在添加的"渐变填充1"图层上盖印一个图层，执行"滤镜"|"锐化"|"锐化"菜单命令，如下左图所示，将画面图像进行适当的锐化，突出人物衣服及头发细节。再单击工具箱中的"模糊工具"按钮，设置"强度"为30%，在人物的脸部和手部皮肤位置进行涂抹，使其更细腻，设置后的画面效果如下右图所示。

选择"锐化"滤镜命令　　锐化和模糊画面效果

⋯⋯ STEP 10　降低人物皮肤的黄色

复制一个盖印的"图层3"图层，执行"图层"|"调整"|"可选颜色"菜单命令，打开"可选颜色"对话框，选择"颜色"为"黄色"，调整印刷色比重为0%、0%、0%、−100%，如下左图所示。按住Alt键的同时单击"添加图层蒙版"按钮，为调整可选颜色后的图层添加一个图层蒙版，选择白色的画笔在蒙版上对脸部皮肤进行涂抹，设置图层蒙版效果如下右图所示。

"可选颜色"对话框　　　"图层"面板

⋯⋯ STEP 11　查看画面效果

设置后的画面效果如下图所示，完成本实例的制作。

实例效果图

5.5.3　创建新的调整图层

　　调整图层的创建方式有两种，一是通过菜单选项进行创建，二是通过"调整"面板对调整图层进行创建，如下所示。

　　方法1：通过菜单选项创建调整图层

　　执行"图层"|"新建调整图层"菜单命令，在级联菜单中可以选择需要创建的调整图层选项，如下图所示，或是在"图层"面板中，单击面板下方的"创建新的填充/调整图层"按钮，在弹出的菜单选项中选择创建的调整图层选项。

05 Photoshop图像调整功能解析

06 使用Photoshop对数码照片进行绘制和修补

07 使用Photoshop对数码照片进行润饰

08 数码照片处理高级技巧

"新建调整图层"菜单选项

方法2：通过"调整"面板创建调整图层

执行"窗口"｜"调整"菜单命令，打开"调整"面板，单击面板上的调整图层选项按钮即可创建新的调整图层。

5.5.4 使用"调整"面板编辑图像

创建调整图层后，可以通过"调整"面板中的各项调整预设命令对图像进行编辑。打开"调整"面板如下图所示。

"调整"面板

❶ 调整图层选项图标：单击调整选项命令图标，即可在选中的图层上创建一个调整图层，并且"调整"面板会自动切换到该调整命令的调整选项中，在此处包含的选项图标与调整图层菜单中的菜单选项相对应。

将鼠标移至选项图标上，面板左上侧将显示调整图层的名称，提示用户单击此图标将会执行的操作，如下图所示，将鼠标移至"色彩平衡"调整图层上。

鼠标光标移至"色彩平衡"图标上

单击"色彩平衡"图标后即可创建一个"色彩平衡"调整图层，在"图层"面板中查看创建的调整图层效果如下图所示。

"图层"面板

在"调整"面板中自动的打开"色彩平衡"参数选项如下图所示，参数的设置方法与"色彩平衡"对话框中参数的设置相似，这里就不再介绍了，下面具体了解一下面板下方的按钮选项。

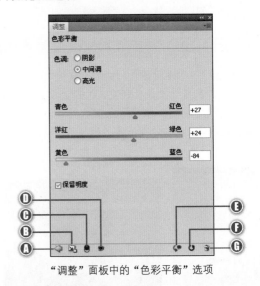

"调整"面板中的"色彩平衡"选项

Ⓐ 返回到调整列表：单击该按钮即可返回到"调整"面板的主面板中，再次选择创建其他调整图层。

Ⓑ 将面板切换到标准视图：单击该按钮可将"调整"面板切换到标准的面板视图。

Ⓒ 此调整影响下面的所有图层（单击可剪切到图层）：单击该按钮，可将设置的调整图层效果影响到下面的所有图层。

Ⓓ 切换图层可见性：单击此按钮，可以隐藏调整图层，再次单击又可以显示该调整图层。

Ⓔ 查看原图像效果：单击此按钮，可在图像窗口中查看原图像与设置调整图层后的图像。

Ⓕ 复位到调整默认值：单击此按钮，可将设置的选项参数恢复到默认值。

Ⓖ 删除此调整图层：单击此按钮即会弹出提示对话框，提示是否要删除该调整图层，单击"是"按钮即可将该调整图层删除。

② 预设菜单命令：包含了7个调整图层的预设菜单命令，如下图所示。

| "色阶"预设 |
| "曲线"预设 |
| "曝光度"预设 |
| "色相/饱和度"预设 |
| "黑白"预设 |
| "通道混和器"预设 |
| "可选颜色"预设 |

预设菜单命令

单击调整命令前的右三角按钮，如下图所示，弹出该调整命令下的预设菜单项，再单击菜单命令即可对图像进行预设命令的调整。

| "色阶"预设 |
| "曲线"预设 |
| 彩色负片 (RGB) |
| 反冲 (RGB) |
| 较暗 (RGB) |
| 增加对比度 (RGB) |
| 较亮 (RGB) |
| 线性对比度 (RGB) |
| 中对比度 (RGB) |

"曲线" 预设菜单项

③ 切换面板按钮：用于切换面板的显示视图，单击斜向下的箭头按钮，可将面板切换到标准视图，如下图所示，单击斜向上的箭头按钮，可将面板切换到展开的视图。

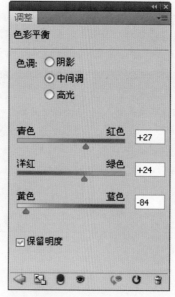

面板标准视图

 Example 14 制作小街景照片效果

原始文件：随书光盘\素材\5\14.jpg
最终文件：随书光盘\源文件\5\Example 14 制作小街景照片效果.psd

本实例通过灵活应用多个填充图层和调整图层，设置具有一定特殊效果的街头景致。

Before ●●●

After ●●●

STEP 01 创建图层副本并调整图层混合模式

打开"随书光盘\素材\5\14.jpg"素材照片，在"背景"图层上按两次Ctrl+J快捷键，如下左图所示，创建两个图层副本，为"图层1"图层执行"图像"|"调整"|"去色"菜单命令，调整"图层1副本"图层的混合模式为"滤色"模式，"不透明度"为60%，如下右图所示。

复制两个背景图层

设置图层副本

STEP 02 查看画面效果

根据STEP 01对复制的两个图层进行设置后的画面效果如下图所示。

画面效果

STEP 03 添加颜色填充图层

在"图层1副本"图层上添加一个颜色填充图层，如下左图所示设置颜色参数，调整"颜色填充1"图层的混合模式为"强光"模式，"不透明度"为40%，设置后的效果如下右图所示。

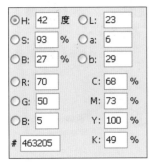

设置颜色参数

"图层"面板

STEP 04 添加调整图层

在"颜色填充1"图层上添加一个"亮度/对比度"调整图层，在"调整"面板中打开"亮度/对比度"调整选项，勾选"使用旧版"复选框后，如下左图所示设置参数，再添加一个"可选颜色"调整图层，选择"青色"颜色，设置颜色参数如下右图所示。

调整亮度和对比度参数　　　设置可选颜色

STEP 05 查看画面效果

添加了"亮度/对比度"和"可选颜色"调整图层的画面效果如下图所示。

画面效果

STEP 06 盖印并载入高光选区

在"选取颜色1"调整图层上，按Shift+Ctrl+Alt+E快捷键盖印一个可见图层，如下左图所示，按Ctrl+2快捷键载入高光选区，设置选区效果如下右图所示。

"图层"面板

载入高光图像选区

⁙ STEP 07　复制选区图像

按Ctrl+C快捷键复制载入的高光图像选区，再按Ctrl+D快捷键将其复制到"图层3"图层，如下左图所示，选中"图层2"图层后，再按Ctrl+2快捷键载入高光图像选区，执行"选择"|"反向"菜单命令，反选选区，复制反选选区后的图像粘贴至新图层"图层4"上，如下右图所示。

复制图像到"图层3"　　　复制图像到"图层4"

⁙ STEP 08　添加填充图层和调整颜色

在"图层2"图层上添加一个纯色的填充图层，设置填充颜色为白色，如下左图所示。再选中"图层3"图层，创建一个"色彩平衡"调整图层，选择色调为"阴影"，调整色阶值如下右图所示。

 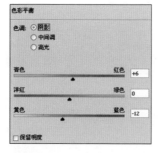

"图层"面板　　　调整"阴影"色调

实用技巧 ▶ ▶ ▶

在盖印图层上添加白色的填充图层，将会降低整个画面的阴暗程度，提升画面的整体亮度。

⁙ STEP 09　继续调整色彩平衡参数

选择色调为"中间调"，调整参数值如下左图所示，再选择色调为"高光"，调整参数值如下右图所示。

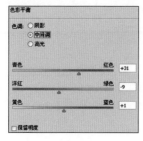 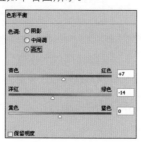

设置"中间调"参数　　　设置"高光"参数

⁙ STEP 10　查看画面效果

添加了"填充图层"和"色彩平衡"调整图层后的画面整体效果如下图所示。

画面效果

⁙ STEP 11　使整体画面更清晰

在"图层3"图层上再盖印一个可见图层，执行"滤镜"|"锐化"|"锐化"菜单命令，选中"背景"图层，按Ctrl+J快捷键复制一个图层，将"背景副本"图层调整至最上层，设置调整图层的"不透明度"为20%，如下左图所示。锐化后的图像效果如下右图所示。

"图层"面板　　　锐化后的图像效果

⁙ STEP 12　查看画面效果

调整"背景副本"图层至顶层后，对原有的颜色进行了一定的覆盖，设置画面的整体效果保留部分原有色彩，画面效果如下图所示，完成本实例的制作。

实例效果图

Chapter

06

使用Photoshop对数码照片进行绘制和修补

在拍摄数码照片的过程中往往会因为拍摄环境、光线、拍摄对象、取景位置等的影响，降低数码照片的质量。Photoshop提供了强大的绘制和修补功能来完善照片。

Photoshop CS5中的渐变工具和画笔工具可以为图像添加丰富的色彩；文字工具、钢笔工具和形状工具能够在照片中添加文字或其他图形，丰富照片内容，增强照片的视觉效果；完善的修补工具可对照片瑕疵进行修复，使并不完美的照片变得完美。

「减少杂色」对话框

「蒙尘与划痕」对话框

「段落」面板

6.1 为图像添加色彩

在Photoshop中用于添加色彩的工具常用的有油漆桶工具、渐变工具、画笔工具和颜色替换工具等。通过这些工具的使用，可以为照片中的局部或整体添加色彩。

下图所示为添加色彩常用的工具。

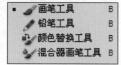

常用添加色彩的工具

6.1.1 应用"油漆桶工具"

"油漆桶工具"用于在特定区域或特定颜色范围内填充设置的前景色或选定的图案。常用于色彩比较简单的图像中。

如下图所示为"油漆桶工具"选项栏。

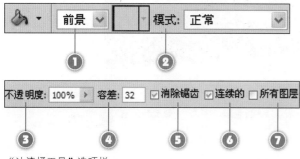

"油漆桶工具"选项栏

① 设置填充区域的源：单击下拉按钮，可选择"前景"和"图案"两种源，选择"前景"后，使用油漆桶工具在图像上单击，就可将前景色填充到图像中；选择"图案"后，可通过后面的"图案"拾色器选择预设的图案对图像进行填充。如下图所示分别为填充颜色前后的效果。

原图　　　　　　　　前景色为蓝色时的填充效果

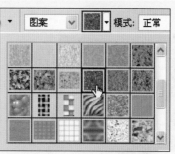

选择"图案"　　　　　　　填充图案效果

② 模式：设置在填充颜色或图案时的混合模式，单击下拉按钮可选择27种不同的混合模式。下图所示分别为"正常"模式及"叠加"模式下的填充效果。

"正常"模式下的填充效果　　　"叠加"模式下的填充效果

③ 不透明度：设置填充颜色或图案的不透明度，参数越小，效果越淡，如下图所示。

"不透明度"为100%　　　　　"不透明度"为50%

④ 容差：用于设置填充的颜色应用范围，设置的数值越大，选择相似颜色的区域越大。

⑤ 消除锯齿：勾选"消除锯齿"复选框后，可平滑填充区域的边缘。

⑥ 连续的：勾选"连续"复选框后，仅填充与所单击像素邻近的像素，不选则填充图像中所有相似的像素。

⑦ 所有图层：勾选"所有图层"复选框后，会对所有可见图层中的合并颜色数据填充像素。

05 Photoshop图像调整功能解析

06 使用Photoshop对数码照片进行绘制和修补

07 使用Photoshop对数码照片进行润饰

08 数码照片处理高级技巧

Example 01 为照片添加棕色调

原始文件：随书光盘\素材\6\01.jpg
最终文件：随书光盘\源文件\6\Example 01 为照片添加棕色调.psd

本实例主要通过"油漆桶工具"在人物图像中单击填充设置的前景色，将照片色调更改为棕色，使照片更具艺术感染力，并结合"油漆桶工具"选项栏中各选项的设置，使得填充的颜色更为自然。

Before ●●●

After ●●●

⁘ STEP 01　打开素材照片

执行"文件"|"打开"菜单命令，打开"随书光盘\素材\6\01.jpg"素材照片，效果如下左图所示，在"图层"面板中，将"背景"图层拖移到"创建新图层"按钮上创建一个副本，创建副本效果如下右图所示。

素材01.jpg

复制图层

实用技巧 ▶ ▶ ▶

在对照片进行各种处理之前，为了能更好地查看与原图像之前的对比效果，通常需要对"背景"图层进行复制，保留最原始图像的效果，尽量避免对原图像效果的更改。

⁘ STEP 02　设置前景色

在工具箱中单击"前景色"色块，打开"拾色器（前景色）"对话框，然后设置颜色为棕色（R172、G100、B6），然后单击"确定"按钮，如下图所示。

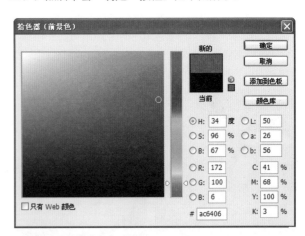

"拾色器（前景色）"对话框

⁘ STEP 03　设置选项栏

选择"油漆桶工具"，在其选项栏中设置填充区域的源为"前景"，"模式"为"颜色"，"不透明度"为35%，然后勾选"消除锯齿"和"所有图层"两个复选框，如下页图所示。

Part 01　Part 02　Part 03　Part 04

选项栏中各选项的设置

:::::::**STEP 04** 填充颜色

设置完成后，在人物脸颊上单击，即可将单击位置所有相似的像素填充设置的前景色，如下左图所示，继续使用"油漆桶工具"在其他没有填充前景色的皮肤区域上单击，将人物色调更改为棕色，最终完成效果如下右图所示。

单击填充颜色　　　　　　完成效果

6.1.2 应用"渐变工具"

使用"渐变工具"可以绘制具有颜色变化的色带，在图像中单击后按住鼠标左键拖动，即可在拖动区域内填充设置的渐变颜色。

"渐变工具"根据需要可对图像进行各种形式的填充，包括线性、径向、角度、对称等多种形式，通过"渐变工具"选项栏中的选项可对渐变类型进行选择，如下图所示，结合"渐变编辑器"可以设置出任意变化的色彩。

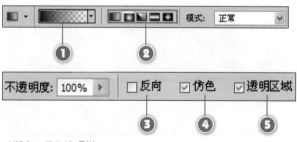

"渐变工具"选项栏

① 渐变条：单击渐变条后面的下拉按钮，在打开的下拉列表中显示Photoshop提供的预设渐变。单击渐变条后，打开"渐变编辑器"对话框，通过对话框可以设置任意的颜色渐变效果。如右上图所示。

预设框

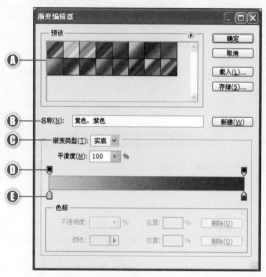

"渐变编辑器"对话框

Ⓐ 预设：显示Photoshop提供的基本预设渐变样式，单击图标后，可以设置该样式的渐变，单击右上角的扩展按钮弹出快捷菜单，从中可以选择打开保存的其他渐变样式，如下图所示。

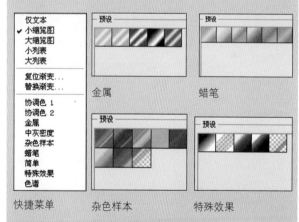

快捷菜单　　　杂色样本　　　　特殊效果

Ⓑ 名称：用于显示或设置当前渐变色的名称。

Ⓒ 渐变类型：单击下拉按钮，可以选择"实底"和"杂色"两种类型。

默认为"实底"类型，通过"平滑度"选项可调整渐变颜色阶段的柔和程度，数值越大，效果越柔和。在"杂色"类型下的"粗糙度"选项可设置杂色渐变的柔度，数值越大，颜色阶段越鲜明，如下页图所示。

05 Photoshop图像 调整功能解析

06 使用Photoshop对数码 照片进行绘制和修补

07 使用Photoshop对 数码照片进行润饰

08 数码照片处理 高级技巧

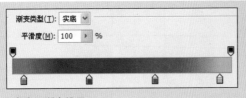

"实底"渐变设置

"杂色"渐变设置

① 不透明度色标：调整应用在渐变上的颜色的不透明值，默认值为100%，数值越小，渐变的颜色越透明，如下图所示。

"不透明度"为100%

"不透明度"为25%

⑧ 色标：用于调整渐变中应用的颜色或者颜色范围，可以通过拖动滑块更改色标的位置，双击色标滑块，打开"选择色标颜色"对话框，可选择需要的渐变颜色，如下图所示。

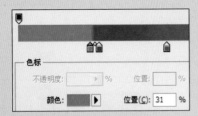

拖动色标滑块

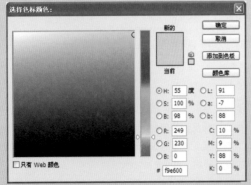

"选择色标颜色"对话框

② 类型：可以选择线性、径向、角度等多种渐变类型，填充出不同的渐变效果。

下图展示的为在人物背景上填充不同类型的渐变效果。

原图像　　　　　线性渐变

径向渐变　　　　角度渐变

对称渐变　　　　菱形渐变

③ 反向：勾选"反向"复选框后，可以将设置的渐变颜色进行翻转。

如下图所示，为背景填充一种渐变颜色后，勾选"反向"复选框，再次应用时，将渐变颜色翻转，对比效果如下图所示。

填充渐变颜色　　　勾选"反向"后的效果

④ 仿色：勾选"仿色"复选框后，可以柔和地表现渐变的颜色阶段。

⑤ 透明区域：勾选"透明区域"复选框则打开渐变图案的透明度设置。

Example 02 制作渐变的梦幻效果

原始文件：随书光盘\素材\6\02.jpg
最终文件：随书光盘\源文件\6\Example 02 制作渐变的梦幻效果.psd

　　本实例通过在"渐变编辑器"对话框中设置色彩变化丰富的渐变色，然后使用渐变工具将设置的渐变色应用到图像中，制作出梦幻般的渐变色彩效果。

Before ●●●

After ●●●

STEP 01　打开素材照片

执行"文件"|"打开"菜单命令，打开"随书光盘\素材\6\02.jpg"素材照片，效果如下图所示。

素材02.jpg

STEP 02　创建选区

选择"磁性套索工具"，在图像中的人物边缘单击并拖移沿人物创建选区，如下左图所示，创建选区后按快捷键Shift+F6，在打开的"羽化选区"对话框中设置"羽化半径"为50像素，如下右图所示。

创建选区　　　　　　　　羽化选区

⋯⋮ STEP 03　复制图像并创建新图层

按快捷键Ctrl+J，通过复制的图层将选区内的图像复制创建为新图层，如下图所示。

通过复制的图层

创建新图层

⋯⋮ STEP 04　设置渐变色

选择"渐变工具"，在其选项栏中单击渐变条，打开"渐变编辑器"对话框，在对话框中的"预设"框内单击选择"紫、绿、橙渐变"色块，如下图所示。

打开"渐变编辑器"

选择渐变颜色

⋯⋮ STEP 05　应用渐变

确认渐变颜色设置后，使用"渐变工具"在图像左下角位置单击然后向右上角拖移，出现一条直线段，释放鼠标左键后，即可看到填充的渐变效果，如下图所示。

拖移鼠标

填充渐变效果

⋯⋮ STEP 06　设置图层模式

在"图层"面板中，将填充渐变色的"图层2"图层混合模式更改为"叠加"，并将其向下移动一个图层，调整到"图层1"下方，完成设置后，就可以看到人物背景颜色被更改为梦幻的渐变色彩，效果如下图所示。

图层设置

完成效果

6.1.3 应用"画笔工具"

"画笔工具"是用于涂抹颜色的工具，在"画笔工具"选项栏中设置选项后，可以调整笔触的形态、大小以及材质，还可以随意调整特定形态的笔触，从画笔列表中可以选择多种形态的画笔，表现各种笔触样式。

如下图所示，设置前景色为紫色，单击"画笔工具"，在选项栏中设置画笔大小和模式后，使用画笔在花朵上绘制，即可将涂抹过的花朵添加上紫色。

在选项栏中进行设置

原图像

涂抹添加颜色效果

6.1.4 了解"画笔"面板

执行"窗口"|"画笔"菜单命令，打开"画笔"面板，在面板中可以设置画笔形状动态、纹理、散布、杂色等，如右上图所示。

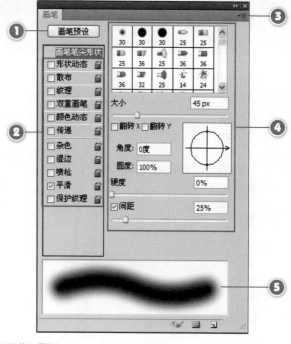

"画笔"面板

① 画笔预设：单击"画笔预设"按钮，打开"画笔预设"面板，在下方预览框中单击即可选中需要的预设画笔。

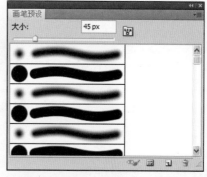

"画笔预设"面板

② 其他特殊设置：选择画笔后，还可以对画笔进行形状动态、散布、纹理、杂色、平滑等特殊设置。

③ 扩展按钮：单击扩展按钮，打开扩展菜单，如下图所示，可对面板进行其他设置。

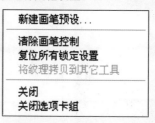

扩展菜单

④ 画笔笔尖形状：在右侧为画笔笔尖形状的设置选项，包括大小、角度、圆度、硬度、间距等。

⑤ 预览框：预览当前选择或设置后的画笔笔尖效果。

05 Photoshop图像
调整功能解析

06 使用Photoshop对数码
照片进行绘制和修补

07 使用Photoshop对
数码照片进行润饰

08 数码照片处理
高级技巧

Example 03 为照片背景和肖像增加色彩

原始文件：随书光盘\素材\6\03.jpg

最终文件：随书光盘\源文件\6\Example 03为照片背景
和肖像增加色彩.psd

　　本实例通过"画笔工具"进行笔尖设置，结合不同的前景色在照片中涂抹绘制，然后通过图层混合模式的设置，只将绘制的颜色与原图像颜色混合，为照片背景和肖像添加色彩，使原本色彩平淡的照片更具观赏性。

Before ●●●

After ●●●

⋮⋮⋮ STEP 01　新建图层

打开"随书光盘\素材\6\03.jpg"素材照片，如下左图所示，在"图层"面板中单击"创建新图层"按钮，新建一个空白图层"图层1"，如下右图所示。

素材03.jpg

创建新图层

⋮⋮⋮ STEP 02　设置画笔及前景色

选择"画笔工具"，在其选项栏中单击"画笔"选项后的下拉按钮，在打开的"画笔"拾色器中选择"柔边圆"，如下左图所示，然后设置前景色为橙色，如下右图所示。

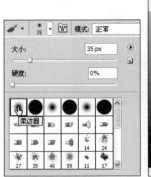

选择画笔

设置前景色

STEP 03　涂抹色彩

使用"画笔工具"在图像中人物背景的叶子上进行涂抹，如下左图所示，涂抹人物背景全部区域效果如下右图所示。

在叶子上进行涂抹　　　　将人物背景区域全部涂抹

STEP 04　设置"图层1"的混合模式

在"图层"面板中，将"图层1"图层混合模式设置为"柔光"，如下左图所示，在图像窗口中就可看到人物背景被添加了色彩，如下右图所示。

设置混合模式　　　　设置后的效果

STEP 05　为眼睛添加色彩

更改画笔直径为20px，并更改前景色为青色（R5、G238、B253），再新建一个"图层2"图层，然后使用"画笔工具"在人物两个眼球上分别单击，添加颜色，效果如下图所示。

为眼球添加颜色

STEP 06　设置"图层2"的混合模式

将"图层2"的图层混合模式设置为"颜色"，如下左图所示，设置后，人物眼球的变化效果如下右图所示。

设置混合模式　　　　设置后的效果

STEP 07　完成效果

更改前景色为红色，然后将画笔调整到适当大小，在人物嘴唇和脸颊上绘制添加颜色，最终完成效果如下图所示。

最终效果

6.1.5　应用"颜色替换工具"

使用"颜色替换工具"可以在图像中将某种颜色通过涂抹替换成设置的前景色。使用方法与画笔工具相同。

在工具箱中选择"颜色替换工具"，其选项栏如下图所示。

"颜色替换工具"选项栏

05 Photoshop图像
调整功能解析

06 使用Photoshop对数码
照片进行绘制和修补

07 使用Photoshop对
数码照片进行润饰

08 数码照片处理
高级技巧

① 画笔预设：用于对画笔进行设置，包括直径、硬度、间距、圆度等。单击向下的小三角按钮，在打开的"画笔预设"选取器中就可对画笔进行设置。

如下左图所示为在"画笔预设"选取器中设置画笔形状，如下右图所示为在图像中应用时的画笔效果。

"画笔预设"选取器设置选项　　画笔效果

② 模式："颜色替换工具"的模式有色相、饱和度、颜色和明度4种，默认情况下选择的为"颜色"模式。

下图所示为当前景色设置为黄色，在图像中的白色花朵上进行涂抹，可看到不同模式下的效果也不同。

原图像　　　　　　　　　"饱和度"模式

"颜色"模式　　　　　　　"色相"模式

③ 取样：单击"取样：连续"按钮，可以拖动鼠标左键对颜色进行连续取样；单击"取样：一次"按钮，只替换第一次单击的颜色区域中的目标颜色；单击"取样：背景色板"按钮，只替换包含当前背景色的区域。

④ 限制：通过"限制"选项可以确定颜色替换的范围，包括不连续、连续、查找边缘3个选项，选择"查找边缘"后，在进行颜色替换的涂抹过程中画笔会自动区分两个不同颜色。

6.1.6　应用"历史记录画笔工具"

"历史记录画笔工具"主要用于消除对图像所做的历史操作，使用该工具可以将图像恢复至未做变换之前的图像效果，即返回到原始的图像。

如果对打开的图像操作后没有保存，使用"历史记录画笔工具"可以恢复这幅图原来的面貌；如果对图像保存后再继续操作，使用"历史记录画笔工具"则会恢复保存后的面貌。

例如，打开一幅照片后在图像中进行多步操作，在"历史记录"面板中会显示所操作的每一个步骤，此时，使用"历史记录画笔工具"在图像上进行涂抹，则会将涂抹过的区域恢复到打开时的图像效果，如下图所示。

原图像　　　　　　　　　记录的操作步骤

 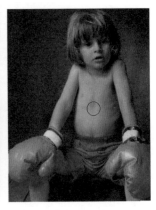

编辑后效果　　　　　　　历史记录画笔还原图像

知识链接 ▶▶▶

"历史记录"面板不仅记录了所有的操作步骤，通过所记录的信息还可回到之前操作的某个步骤中。默认情况下，可以记录20个操作步骤，如果需要更多的记录，可通过首选项中的"性能"更改"历史记录状态"，最多可记录1000个步骤。

Example 04 保留照片中的局部色彩

原始文件：随书光盘\素材\6\04.jpg

最终文件：随书光盘\源文件\6\Example 04 保留照片中的局部色彩.psd

　　本实例将素材照片设置为黑白效果，然后通过历史记录画笔的记录作用，还原照片中人物的妆容色彩，将人物精致的脸部更加突出地展示出来。

Before ●●●

After ●●●

05 调整功能解析 Photoshop图像

06 照片进行绘制和修补 使用Photoshop对数码

07 数码照片进行润饰 使用Photoshop对

08 高级技巧 数码照片处理

STEP 01　设置图层副本

执行"文件"|"打开"菜单命令，打开"随书光盘\素材\6\04.jpg"素材照片，效果如下左图所示，按快捷键Ctrl+J，复制一个背景副本图层，如下右图所示。

素材04.jpg

复制图层

STEP 02　执行"黑白"命令

对复制的图像执行"图像"|"调整"|"黑白"菜单命令，如下图所示，或按快捷键Alt+Shift+Ctrl+B，打开"黑白"对话框。

模式(M)	▶	
调整(A)	▶	亮度/对比度(C)...
		色阶(L)... Ctrl+L
自动色调(N)	Shift+Ctrl+L	曲线(U)... Ctrl+M
自动对比度(U)	Alt+Shift+Ctrl+L	曝光度(E)...
自动颜色(O)	Shift+Ctrl+B	
		自然饱和度(V)...
图像大小(I)...	Alt+Ctrl+I	色相/饱和度(H)... Ctrl+U
画布大小(S)...	Alt+Ctrl+C	色彩平衡(B)... Ctrl+B
图像旋转(G)	▶	黑白(K)... Alt+Shift+Ctrl+B
裁剪(P)		照片滤镜(F)...
裁切(R)...		通道混合器(X)...
显示全部(V)		
		反相(I) Ctrl+I
复制(D)...		色调分离(P)...
应用图像(Y)...		阈值(T)...
计算(C)...		渐变映射(G)...
		可选颜色(S)...
变量(B)	▶	
应用数据组(L)...		阴影/高光(W)...
		HDR 色调...
陷印(T)...		变化...
		去色(D) Shift+Ctrl+U
		匹配颜色(M)...
		替换颜色(R)...
		色调均化(Q)

执行"黑白"命令

···⁞··· STEP 03 设置黑白效果

在打开的"黑白"对话框中，将"红色"和"黄色"参数都调整为73%，如下左图所示，然后单击"确定"按钮，关闭对话框后，可看到图像被调整为黑白效果，如下右图所示。

设置"黑白"选项

设置后的效果

···⁞··· STEP 04 使用"历史记录画笔工具"

选择"历史记录画笔工具"，在其选项栏中将画笔大小设置为30pt，如右上左图所示，然后使用画笔在人物眼皮上进行涂抹，被涂抹的区域色彩恢复，如右上右图所示。

设置画笔大小　　　　　　　　涂抹区域色彩恢复

···⁞··· STEP 05 恢复色彩

缩小画笔后，在人物嘴唇上进行涂抹，恢复唇色，如下左图所示，接着将画笔大小设置为100pt，"不透明度"和"流量"都为40%，在人物脸上进行涂抹，恢复面部色彩，效果如下右图所示。

恢复嘴唇色彩　　　　　　　　完成效果

6.2 为图像添加文字和图形

为了丰富照片内容，通常会在照片中添加一些文字或是图形，下面学习如何在Photoshop中为图像添加文字和图形。

使用"形状工具"和"钢笔工具"可在图像中绘制简单或是复杂的图形，通过填充或其他操作后，为图像添加原本没有的图形，使照片更具特色。下图所示为"文字工具"选项和"形状工具"选项。

"文字工具"选项　　　　　　"形状工具"选项

6.2.1 使用"文字工具"添加文字

使用"文字工具"可以在图像中添加横排、直排或是蒙版文字，有助于更加准确地表达出照片的内容。

通过"文字工具"选项栏可以为文字设置不同的字体、大小、颜色和对齐方式等，如下图所示。

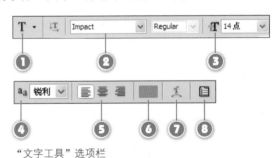

"文字工具"选项栏

① 更改文本方向：单击"更改文本方向"按钮可以更改输入文字的方向。

② 设置字体系列：显示当前文字的字体名称，单击下拉按钮，在打开的下拉列表中可以选择不同的字体。下页图所示为不同的字体效果。

黑体 楷体

3 字体大小：设置所输入文字的大小，数值越大，输入的文字越大。

4 设置消除锯齿的方法：单击此处的下拉按钮，在打开的下拉列表中可以选择无、锐利、犀利、浑厚和平滑5种方法。

5 对齐方式：主要用于段落文字的对齐方式，包括左对齐文本、居中对齐文本和右对齐文本3种方式。下图所示为左对齐文本效果和右对齐文本效果。

左对齐文本 右对齐文本

6 设置文字颜色：单击色标就会打开"选择文本颜色"对话框，为文字设置不同的颜色。

7 创建文字变形：单击"创建文字变形"按钮后，在打开的"变形文字"对话框中单击"样式"选项的下拉按钮，在打开的下拉列表中可以选择15种不同的变形样式。下图所示为"变形文字"对话框，"样式"列表以及部分变形效果。

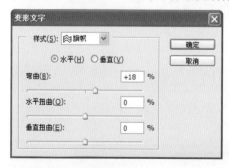

"变形文字"对话框 "样式"列表

扇形 下弧

拱形 凸起

花冠 旗帜

鱼形 膨胀

挤压 扭转

8 切换字符和段落面板：单击"切换字符和段落面板"按钮，可以打开"字符"/"段落"面板，如下图所示。通过面板可对输入的单行文字或段落文字进行编辑。

"段落"面板 "字符"面板

Example 05 为照片添加主题文字

原始文件：随书光盘\素材\6\05.jpg
最终文件：随书光盘\源文件\6\Example 05 为照片添加主题文字.psd

　　本实例将通过"调整"菜单命令和"文字工具"，为照片营造唯美浪漫的气氛，在照片中添加贴合主题的主题文字，并结合色彩的运用以及"描边"图层样式，使文字突出显示，增加照片的亮点。

Before ●●●

After ●●●

·::·· STEP 01 转化照片模式

执行"文件"｜"打开"菜单命令，打开"随书光盘\素材\6\05.jpg"素材照片。然后执行"图像"｜"模式"｜"CMYK颜色"菜单命令，将图像转化为CMYK模式，如下图所示。

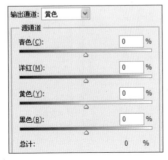

转化模式

·::·· STEP 02 调整图像色彩

执行"图像"｜"调整"｜"通道混合器"菜单命令，打开"通道混合器"对话框，设置输出通道为"黄色"，参数设置如下图所示。

"通道混合器"对话框

·::·· STEP 03 转化为RGB模式

执行"图像"｜"模式"｜"RGB颜色"菜单命令，将图像转化为RGB模式，如下图所示。

图像效果

·::·· STEP 04 复制图层

在"图层"面板中，复制"背景"图层得到"背景副本"图层，如下图所示。

"图层"面板

⊹⊹⊹ STEP 05 提亮肤色

在"图层"面板中，设置混合模式为"滤色"，不透明度为59%，单击"添加图层蒙版"按钮 ，在工具箱中选中"画笔工具" ，在图像中人物脸部位置涂抹，如下图所示。

设置"背景 副本"图层

⊹⊹⊹ STEP 06 查看效果

在图像窗口中查看效果，人物面部皮肤被提亮了，如下图所示。

查看图像效果

⊹⊹⊹ STEP 07 调整图像颜色

在"调整"面板中，单击"创建新的色彩平衡调整图层"按钮 ，切换至"色彩平衡"面板，设置"中间调"的色阶为+37、10、–27，如下图所示。

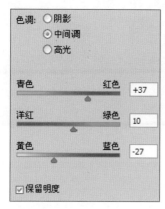

"色彩平衡"面板

⊹⊹⊹ STEP 08 创建新图层

在"图层"面板中，单击"创建新图层"按钮 ，创建"图层1"图层，如下图所示。

新建图层

⊹⊹⊹ STEP 09 设置渐变

在工具箱中选中"渐变工具"按钮 ，在选项栏中单击渐变条以打开"渐变编辑器"，选中"黑色过渡到透明"选项，如下图所示。

"渐变编辑器"对话框

⊹⊹⊹ STEP 10 添加蒙版

在"图层1"上绘制渐变，在"图层"面板中，单击"添加图层蒙版"按钮 ，在工具箱中选中"画笔工具" ，并在中心位置涂抹，如下图所示。

添加蒙版

STEP 11 设置画笔

在工具箱中选中"画笔工具" ，打开"画笔"面板，设置"画笔"参数如下图所示。

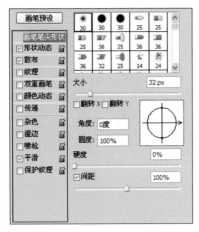

设置画笔笔尖形状

设置形状动态

设置散布

STEP 12 绘制星光效果

设置前景色为白色，在图像中人物周围位置绘制星光，如下图所示。

绘制星光

STEP 13 添加文字

在工具箱中单击"横排文字工具"按钮 T，在图像中输入文字并设置文字大小，如下图所示。

添加文字

STEP 14 添加描边

执行"图层"｜"图层样式"｜"描边"菜单命令，打开"图层样式"对话框，设置大小为2，颜色为"白色"，如下图所示。

"描边"图层样式

STEP 15 查看效果

在图像窗口查看设置后的图像效果，如下图所示。

查看图像效果

6.2.2 "段落"面板的应用

"段落"面板主要用于对段落文本进行编辑，包括段落文本的对齐方式和缩进方式。段落文本可通过文字工具在图像中拖移创建一个文本框，输入的文字即以段落的形式排列。下图所示为"段落"面板。

"段落"面板

① 文本排版方式：包括7种不同的文本排版方式：左对齐文本▤、居中对齐文本▤、右对齐文本▤、最后一行左对齐▤、最后一行居中对齐▤、最后一行右对齐▤、全部对齐▤。下图所示为常用的4种文本排版方式。

左对齐文本▤　　　　　居中对齐文本▤

右对齐文本▤　　　　　全部对齐▤

② 左缩进：调整整个文本的左侧空白。当需要对整体文本进行调整时，需要将整个段落全部选中，下图展示了文本左缩进的效果。

左缩进20点　　　　　段落左缩进效果

③ 右缩进：调整整个文本右侧的空白。下图展示了文本右缩进的效果。

右缩进20点　　　　　段落右缩进效果

④ 首行缩进：调整段落首行的缩进。下图展示了文本首行缩进的效果。

首行缩进20点　　　　　首行缩进效果

⑤ 段前添加空格：调整段落之间的距离。下图展示了段前添加空格的效果。

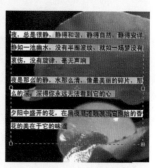

段前添加空格10点　　　　　段前添加空格效果

⑥ 段后添加空格：在文本末尾结合位置添加空格。

⑦ 避头尾法则设置：选取换行集，提供无、JIS宽松、JIS严格3种设置方式。

⑧ 间距组合设置：用于选取内部字符间距集，在下拉列表中提供了4种间距组合。

6.2.3 应用"形状工具"

　　通过"形状工具"，可以在图像中绘制规则的几何图形或是其他形状，通过其选项栏中选项的设置，可将形状创建为路径、像素或是形状图层。下页左图所示为"形状工具"选项栏。

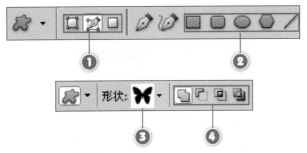

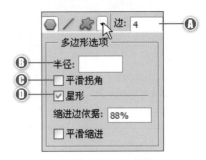

E 从中心：按照单击起点为中心点，向四周扩展图形。

F 半径：设置圆角矩形圆角的半径，数值越大，圆角越圆。

下图所示为"多边形"工具下拉菜单。

"形状工具"选项栏

1 "设置路径形态"按钮：可选择形状图层 □、路径 □、填充范围 □ 3种不同的形态。

当选择"形状图层"按钮后，在图像中绘制的图形即以前景色进行填充，并在"图层"面板中自动生成一个带矢量蒙版的形状图层，以前景色填充形状；选择"路径"按钮后，在图像中绘制的图形只显示其路径形态；当选择"填充范围"按钮后，在图像中绘制的图形即以前景色填充为像素图像。

2 "图形工具"按钮：通过图标显示"矩形"、"圆角矩形"、"圆形"、"多边形"、"线段工具"，单击即可快速切换到其中一个图形工具中。

每个工具有自己的下拉菜单，提供了更丰富的选项。下图所示为"圆角矩形"工具下拉菜单。

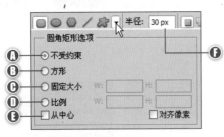

"圆角矩形"工具下拉菜单

A 不受约束：选择后可以按照鼠标拖动的形态随意地绘制出各种图形，如下图所示。

原图像　　　　随意绘制的圆角矩形

B 方形：选择后可绘制不同大小的圆形方形。

C 固定大小：选择后要在后面的W、H文本框内输入数字，绘制固定大小的图形。

D 比例：按照输入的长、宽比例制作图形。

"多边形"工具下拉菜单

A 边数：设置多边形的边数，范围为3～100。

B 半径：设置多边形的半径大小。

C 平滑拐角：勾选后，可平滑多边形的拐角，使其变得圆滑。

D 星形：勾选后，可在图像中绘制星形，并根据"缩进边依据"设置星形边角的缩进。下图所示为未勾选"星形"选项和勾选"星形"选项的绘图效果。

未勾选"星形"选项　　勾选"星形"选项

下图所示为"直线段"工具下拉菜单。

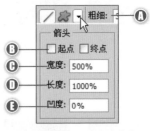

"直线段"工具下拉菜单

A 粗细：设置直线段的粗细，即宽度。

B 起点/终点：用于设置在线段的起点或是终点添加箭头。

C 宽度：设置箭头的宽度。

D 长度：设置箭头的长度。

E 凹度：创建线段的时候，对线段的残影进行柔和处理，以便与背景图像相符。

③ 自定形状：选择"自定形状工具"后，单击"形状"后的下三角按钮，会显示出多种形态的图形，如下图所示。单击右侧的扩展按钮，在扩展菜单中选择图库等，如右图所示。

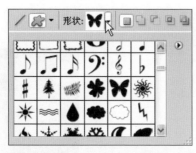

"形状"列表

④ "图形运算"按钮：具有图形的合并、分离、交叉区域等运算功能。

扩展菜单

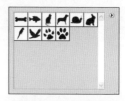

动物

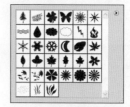

自然

形状

Example 06 增加丰富的几何图形效果

| 原始文件：随书光盘\素材\6\06.jpg |
| 最终文件：随书光盘\源文件\6\Example 06 增加丰富的几何图形效果.psd |

本实例通过"形状工具"中的"圆角矩形工具"在裁剪后的图像上创建圆角矩形，制作成电影胶片效果，并结合矩形工具创建形状图层，设置混合模式，将图像调整得更漂亮。

Before ●●●

After ●●●

05 Photoshop图像调整功能解析

06 使用Photoshop对数码照片进行绘制和修补

07 使用Photoshop对数码照片进行润饰

08 数码照片处理高级技巧

Part 01　Part 02　Part 03　Part 04

STEP 01　打开素材照片

执行"文件"|"打开"菜单命令，打开"随书光盘\素材\
6\06.jpg"素材照片，效果如下左图所示，在"图层"面
板中复制一个"背景"图层，如下右图所示。

素材06.jpg　　　　　　　　复制图层

STEP 02　调整裁剪区域

在工具箱中将背景色设置为黑色，如下左图所示，选择
"裁剪工具"，在图像中绘制裁剪区域，并调整裁剪边框
如下右图所示。

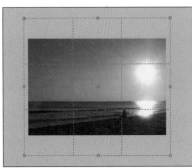

设置背景色　　　调整裁剪边框

STEP 03　裁剪图像

按Enter键确认裁剪后，即可看到如下左图所示的裁剪效
果，在"图层"面板中单击"创建新图层"按钮，新建一
个"图层1"，如下右图所示。

裁剪效果　　　　　　　　新建图层

STEP 04　绘制圆角矩形

选择"圆角矩形工具"，在选项栏中单击"填充像素"按
钮，并设置"半径"为10px，如下左图所示，然后使
用"圆角矩形工具"在图像左上角绘制一个圆角矩形，效
果如下右图所示。

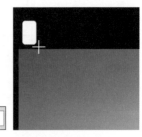

设置圆角矩形选项　　　　绘制圆角矩形

STEP 05　复制并移动圆角矩形

在"图层"面板中将"图层1"拖移到"创建新图层"按
钮上，复制该图层，得到"图层1副本"图层，如下左图
所示，按快捷键Ctrl+T，出现变换编辑框，在选项栏中设
置X为170px，按Enter键确认，如下右图所示。

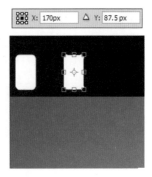

复制图层　　　　　　　　变换图像

STEP 06　复制多个图形

多次按快捷键Ctrl+Alt+Shift+T，重复STEP 05的操作，复
制多个圆角矩形，如下左图所示。然后用同样的方法，在
图像下方制作一排白色的圆角矩形，效果如下右图所示。

快速复制　　　　　　　　制作下方圆角矩形

STEP 07　设置前景色

双击工具箱中的"前景色"色块，在打开的"拾色器（前景色）"对话框中设置前景色为红色（R245、G3、B3），如下图所示。

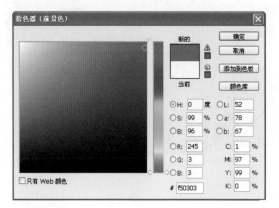

设置前景色

STEP 08　绘制形状图层

选择"矩形工具"，然后在选项栏中单击"形状图层"按钮□。使用"矩形工具"在图像中绘制一个与风景图像相同大小的红色矩形，效果如下左图所示，在"图层"面板中设置形状图层混合模式为"色相"，如下右图所示。

绘制红色矩形

设置图层混合模式

STEP 09　完成效果

设置混合模式后的图像效果如右上左图所示。最后可在图像中添加图形和文字，制作成电影胶片效果，完成效果如右上右图所示。

设置混合模式的效果

完成效果

6.2.4　应用"钢笔工具"

使用"钢笔工具"可以绘制出复杂或规则的直线或曲线，它可以通过单击开始点和结束点的方法创建路径，调整路径上的方向线和方向点可以制作出需要的形态，路径是连接锚点构成的，也称为贝塞尔曲线。下图所示为用"钢笔工具"绘制的路径。

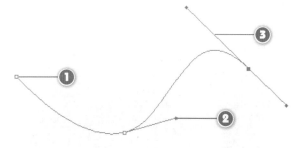

用"钢笔工具"绘制的路径

① 锚点：形成曲线的基准点，使用钢笔工具在图像中单击即添加一个锚点。

锚点与锚点之间由一条线段连接，该线段称为路径片段，根据路径片段的不同，可将锚点分为直线锚点、平滑曲线锚点、拐角锚点。

② 方向线：用于调节曲线形态的线。

③ 方向点：方向线的结束点，通过拖移方向点调整方向线的角度，调整路径的弯曲程度。

Example 07　为照片添加艺术花藤

原始文件：随书光盘\素材\6\07.jpg

最终文件：随书光盘\源文件\6\Example 07 为照片添加艺术花藤.psd

　　本实例首先将使用"钢笔工具"在人物照片中绘制路径，然后将路径载入为选区，并为选区填充颜色以为图像制作艺术花纹，最后复制图层，丰富艺术花纹美化图像。

Before ●●●

After ●●●

∙∙∙∙∙ STEP 01　打开素材照片

执行"文件"|"打开"菜单命令，打开"随书光盘\素材\6\07.jpg"素材照片，如下图所示。

素材07.jpg

∙∙∙∙∙ STEP 02　绘制花纹路径

在工具箱中单击"钢笔工具"按钮 ✐，在图像中绘制花纹路径，如下图所示。

绘制路径

∙∙∙∙∙ STEP 03　建立选区

单击右键，在弹出的快捷菜单中单击"建立选区"命令，如下图所示。

建立选区

∙∙∙∙∙ STEP 04　设置羽化半径

打开"建立选区"对话框，在"渲染"选项组中，设置羽化半径为0，如下图所示。

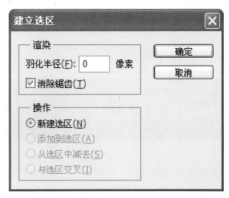

"建立选区"对话框

STEP 05　创建新图层

在"图层"面板中，单击"创建新图层"按钮，创建新图层，如下图所示。

创建新图层

STEP 06　填充花纹选区

按快捷键Ctrl+Delete进行快速填充操作，将选区填充为白色，按快捷键Ctrl+D进行取消选区的操作，如下图所示。

填充花纹选区

STEP 07　调整图形大小及位置

执行"编辑"｜"自由变化"菜单命令，调整图形的位置及大小，如下图所示。

自由变换花纹

STEP 08　复制图层

在"图层"面板中，复制"图层1"图层6次，如下图所示。

复制图层

STEP 09　调整图形的位置

执行"编辑"｜"变化"｜"旋转"菜单命令，调整图形的位置，如下图所示。

调整图像位置

STEP 10　调整图像效果

在"图层"面板中，复制"背景"图层得到"背景副本"图层，设置混合模式为"线性光"，不透明度为21%，如下图所示。

复制"背景"图层

05 Photoshop图像 调整功能解析

06 使用Photoshop对数码照片进行绘制和修补

07 使用Photoshop对数码照片进行润饰

08 数码照片处理高级技巧

···▷ STEP 11 添加文字，查看效果

在工具箱中单击"横排文字工具"按钮 **T.**，在图像中输入文字，在图像窗口中查看效果，如右图所示。

查看效果

6.3 修补带有瑕疵的照片

拍摄的数码照片常会带有各种瑕疵，例如红眼、划痕、杂点等，本节学习使用 Photoshop CS5中的修复工具等修补带有瑕疵的照片。

下图所示为常用修复工具。

常用修复工具

6.3.1 使用"污点修复画笔工具"

使用"污点修复画笔工具"可以快速移去照片中的污点和其他不理想部分，它使用图像或图案中的样本像素进行绘画，并将样本像素的纹理、光照、透明度和阴影与所修复的像素相匹配，污点修复画笔将自动从所修饰区域的周围取样，在图像中有瑕疵的位置单击即可进行修复。

选择"污点修复画笔工具"后，在其选项栏中通过设置选项可使修复效果更加完美。下图所示为"污点修复画笔工具"的选项栏。

"污点修复画笔工具"选项栏

① 模式：从选项栏的"模式"下拉列表中选取混合模式。选择"替换"可以在使用柔边画笔时，保留画笔描边的边缘处的杂色、胶片颗粒和纹理。

② 近似匹配：使用选区边缘周围的像素来查找要用作选定区域修补的图像区域。下图所示为选择"近似匹配"时修复图像。

原图像　　　　　　　　修复图像

③ 创建纹理：使用选区中的所有像素创建一个用于修复该区域的纹理。

④ 对所有图层取样：勾选"对所有图层取样"复选框，可从所有见到的图层中对图像进行取样，如果取消选择，则只能从当前图层进行取样。

Example 08 消除人物脸上的斑点

原始文件：随书光盘\素材\6\08.jpg

最终文件：随书光盘\源文件\6\Example 08 消除人物脸上的斑点.psd

本实例将使用"污点修复画笔工具"将人物脸部的雀斑去除，并使用"减少杂色"滤镜删除图像中的污点，完美展现人物脸部。

Before ●●●

After ●●●

05 Photoshop图像
调整功能解析

06 使用Photoshop
照片进行绘制和修补

07 使用Photoshop对数码
照片进行润饰

08 数码照片处理
高级技巧

⋯⁝ STEP 01   打开素材照片

执行"文件"｜"打开"菜单命令，打开"随书光盘\素材\6\08.jpg"素材照片，效果如下左图所示。单击"创建新图层"按钮，新建"图层1"，如下右图所示。

素材08.jpg

新建图层

⋯⁝ STEP 02   设置污点修复画笔选项栏

在工具箱中单击"污点修复画笔工具"按钮，在选项栏中单击"画笔"选项的下拉按钮，在打开的"画笔"选取器中设置"大小"为10px，选项设置如下图所示。

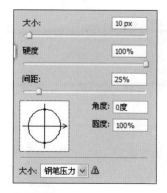

设置画笔

⋯⁝ STEP 03   修复斑点

使用"污点修复画笔工具"在人物右边脸的斑点上单击，被单击的斑点就会被修复，效果如下左图所示。连续在人物脸上其他斑点处单击，将斑点去除，效果如下右图所示。

单击修复斑点

修复斑点后的效果

⋯⁝ STEP 04   盖印图层

按快捷键Ctrl+Shift+Alt+E，盖印图层，将所有可见图层合并生成新图层"图层2"，如下图所示。

盖印图层

⠿ STEP 05 减少皮肤上的杂色

对盖印图层执行"滤镜"|"杂色"|"减少杂色"菜单命令，在打开的"减少杂色"对话框中设置选项参数如下图所示。

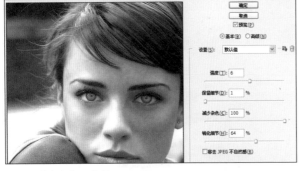

设置"减少杂色"选项

⠿ STEP 06 完成效果

应用滤镜后的图像人物皮肤变得光滑，完成效果如下图所示。

完成效果

6.3.2 应用"修复画笔工具"

"修复画笔工具"可用于校正瑕疵，使它们消失在周围的图像中，修复画笔工具可利用图像或图案中的样本像素来绘画，与污点修复画笔工具不同的是，修复画笔工具需要先取样像素，将取样的像素移植到特定部位，进行修复。

"修复画笔工具"的选项栏如下图所示，在其中可指定修复画笔的大小、源等。

"修复画笔工具"选项栏

① 取样：指定像素的源，单击"取样"单选项后，以当前图像像素为源。

② 图案：单击"图案"单选项后，可以选择某个图案替换图像中单击的区域，单击"图案"选项后的图案框，在打开的"图案"拾色器中可以选择不同的图案。如下图所示。

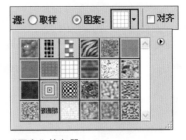

"图案"拾色器

③ 对齐：勾选"对齐"复选框，连续对像素进行取样，即使释放鼠标，也不会丢失当前取样点。如果取消勾选"对齐"，则会在每次停止并重新开始绘制时使用初始取样点中的样本像素。

Example 09 去除照片上孩子的涂鸦

原始文件：随书光盘\素材\6\09.jpg

最终文件：随书光盘\源文件\6\Example 09 去除照片上孩子的涂鸦.psd

本实例首先使用"修复画笔工具"将照片中的大部分污迹去除，再通过"蒙尘与划痕"菜单命令去除剩下的污渍，最后使用"减少杂色"命令去除污迹的同时柔化皮肤，完成图像的修复。

Before ●●●

After ●●●

STEP 01　打开素材并复制图层

打开"随书光盘\素材\6\09.jpg"素材照片，在"图层"面板中，为"背景"图层创建一个副本图层，如下图所示。

复制图层

STEP 02　设置修复画笔

在工具箱中选中"修复画笔工具"，单击右键，打开"画笔预设选区器"，设置大小为41，硬度为50%，如下图所示。

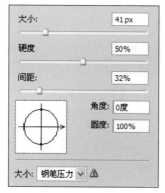

设置修复画笔

STEP 03　在图像中取样

按住Alt键单击图像在涂鸦的周围选取源，如下图所示。

在图像中取样

STEP 04　查看效果

去除背景上的涂鸦后，在图像窗口中查看效果，如下图所示。

去除背景上的涂鸦后的效果

STEP 05　创建选区

在工具箱中单击"套索工具"，在图像中选中人物面部的涂鸦画，如下图所示。

选中面部涂鸦

STEP 06　去除面部图像瑕疵

执行"滤镜"|"杂色"|"蒙尘与划痕"菜单命令，打开"蒙尘与划痕"对话框，设置半径为3，阈值为124。

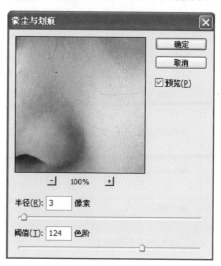

"蒙尘与划痕"对话框

05 Photoshop图像 调整功能解析

06 使用Photoshop对数码 照片进行绘制和修补

07 使用Photoshop对 数码照片进行润饰

08 数码照片处理 高级技巧

STEP 07　去除头发上的涂鸦

在工具箱中选中"套索工具" ，选中人物头发上的涂鸦画，执行"滤镜"|"杂色"|"蒙尘与划痕"菜单命令，打开"蒙尘与划痕"对话框，设置半径为4，阈值为9，如下图所示。

去除头发上的涂鸦

STEP 08　调整面部颜色

执行"图像"|"调整"|"可选颜色"菜单命令，打开"可选颜色"对话框，设置颜色为"红色"，洋红为-28，设置颜色为"黄色"，黄色为-58，如下图所示。

设置"可选颜色"

STEP 09　去除细小的划痕等

执行"滤镜"|"杂色"|"减少杂色"菜单命令，打开"减少杂色"对话框，设置强度为9，保留细节为11，减少杂色为75，锐化细节为70，如下图所示。

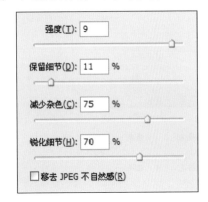

"减少杂色"对话框

STEP 10　查看效果

在图像窗口中查看最终的图像效果，如下图所示。

查看效果

6.3.3　应用"修补工具"

通过使用"修补工具"可以用其他区域或图案中的像素来修复选中的区域。使用"修补工具"在图像中需要修补的区域内创建一个选区，然后拖动到替换的区域中即可进行修复。下图所示为"修补工具"选项栏。

"修补工具"选项栏

① 选区方式：与选框工具的选区方式相同，使用修补工具创建选区后，可以进行添加、减去、与选区交叉等方式来对选区进行编辑。

② 源：单击选择"源"，可将选区边框拖动到想要从中取样的区域，释放鼠标左键时，原来选中的区域使用样本像素进行修补，如下图所示。

选中样本像素　　　　　　　　　"源"修补效果

③ 目标：选择"目标"单选项后，将选区边界拖动到要修补的区域。释放鼠标左键时，将使用样本像素修补新选定的区域，如右图所示。

④ 使用图案：创建选区后，单击"使用图案"按钮即可用选择的图案修补选区内的像素，单击下拉按钮，在打开的"图案"面板中可选择需要的图案。

选中样本像素　　　　　　"目标"修补效果

Example 10 用"修补工具"添加图像

原始文件：随书光盘\素材\6\10.jpg

最终文件：随书光盘\源文件\6\Example 10 用修补工具添加图像.psd

使用"修补工具"可以去除特定区域中的图像，也可将部分区域进行复制，本实例将运用"修补工具"复制图像中的部分图像。

Before ●●●

After ●●●

····STEP 01 打开素材照片

执行"文件"|"打开"菜单命令，打开"随书光盘\素材\6\10.jpg"素材照片，效果如右图所示。在"图层"面板中，将"背景"图层拖移到"创建新图层"按钮上创建一个副本，创建副本效果如右图所示。

素材10.jpg　　　　　　创建副本图层

STEP 02 绘制修补区域

选择"修补工具"，在图像中花朵边缘单击，并拖动绘制路径，如下左图所示，继续拖动鼠标，将花朵创建在路径中，当与起点重合时，释放鼠标左键，即将花朵创建为选区，选区效果如下右图所示。

绘制路径　　　　　　　　选区效果

STEP 03 修补图像

在选项栏中单击选择"目标"单选项，然后使用"修补工具"在选区内单击并拖移到左边位置，如下左图所示，释放鼠标左键后即将选区内的花朵复制，在选区外单击，取消选区，图像修补效果如下右图所示。

拖移选区　　　　　　　　取消选区后的效果

STEP 04 添加光晕效果

对图像执行"滤镜"|"渲染"|"镜头光晕"菜单命令，在打开的"镜头光晕"对话框中设置选项如下左图所示，确认设置后，可看到图像中添加了光晕效果，如下右图所示。

"镜头光晕"对话框　　　图像添加光晕效果

6.3.4 应用"红眼工具"

使用"红眼工具"可移去用闪光灯拍摄的人物或动物照片中的红眼，使用"红眼工具"在红眼上单击，即可去除红眼。下图所示为"红眼工具"选项栏。

"红眼工具"选项栏

❶ 瞳孔大小： 通过"瞳孔大小"选项来设置增大或减小受红眼工具影响的区域，如下图所示。

原图像　　　　　　　　瞳孔大小为50%效果

❷ 变暗量： "变暗量"是指修复人物红眼时的颜色深度，参数越大，颜色越深。对比效果如下图所示。

 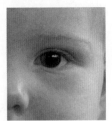

"变暗量"为10%效果　　　"变暗量"为80%效果

6.3.5 应用"蒙尘和划痕"滤镜

应用"蒙尘与划痕"滤镜能够删除图像上的灰尘、瑕疵、草图、痕迹等，还可以删除图像轮廓以外的其他部分上的杂点，使画面更加柔和。

对图像执行"滤镜"|"杂色"|"蒙尘与划痕"菜单命令，在打开的"蒙尘与划痕"对话框中设置选项，调整图像的柔和程度，如下图所示。

"蒙尘与划痕"对话框

① 预览框：显示图像设置后的效果，在预览框中单击可看到原图像效果，如下图所示。

蒙尘与划痕效果　　　　　　单击查看原图像效果

"半径"为5像素　　　　"半径"为20像素

② 半径：设置的"半径"值越大，可以设置的像素相似颜色范围越宽。对比效果如右上图所示。

③ 阈值：设置应用在中间颜色上的像素范围。

Example 11　快速柔化皮肤

原始文件：随书光盘\素材\6\11.jpg

最终文件：随书光盘\源文件\6\Example 11 快速柔化皮肤.psd

　　本实例将通过"蒙尘与划痕"滤镜删除图像上的瑕疵，并结合图层混合模式的设置，保留人物图像的细节，快速柔化人物皮肤。

Before ●●●

After ●●●

STEP 01　打开素材照片

执行"文件"|"打开"菜单命令，打开"随书光盘\素材\6\11.jpg"素材照片，效果如右左图所示。在"图层"面板中，将"背景"图层拖移到"创建新图层"按钮上创建一个副本，创建副本效果如右右图所示。

素材11.jpg　　　　　　　　复制图层

·∷∷· STEP 02　设置"蒙尘与划痕"滤镜

对复制的图像执行"滤镜"|"杂色"|"蒙尘与划痕"菜单命令，如下上图所示，在打开的"蒙尘与划痕"对话框中设置"半径"为7像素，如下下图所示。

执行命令

设置参数

·∷∷· STEP 03　确认效果

确认设置后，在图像窗口中即可看到图像应用"蒙尘与划痕"滤镜后，图像变得柔和，效果如下图所示。

应用"蒙尘与划痕"效果

·∷∷· STEP 04　去掉照片颜色

执行"图像"|"调整"|"去色"菜单命令，将图像转换为黑白色，或按快捷键Shift+Ctrl+U，将照片转换为黑白效果，效果如下图所示。

去色效果

·∷∷· STEP 05　设置图层混合模式

在"图层"面板中将"背景 副本"的图层混合模式设置为"滤色"，并将"不透明度"设置为50%，设置后可看到最后完成效果如下图所示。

设置图层

完成效果

6.3.6 应用"减少杂色"滤镜

应用"减少杂色"滤镜可在基于影响整个图像或各个通道设置保留边缘的同时减少杂色。通过"减少杂色"对话框中各选项的设置,来调整减少的杂色程度,如下图所示。

"减少杂色"对话框

① 强度:控制应用于所有图像通道的明亮度杂色减少量。下图所示为原图像及设置减少强度的效果。

原图像　　　　　　　强度为10效果

② 保留细节:保留边缘和图像细节,当参数设置为100%时,会保留大多数图像细节,但会将明亮度杂色减到最少。

③ 减少杂色:移去随机的颜色像素。值越大,减少的颜色杂色越多。

④ 锐化细节:对图像细节部分进行锐化,移去杂色将会降低图像的锐化程度,将锐化细节设置为0%时,图像的边缘细节变得模糊,杂点减少,如下左图所示;当设置为100%时,边缘细节变得清晰,杂点也清晰展现,如下右图所示。

锐化细节为0%效果　　　　锐化细节为100%效果

⑤ 移去 JPEG 不自然感:移去由于使用低 JPEG 品质设置存储图像而导致的斑驳的图像伪像和光晕。

⑥ 高级:如果明亮度杂色在一个或两个颜色通道中较明显,单击"高级"单选项,然后从"通道"菜单中选取颜色通道,使用"强度"和"保留细节"控件来减少该通道中的杂色,如下图所示。

"通道"选项　　　　　　　　　选择通道

知识链接

▶ ▶ ▶

图像杂色显示为随机的无关像素,这些像素不是图像细节的一部分。数码拍摄时如果使用很高的 ISO 设置、曝光不足或者用较慢的快门速度在黑暗区域中拍照,均可能导致出现杂色。

05 Photoshop图像调整功能解析

06 使用Photoshop对数码照片进行绘制和修补

07 使用Photoshop对数码照片进行润饰

08 数码照片处理高级技巧

Chapter

07

使用Photoshop对 数码照片进行润饰

为了使拍摄出来的数码照片从色彩、光线、对象等方面都达到更加完善的效果，就需要对数码照片进行一定的润饰和增效，将数码照片的主题更完美地展现在大家面前。

本章将使用Photoshop中的多种操作对数码照片进行润饰，利用海绵工具增加照片中部分区域的色彩饱和度，应用加深和减淡工具增强照片的层次感，使用多种不同的命令制作出高质量的黑白照片以及使用滤镜或调整命令对照片中的自然环境进行增效处理等。

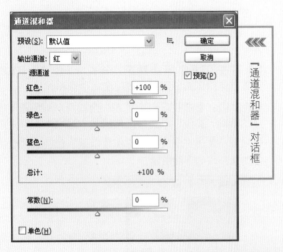

『通道混和器』对话框

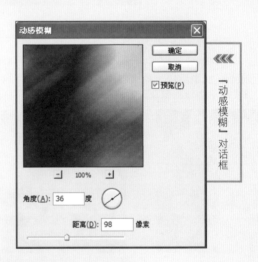

『动感模糊』对话框

『消失点』对话框

7.1 为数码照片进行增效

在数码照片中，饱和度与明暗将对照片效果产生直接影响，Photoshop中的减淡、加深与海绵工具可通过绘制对照片的色彩明暗进行增效。

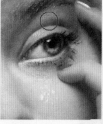
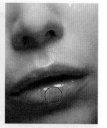

🔍 减淡工具 ○
🖌 加深工具 ○
🥄 海绵工具 ○

减淡、加深与海绵工具

7.1.1 使用"海绵工具"

"海绵工具"可精确地更改区域的色彩饱和度，可以使图像中特定区域色调变深或变浅，利用"海绵工具"选项栏中的"饱和"模式选项可以提高图像饱和度，利用"降低饱和度"模式选项可以降低图像饱和度。"海绵工具"选项栏如右上三图所示。

"海绵工具"选项栏

① 画笔：设置"海绵工具"笔触的大小、笔尖形态等，单击下三角按钮，即可通过打开的"画笔预设"选取器对画笔进行设置。

② 模式：这里的模式有两种，分别为"饱和"与"降低饱和度"，选择"饱和"模式后，使用"海绵工具"在图像上绘制，即可提高图像的饱和度；反之，选择"降低饱和度"模式，则可将绘制区域色彩变浅，如下图所示。

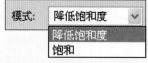

模式列表

原图像

"饱和"模式下
加深色彩

"降低饱和度"模式
下减淡色彩

③ 流量：设置"海绵工具"流量，设置的参数越大，效果就越明显。

④ 自然饱和度：勾选"自然饱和度"复选框后，再使用"海绵工具"提高或降低图像色彩时，将保留原图像的自然色调，如下两图所示。

未勾选"自然饱和度"复选框　　勾选"自然饱和度"复选框

Example 01 增加照片色彩的饱和度

原始文件：随书光盘\素材\7\01.jpg

最终文件：随书光盘源文件\7\Example 01 增加照片色彩的饱和度.psd

本实例主要通过"海绵工具"将照片中的部分区域饱和度提高，然后载入"通道"面板中的RGB通道选区，即选中图像的高光区域，然后通过"亮度/对比度"功能提亮皮肤，使整个人物照片饱和度提高。

Before ●●●

After ●●●

⋯⋯ STEP 01　设置图层副本

打开"随书光盘\素材\7\01.jpg"素材照片，如下左图所示。在"图层"面板中将"背景"图层向下拖移到"创建新图层"按钮 □ 上，得到"背景副本"图层，如下右图所示。

素材01.jpg　　　　　　　　　　复制图层

⋯⋯ STEP 02　设置"海绵工具"选项栏

选择"海绵工具"，在其选项栏中设置画笔大小为70、"模式"为"饱和"、"流量"为20%，如下左图所示。然后使用"海绵工具"在图像中人物眼睛边的彩妆上进行涂抹，增强色调饱和度，如下右图所示。

设置选项　　　　　　　　　　　涂抹图像

⋯⋯ STEP 03　增加图像饱和度

使用"海绵工具"在人物脸颊和嘴唇上进行涂抹，增加色调，效果如下左图所示，接着在人物头发区域进行涂抹，效果如下右图所示。

增强嘴唇色彩　　　　　　　　　涂抹头发区域

⋯⋯ STEP 04　载入高光区域选区

在"通道"面板中，按住Ctrl键的同时单击RGB通道前的通道缩览图，如下左图所示，载入图像高光区域的选区，如下右图所示。

单击通道缩览图　　　　　　　　选区效果

⋯⋯ STEP 05　复制图层

按快捷键Ctrl+J复制图层，将选区内的图像复制到"图层1"，如下左图所示。并对复制图层执行"图像"|"调整"|"亮度/对比度"菜单命令，如下右图所示。

复制图层　　　　　　　　　　　执行菜单命令

⋯⋯ STEP 06　设置图像亮度/对比度

在打开的"亮度/对比度"对话框中设置参数，如下左图所示。单击"确定"按钮后，可看到人物皮肤亮度提高，完成效果如下右图所示。

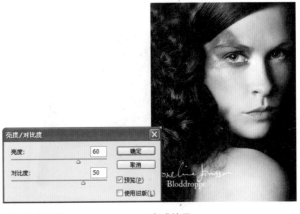

设置选项参数　　　　　　　　　完成效果

05 Photoshop图像
调整功能解析

06 使用Photoshop对数码
照片进行绘制和修补

07 使用Photoshop对
数码照片进行润饰

08 数码照片处理
高级技巧

7.1.2 使用"加深工具"和"减淡工具"

"减淡工具"和"加深工具"基于调节照片特定区域曝光度的传统摄影技术，可使图像区域变亮或变暗，其使用方法是在需要调整的图像上进行单击或涂抹。

当需要将图像某个位置变亮时就可以使用"减淡工具"；反之，当需要将图像变暗时就可以使用"加深工具"，如下两图所示。

使用"减淡工具"提高水珠亮度

使用"加深工具"使水珠周围变暗

通过"减淡工具"和"加深工具"选项，可以设置需要调整图像的范围、曝光度等，"减淡工具"和"加深工具"选项栏中的选项相同，如右上图所示。

"减淡工具"和"加深工具"选项栏

① 范围：用于设置加深或减淡的应用区域，单击下三角按钮可在下拉列表中选择"中间调"、"阴影"和"高光"3个选项。

当选择"中间调"选项时，可以更改图像中灰色的中间色调；选择"高光"选项可更改图像中的亮部区域；选择"阴影"选项可更改图像中的暗部区域。

② 曝光度：用于设置描边的曝光度。

③ 保护色调：在Photoshop CS5中勾选"保护色调"复选框，可以防止图像颜色发生色相偏移，在对图像进行加深或减淡的同时，能更好地保护原图像的色调，如下两图所示。

未勾选"保护色调"复选框

勾选"保护色调"复选框

Example 02 设置更有层次感的照片效果

原始文件：随书光盘\素材\7\02.jpg
最终文件：随书光盘\源文件\7\Example 02 设置更有层次感的照片效果.psd

本实例使用"减淡工具"将照片中人物的皮肤提亮，使用"加深工具"将人物背景区域变暗，使照片人物突出，更具层次感，并使用"海绵工具"对部分区域进行涂抹，增强照片色彩感。

Before ●●●

After ●●●

:::⊹ STEP 01　设置图层副本

打开"随书光盘\素材\7\02.jpg"素材照片，如下左图所示。在"图层"面板中将"背景"图层向下拖移到"创建新图层"按钮 ⬛ 上，得到"背景副本"图层，如下右图所示。

素材02.jpg　　　　　　　　　复制图像

:::⊹ STEP 02　设置"减淡工具"选项栏

选择"减淡工具"，在其选项栏中设置"曝光度"为20%，然后使用"减淡工具"在人物脸部皮肤上单击并涂抹，提亮肤色，如下图所示。

减淡脸部皮肤

:::⊹ STEP 03　设置加深选项

继续使用"减淡工具"在人物手臂皮肤上进行减淡处理，效果如下左图所示。接着选择"加深工具"，在选项栏中设置"范围"为"阴影"，并更改"曝光度"为30%，如下右图所示。

减淡皮肤　　　　　　　设置"加深工具"选项栏

:::⊹ STEP 04　加深背景

使用"加深工具"在人物背景上进行涂抹，将背景变暗，如下左图所示。然后继续使用"加深工具"在人物背景区域进行加深处理，效果如下右图所示。

涂抹加深　　　　　　　　　将背景变暗

:::⊹ STEP 05　最后修饰

选择"海绵工具"，设置"模式"为"饱和"，在人物嘴唇和发丝上进行涂抹，增加色调，效果如下左图所示。执行"图像"|"自动颜色"菜单命令，自动调整图像色调，完成效果如下右图所示。

调整饱和度　　　　　　　自动颜色效果

实用技巧 ▶▶▶

在使用加深、减淡和海绵工具在图像上进行绘制时，可通过快捷键[与]快速调整画笔大小，按[键可缩小画笔，按]键可放大画笔。

7.1.3 | 应用"曝光度"命令

在照片的拍摄过程中，经常会出现由于照片曝光过度导致图像偏白或者由于曝光不够导致图像偏暗的情况，这时就可通过"曝光度"命令来调整图像的曝光度，使图像中的曝光度达到正常。

执行"图像"|"调整"|"曝光度"菜单命令，通过打开的"曝光度"对话框中选项的设置，即可对图像曝光度进行调整，"曝光度"对话框如下页图所示。

"曝光度"对话框

① 预设：在"预设"下拉列表中可以选择几种预设的设置，如下图所示。

"预设"列表

原图像　　　　　　　　　　选择"加2.0"预设效果

② 曝光度：用于设置图像的曝光度，向右拖动下方的滑块可增强图像的曝光度，加亮图像；向左拖动滑块可降低图像的曝光度，使图像变暗，如下两图所示。

曝光度为负数时使图像变暗　　曝光度为正数时提亮图像

③ 位移：用于调整图像的整体明暗度，对高光的影响很轻微，如下两图所示。

将"位移"设置为+0.2　　　　图像效果

④ 灰度系数校正：使用简单的乘方函数调整图像灰度系数。

右侧边栏：
05 Photoshop图像 调整功能解析
06 使用Photoshop对数码 照片进行绘制和修补
07 使用Photoshop对 数码照片进行润饰
08 数码照片处理 高级技巧

Example 03　把握正确的数码照片曝光

原始文件：随书光盘\素材\7\03.jpg
最终文件：随书光盘\源文件\7\Example 03 把握正确的数码照片曝光.psd

　　本实例将通过"曝光度"命令将曝光不足照片的曝光度提高，为了达到自然的曝光效果，这里将利用图层混合模式中"滤色"模式的混合，将数码照片的曝光调整到正常的效果，以恢复漂亮的人物照片光线。

Before ●●●

After ●●●

STEP 01 设置图层副本

打开"随书光盘\素材\7\03.JPG"素材照片，如下左图所示。在"图层"面板中将"背景"图层向下拖移到"创建新图层"按钮 上，生成"背景副本"图层，如下右图所示。

素材03.jpg

复制图层

STEP 02 设置"曝光度"

执行"图像"｜"调整"｜"曝光度"菜单命令，在打开的"曝光度"对话框中设置"曝光度"选项参数为+2.5，如下图所示，然后单击"确定"按钮，关闭对话框。

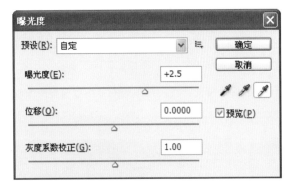
"曝光度"对话框

STEP 03 确认曝光效果

确认设置后，在图像窗口中即可看到人物变亮了，效果如下图所示。

设置"曝光度"后的效果

STEP 04 设置图层

在"图层"面板中将"背景副本"图层向下拖移到"创建新图层"按钮上，复制图层，如下左图所示。然后将复制的"背景副本2"图层混合模式设置为"滤色"，"不透明度"设置为60%，如下右图所示。

拖移图层

设置图层混合模式

STEP 05 完成效果

设置完成后，可看到图像由原来的曝光不足调整到正常的曝光度，完成效果如下图所示。

完成效果

知识链接 ▶▶▶

在使用数码相机进行拍摄时，为了拍出理想的照片，就需要合适的光量，为了记录影像需要或使用的准确光量叫曝光。如果光线太少，影像就会太暗，即曝光不足；如果光线太多，影像就会太亮，即曝光过度。

7.2 制作精致的黑白照片

黑白色是永远的经典色彩，黑白照片也成为一种时尚、经典。通过Photoshop CS5中的多种功能，可以制作出精致的黑白照片效果。

7.2.1 通过"图层样式"降低全图饱和度

通过"图层样式"对话框中"混合颜色带"选项的巧妙应用，可以调整照片中色彩的饱和度，制作出淡色调的图像效果。

打开一幅照片，如下左图所示，然后执行"图层"|"图层样式"|"混合选项"菜单命令，即可打开"图层样式"对话框，如下右图所示。

按住Alt键，拖移"混合颜色带"选项下的滑块，如下上图所示。确认设置后，即可看到图像饱和度与透明度都被降低，如下下图所示。

调整"混合颜色带"选项

原图像

"图层样式"对话框

图像调整后的效果

Example 04 制作具有通透皮肤的黑白效果

| 原始文件：随书光盘\素材\7\04.jpg |
| 最终文件：随书光盘\源文件\7\Example 04制作具有通透皮肤的黑白效果.psd |

本实例将通过调整偏色照片中的"混合颜色带"，将人物皮肤区域调成半透明效果，然后与白色图层进行混合，制作出具有通透感皮肤的黑白照片，提高照片质量。

Before ●●●

After ●●●

05 Photoshop图像调整功能解析

06 使用Photoshop对数码照片进行绘制和修补

07 使用Photoshop对数码照片进行润饰

08 数码照片处理高级技巧

⬩⬩⬩ STEP 01 解锁图层

打开"随书光盘\素材\7\04.JPG"素材照片，如下左图所示。然后按住Alt键双击"背景"图层，将图层解锁并自动生成"图层0"，如下右图所示。

素材04.jpg　　　　　　　　解锁图层

⬩⬩⬩ STEP 02 新建图层

单击"图层"面板下方的"创建新图层"按钮 ⬚，新建一个"图层1"，如下左图所示。然后将图层向下调整并填充为白色，如下右图所示。

新建图层　　　　　　向下调整图层并填充白色

⬩⬩⬩ STEP 03 设置"混合颜色带"

执行"图层"|"图层样式"|"混合选项"菜单命令，打开"图层样式"对话框，如下左图所示。在"混合颜色带"下拉列表中选择"红"选项，然后按住Alt键，如下右图所示，将滑块拖移到左边。

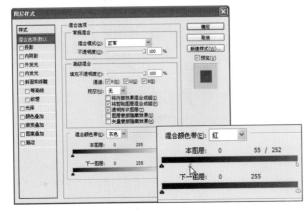

打开"图层样式"对话框　　　设置"混合颜色带"

⬩⬩⬩ STEP 04 确认效果

确认效果后，如下左图所示。然后在"图层"面板中隐藏"图层1"，即可看到"图层0"中图像为半透明效果，如下右图所示。

图像效果　　　　　　　隐藏白色图像后的半透明效果

⬩⬩⬩ STEP 05 设置图层混合模式

在"图层"面板中更改"图层0"的图层混合模式为"明度"，如下左图所示，即可看到图像被调整为黑白效果，并显示出通透的皮肤效果，完成效果如下右图所示。

设置图层混合模式　　　　　完成效果

7.2.2 使用"黑白"菜单命令制作黑白照片

使用"黑白"菜单命令可以制作高品质的灰度图像，还可以为图像添加单一的颜色以制作单色调的照片效果。

执行"图像"|"调整"|"黑白"菜单命令，打开"黑白"对话框，如下页图所示。

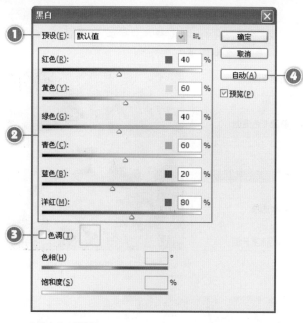

"黑白"对话框

① 预设：在"预设"下拉列表框中提供了多种色调模式，可通过预设快速设置图像的灰度，如下图所示。

"预设"下拉列表

② 滑块：拖动滑块可以调整图像中的颜色通道，值越小图像灰度越暗，值越大图像灰度越亮，如下图所示。

降低"红色"通道的灰度

提高"红色"通道的灰度

③ 色调：勾选"色调"复选框，开启"色相"和"饱和度"，设置颜色，更换图像颜色后的效果如下图所示。

紫色调图像

④ 自动：单击"自动"按钮，图像将自动调整灰度值，如下图所示。

自动调整

7.2.3 使Lab明度通道分离以设置灰度

Lab模式是一种在输出过程中可以减少显示器或打印机等硬件颜色差异的颜色模式。

打开一张Lab模式素材照片，如下左图所示，在"通道"面板中，可以查看到它是由Lab、明度、a和b四个通道构成，如下右图所示。

通过"分离通道"命令，可以将这4个通道分离，如下左图所示，其中的"明度"通道将以灰度显示，图像效果如下右图所示。

原图像   Lab通道效果

"分离通道"命令   "明度"通道的灰度效果

Example 05   制作对比强烈的黑白照片

原始文件：随书光盘\素材\7\05.jpg

最终文件：随书光盘\源文件\7\ Example 05 制作对比强烈的黑白照片.psd

本实例首先使用"黑白"菜单命令，将图像转化为黑白图像，然后调整图像使图像中的灰度更加饱和，最后使用"亮度/对比度"增加图像的对比度，从而制作出对比强烈的黑白照片。

Before ●●●

After ●●●

⋮⋮⋮ STEP 01   打开素材并复制图层

执行"文件"|"打开"菜单命令，打开"随书光盘\素材\7\05.jpg"素材照片，在"图层"面板中为"背景"图层创建一个副本图层，如右图所示。

复制图层

Part 01   Part 02   Part 03   Part 04

··STEP 02　调整黑白选项

执行"图像"｜"调整"｜"黑白"菜单命令，打开"黑白"对话框，设置红色为107，黄色为10，绿色为24，青色为36，如下图所示。

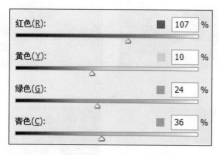

"黑白"对话框

··STEP 03　查看图像效果

在图像窗口中查看图像转化为黑白图像后的效果，如下图所示。

查看图像效果

··STEP 04　增加对比度

执行"图像"｜"调整"｜"亮度/对比度"菜单命令，打开"亮度/对比度"对话框，设置对比度为69，如下图所示。

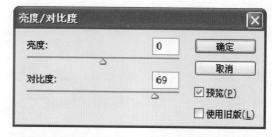

"亮度/对比度"对话框

··STEP 05　查看图像效果

在图像窗口中查看效果，黑白图像的对比度增强了，如下图所示。

最终效果

7.3　自然环境效果的添加

在数码照片中对自然环境也可进行多种效果的添加，如添加太阳光照、下雨、闪电等效果，本小节就将介绍这些效果的制作方法。

7.3.1　使用"镜头光晕"滤镜

使用"镜头光晕"滤镜可以在图像中模拟多种不同的光晕效果，为照片增效，通过单击图像缩览图的任一位置或拖动其十字线，指定光晕中心的位置。

执行"滤镜"｜"渲染"｜"镜头光晕"菜单命令，即可打开"镜头光晕"对话框，如右图所示。

"镜头光晕"对话框

❶ 光晕中心：用于调整光晕的中心点，使用鼠标在预览框中对光晕进行移动来确定中心点位置，如下图所示。

选中光晕

拖移调整光晕中心

❷ 亮度：调整不同镜头光晕的亮度，参数越大，效果越明显。

❸ 镜头类型：包括4种不同的镜头类型，可制作出不同的光晕效果，如右图所示。

原图像 35毫米聚焦

105毫米聚焦 电影镜头

Example 06　添加自然的太阳光照效果

原始文件：随书光盘\素材\7\06.jpg

最终文件：随书光盘\源文件\7\Example 06 添加自然的太阳光照效果.psd

　　本实例将通过"镜头光晕"滤镜，在照片中添加上镜头光晕效果，模拟出自然的太阳光照效果，为照片添加亮点，并增强天空与其他景物的对比。

Before ●●●

After ●●●

STEP 01 设置副本图层

打开"随书光盘\素材\7\06.jpg"素材照片，如下左图所示。在"图层"面板中将"背景"图层向下拖移到"创建新图层"按钮 ⬜ 上，得到"背景副本"图层，如下右图所示。

素材06.jpg   复制图层

STEP 02 设置镜头光晕

对复制的图像执行"滤镜"|"渲染"|"镜头光晕"菜单命令，打开"镜头光晕"对话框，如下左图所示，在其中设置选项效果，如下图所示。

设置亮度与类型   移动光晕中心

STEP 03 确认效果

确认设置后，在图像窗口中即可看到图像应用镜头光晕后的效果，像是添加了太阳光照射的效果，如下图所示。

添加光晕效果

STEP 04 添加调整图层

在"调整"面板中单击"创建新的亮度/对比度调整图层"按钮，如下左图所示。然后在打开的"亮度/对比度"界面中设置参数，如下右图所示。

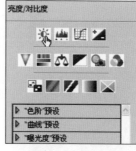

单击按钮   设置参数

STEP 05 最终效果

设置完成后，在图像窗口中即可看到，添加了"亮度/对比度"调整图层后图像对比加强，最终完成后的效果如下图所示。

完成效果

7.3.2 使用"自定"滤镜

使用"自定"滤镜，可以更改图像中每个像素的亮度值，再根据周围像素为图像拟定一个值。执行"滤镜"|"其他"|"自定"菜单命令，打开"自定"对话框，设置参数如下图所示，可以看到原图像的亮度降低了。

"自定"对话框

原图像

应用滤镜后的图像

Example 07 为照片添加下雨效果

原始文件：随书光盘\素材\7\07.jpg

最终文件：随书光盘\源文件\7\ Example 07 为照片添加下雨
效果.psd

　　本实例使用"添加杂色"滤镜和"自定"滤镜命令相结合，制作出黑白效果的点状图像，然后设置图层混合模式，利用"动感模糊"滤镜制作出飘雨的效果。

Before ●●●

After ●●●

⠿ STEP 01 打开素材照片

打开"随书光盘\素材\7\07.jpg"素材照片,在"图层"面板中,单击"创建新图层"按钮 🖵,将"图层1"填充为黑色,如下图所示。

新建图层

⠿ STEP 02 添加杂色

执行"图像"|"杂色"|"添加杂色"菜单命令,打开"添加杂色"对话框,设置数量为50,分布为"高斯分布",勾选"单色"复选框,如下图所示。

"添加杂色"对话框

⠿ STEP 03 设置"自定"滤镜

执行"滤镜"|"其他"|"自定"菜单命令,打开"自定"对话框,设置参数如下图所示。

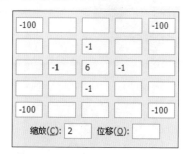

设置"自定"滤镜

⠿ STEP 04 调整图像

在工具箱中单击"矩形选框工具"按钮 🔲,建立选区,如下左图所示,执行"选择"|"反向"菜单命令,清除选区内的图像,如下右图所示。

调整图像

⠿ STEP 05 创建选区

在工具箱中单击"矩形选框工具"按钮 🔲,在图像中建立选区,如下图所示。

创建选区

⠿ STEP 06 拷贝并复制图层

按快捷键Ctrl+J进行拷贝的图层操作,然后将选区内的图像复制到新建的"图层2"图层,如下图所示。

拷贝并复制图层

05 Photoshop图像 调整功能解析

06 使用Photoshop对数码 照片进行绘制和修补

07 使用Photoshop对 数码照片进行润饰

08 数码照片处理 高级技巧

⋮⋮⋮ STEP 07 设置混合模式

执行"编辑"|"自由变化"菜单命令,将图像填充为整个画面,选中"图层1"图层,设置混合模式为"滤色",如下图所示。

设置混合模式

⋮⋮⋮ STEP 08 模糊图像

执行"滤镜"|"模糊"|"动感模糊"菜单命令,打开"动感模糊"对话框,设置角度为-66,距离为23,如下图所示。

模糊图像

⋮⋮⋮ STEP 09 设置混合模式

在"图层"面板中,选中"图层2"图层,设置混合模式为"滤色",如下图所示。

设置混合模式

⋮⋮⋮ STEP 10 模糊图像

执行"滤镜"|"模糊"|"动感模糊"菜单命令,打开"动感模糊"对话框,设置角度为-66,距离为40,如下图所示。

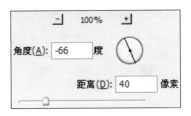

模糊图像

⋮⋮⋮ STEP 11 查看效果

在图像窗口中查看添加了下雨效果的图像,如下图所示。

查看效果

⋮⋮⋮ STEP 12 添加边框

在工具箱中选中"裁剪工具",在图像中拖曳鼠标,在选项栏中单击"提交当前裁剪操作"按钮,图像的最终效果如下图所示。

最终效果

7.3.3 使用"云彩"滤镜

"云彩"滤镜是利用前景色与背景色制作出云彩形态。

选择图像后，设置工具箱中前景色和背景色为默认的黑白色，然后执行"滤镜"|"渲染"|"云彩"菜单命令，即可表示出云彩形态的图像，如右图所示。

原图像 执行"云彩"滤镜后的效果

Example 08 制作丰富色彩的照片

原始文件：随书光盘\素材\7\08.jpg
最终文件：随书光盘\源文件\7\Example 08 制作丰富色彩的照片.psd

本实例在制作中巧妙地在快速蒙版状态下执行"云彩"命令，制作出特殊的选区，然后在选区内填充白色，并结合图层蒙版，简单快速地制作出缥缈水雾效果。

Before ●●●

After ●●●

⋮⋮ STEP 01 创建新图层

打开"随书光盘\素材\7\08.jpg"素材照片，如下左图所示。在"图层"面板中单击"创建新图层"按钮 ⬜，新建一个"图层1"，如下右图所示。

素材08.jpg 新建图层

⋮⋮ STEP 02 应用"云彩"滤镜

在工具箱中设置前景色为蓝色（R6、G52、B127）、背景色为红色（R252、G138、B184），如下左图所示。接着执行"滤镜"|"渲染"|"云彩"菜单命令，并按快捷键Ctrl+F多次重复云彩滤镜，达到如下右图所示的效果。

设置颜色 执行"云彩"命令后的效果

···ⵣⵣⵣ STEP 03　更改图层混合模式

在"图层"面板中更改"图层1"的图层混合模式为"颜色减淡"，如下左图所示，图层混合后的效果如下右图所示。

更改混合模式

设置后的效果

···ⵣⵣⵣ STEP 04　添加图层蒙版

单击"添加图层蒙版"按钮，为"图层1"添加一个图层蒙版，如下左图所示。单击"画笔工具"，设置前景色为黑色，在选项栏中降低"不透明度"参数，然后在图像中人物脸部和头发上较亮的区域进行涂抹，显示自然效果，如下右图所示。

添加图层蒙版

编辑蒙版

···ⵣⵣⵣ STEP 05　设置色阶参数

在"调整"面板中，单击"创建新的色阶调整图层"按钮，如下左图所示，添加一个色阶调整图层，在打开的"色阶"选项中如下右图所示进行参数设置。

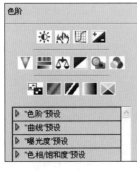

单击按钮

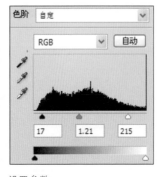

设置参数

···ⵣⵣⵣ STEP 06　完成效果

设置完成后，即可提高图像的对比度，原本色彩单调的照片被更改为色彩斑斓的丰富画面，最后完成效果如下图所示。

完成效果

7.3.4　了解发光样式

在"图层样式"命令中，通过"外发光"和"内发光"两个命令，可以制作出向内侧或外侧发光的效果，如下图所示。

"外发光"效果

"内发光"效果

在需要创建发光样式的图层上双击，打开"图层样式"对话框，通过"样式"选项，即可选择"外发光"或"内发光"样式，并打开相应的设置选项，两个发光样式设置选项相同，如下图所示。

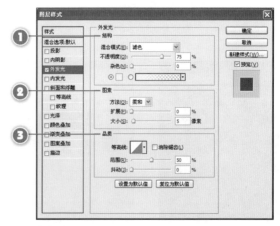

发光样式选项

Part 01
Part 02
Part 03
Part 04

❶ 结构：用于控制发光的混合模式、不透明度和颜色。单击颜色框可打开拾色器，用于设置不同的颜色；单击渐变条，可打开"渐变编辑器"对话框，用于设置不同的渐变色，如下图所示。

设置绿色

发光效果

❷ 图素：应用较柔和的方法，创建出柔和的发光边缘，并设置发光的扩展范围与大小，参数越大，发光效果就越明显，如下图所示。

大小为9像素的效果　　　大小为40像素的效果

❸ 品质：包含"范围"和"抖动"，"范围"是确定等高线作用范围的选项，"范围"越大，等高线处理的区域就越大，默认情况下将"范围"设置为50%。

Example 09 制作中秋圆月

原始文件：随书光盘\素材\7\09.jpg
最终文件：随书光盘\源文件\7\ Example 09　制作中秋圆月.psd

　　本实例使用"色相/饱和度"和"曲线"命令相结合的方法将白天打造为黑夜，然后在天空中添加一轮明月，并使用"外发光"命令制作出逼真的月亮发光的效果。

Before ●●●

After ●●●

···::: STEP 01 打开素材并复制图层

打开"随书光盘\素材\7\09.jpg"素材照片，在"图层"面板中，复制"背景"图层得到"背景副本"图层，如下图所示。

复制图层

···::: STEP 02 建立选区

在工具箱中单击"多边形套索工具"按钮 ，在图像中沿人物轮廓绘制选区，如下图所示。

建立选区

···::: STEP 03 隐藏图层

按快捷键Ctrl+J进行拷贝的图层操作，然后将选区内的图像复制到新建的"图层1"图层，在"图层"面板中选中"背景副本"图层，单击"指示图层可见性"按钮 ，隐藏"图层1"图层，如下图所示。

"图层"面板

···::: STEP 04 调整图像颜色

执行"图像"|"调整"|"色相/饱和度"菜单命令，打开"色相/饱和度"对话框，勾选"着色"复选框，设置色相为212，饱和度为45，如下图所示。

"色相/饱和度"对话框

···::: STEP 05 去除部分图像

在工具箱中单击"橡皮擦工具"按钮 ，在图像中将部分图像去除，如下图所示。

去除部分图像

···::: STEP 06 创建新图层

在"图层"面板中，单击"创建新图层"按钮 ，创建新图层，如下图所示。

创建新图层

STEP 07 设置渐变颜色

在工具箱中单击"渐变工具"按钮，在选项栏中单击渐变条，打开"渐变编辑器"对话框，设置渐变参数如下图所示。

设置渐变参数

STEP 08 添加渐变色

在图像中天空的部分拖曳鼠标，为天空添加渐变，如下图所示。

添加渐变后的效果

STEP 09 盖印可见图层

按快捷键Ctrl+Alt+Shift+E盖印可见图层，"图层"面板如下图所示。

"图层"面板

STEP 10 调整图像的明暗

执行"图像"|"调整"|"曲线"菜单命令，打开"曲线"对话框，拖曳鼠标调整曲线，如下图所示。

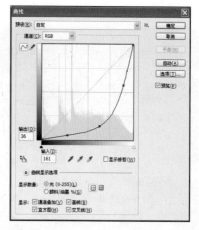

"曲线"对话框

STEP 11 添加蒙版

在"图层"面板中，单击"添加图层蒙版"按钮，为图像添加蒙版，在工具箱中单击"画笔工具"按钮，在图像中人物周围进行涂抹，以绘制蒙版。

添加蒙版

STEP 12 设置蒙版

打开"蒙版"面板，在"蒙版"面板中设置浓度为22%，羽化为7px，如下图所示。

"蒙版"面板

:::: STEP 13　创建并填充圆形选区

创建新图层，在工具箱中单击"椭圆选框工具"按钮 ○，在图像中绘制选区，打开"拾色器（前景色）"对话框，设置前景色为R255、G248、B199，如下图所示。

创建并填充圆形选区

○R:	255	C:	3	%
○G:	248	M:	3	%
○B:	199	Y:	30	%
#	fff8c7	K:	0	%

前景色数值

:::: STEP 14　去除遮挡物区域的图像

在"图层"面板中，设置不透明度为56，在工具箱中选中"多边形套索工具"按钮 ○，在图像中选中屋顶多出的角，清除选区图像，如下图所示。

清除选区图像

:::: STEP 15　添加外发光

执行"图层"|"图层样式"|"外发光"菜单命令，打开"图层样式"对话框，设置颜色为R255、G248、B199，扩展为2，大小为110，如右上图所示。

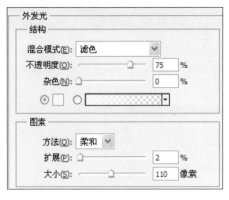

设置外发光

:::: STEP 16　显示图层图像

在"图层"面板中，单击"指示图层可见性"按钮 ●，打开"图层1"图层，设置不透明度为85%，如下图所示。

"图层"面板

:::: STEP 17　查看图像效果

在图像窗口中查看效果，图像由白天变为黑夜，天空多了一轮明月，如下图所示。

最终效果

Part 01　Part 02　Part 03　Part 04

7.3.5 使用"动感模糊"滤镜

"动感模糊"滤镜是在特定方向设置模糊效果，复制出类似拍摄移动对象时的效果。在"动感模糊"对话框中，主要通过"角度"和"距离"两个选项来设置模糊的方向与强度，如下图所示。

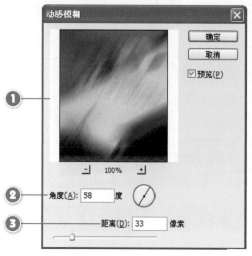

"动感模糊"对话框

① 预览框：显示设置后图像的模糊效果，并可通过下方的加号与减号按钮，调整显示的大小，如下图所示。

原图像

预览"动感模糊"效果

② 角度：设置模糊的方向，以-360°～+360°内的数值进行设置，也可使用鼠标拖移圆形中的直线来调整角度。

-60°模糊效果　　　　　　+60°模糊效果

③ 距离：设置图像残像长度，即模糊的强度，设置的参数越大，效果越明显。

 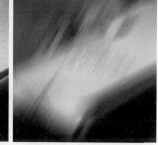

距离为10像素的效果　　　　距离为100像素的效果

知识链接 ▶ ▶ ▶

"模糊"滤镜可柔化选区或整个图像，这对于修饰图像来说非常有用，它们通过平衡图像中已定义的线条和遮蔽区域的清晰边缘旁边的像素，使变化显得柔和。"模糊"滤镜中包括11种不同的模糊命令，根据设计者的需要，可选择不同的模糊命令制作不同的效果。较为常用的"模糊"滤镜有"表面模糊"、"高斯模糊"、"动感模糊"、"径向模糊"、"特殊模糊"等。

Example **10** 创造模拟动态拍摄效果

| 原始文件：随书光盘\素材\7\10.jpg |
| 最终文件：随书光盘\源文件\7\Example 10　创造模拟动态拍摄效果.psd |

本实例通过"动感模糊"滤镜，根据画面制作向特定方向产生模糊的效果，然后结合图层蒙版的隐藏功能，将人物脸部等显示出来，创造出模拟动态拍摄的照片效果。

Before ●●●

After ●●●

⣿ STEP 01 创建副本图层

打开"随书光盘\素材\7\10.jpg"素材照片，如下左图所示。在"图层"面板中将"背景"图层向下拖移到"创建新图层"按钮上，得到"背景副本"图层，如下右图所示。

素材10.jpg

复制"背景"图层

⣿ STEP 02 设置"动感模糊"

执行"滤镜"|"模糊"|"动感模糊"菜单命令，在打开的"动感模糊"对话框中设置选项参数，如下左图所示。确认设置后，可得到如下右图所示的效果。

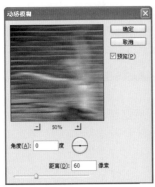

设置"动感模糊"

模糊效果

⣿ STEP 03 创建图层蒙版

单击"图层"面板下方的"添加图层蒙版"按钮◻️，为"背景副本"图层添加一个图层蒙版，如下左图所示。选择"画笔工具"，在其选项栏中设置画笔选项，如下右图所示。

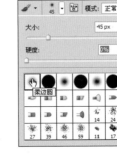

添加图层蒙版

设置画笔

⣿ STEP 04 显示部分图像

设置前景色为黑色，按快捷键Ctrl++放大图像，使用"画笔工具"在图像中人物的脸部进行涂抹，显示出下面图层中人物的清晰效果，如下左图所示。继续使用"画笔工具"进行涂抹，将部分区域显示，完成效果如下右图所示。

涂抹脸部

完成效果

7.3.6 使用"消失点"滤镜

使用"消失点"滤镜可以在创建的图像选区内进行复制、喷绘、粘贴图像等操作。在进行这些操作时会自动应用透视原理，按照透视的比例和角度自动计算，以适应对图像的修改。

对图像执行"滤镜"|"消失点"菜单命令后，打开"消失点"对话框，如下图所示。

"消失点"对话框

① 编辑平面工具：用于选择、编辑、移动和调整使用平面工具创建的平面大小。

② 创建平面工具：用于在图像中需要的位置创建一个四边形的平面。

使用"创建平面工具"在图像上单击确定起点后，拖移鼠标就会出现一条蓝色的连接线，再次单击，将出现连接两点之间的线段，如下左图所示。当创建第4个角点时，会将起点一起自动连接，创建出四边形，如下右图所示。

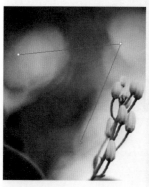

单击创建连接　　　　创建平面效果

③ 选框工具：在创建的平面内使用"选框工具"单击或拖移，可选择该平面上的区域，将其创建为选区，如右上左图所示。

按住Alt键拖移选区，可将选区内的图像复制到任意位置，如右上右图所示。

拖移创建选区　　　　按住Alt键移动复制选区图像

④ 图章工具：在创建的平面内按住Alt键单击为仿制设置源点，即可通过单击或拖动在图像中仿制出源点位置的图像。

确定源点　　　　涂抹进行仿制

⑤ 画笔工具：与工具箱中的"画笔工具"使用方法相同，选择"画笔工具"后，可在选项栏中设置画笔的"直径"、"硬度"、"不透明度"、"画笔颜色"等，如下图所示。

| 直径: 100 | 硬度: 50 | 不透明度: 100 | 修复: 关 | 画笔颜色: |

"画笔工具"选项栏

⑥ 变换工具：用于对创建选区后选区内的图像进行缩放、旋转、移动等操作。

绘制选区　　　　旋转、缩放变换

实用技巧 ▶▶▶▶

在"消失点"对话框中进行创建选区、复制图像、变换等操作的过程中，首先需要使用"创建平面工具"创建一个平面，其他所有操作都是以创建的这个平面透视为基准。

05 Photoshop图像 调整功能解析

06 使用Photoshop对数码照片进行绘制和修补

07 使用Photoshop对数码照片进行润饰

08 数码照片处理高级技巧

Example **11** 制作逼真的外墙招贴效果

原始文件：随书光盘\素材\7\11.jpg、12.jpg

最终文件：随书光盘\源文件\7\Example 11 制作逼真的外墙招贴效果.psd

本实例利用"消失点"滤镜的透视功能，将复制图像粘贴到创建的平面中，自动制作出正确透视效果的图像，并结合图层的编辑，调整出对比效果，制作出逼真的外墙招贴效果。

Before ●●●

After ●●●

···· STEP 01 打开素材

执行"文件"｜"打开"菜单命令，打开"随书光盘\素材\7\11.jpg、12.jpg"两张素材照片，打开如下图像。

素材11.jpg

素材12.jpg

···· STEP 02 选择并复制图像

在打开的人物图像中按快捷键Ctrl+A全选图像，将图像创建为选区，效果如下图所示，接着按快捷键Ctrl+C复制，选区内的图像。

全选图像

···· STEP 03 创建消失点平面

切换到打开的建筑图像中，对其执行"滤镜"｜"消失点"菜单命令，打开"消失点"对话框，如下上图所示。然后使用"创建平面工具"在对话框中放大图像后，将空白的区域创建为平面，如下下图所示。

"消失点"对话框

绘制平面区域

···· STEP 04　粘贴图像

按快捷键Ctrl+V粘贴STEP 02中复制的图像，将其拖移到创建的平面中，如下左图所示。然后使用"变换工具"调整图像大小，并将图像移动到适当位置，效果如下右图所示。

粘贴图像　　　　　　　　　变换图像

···· STEP 05　确认设置

确认设置后，回到图像窗口中，可看到如下左图所示的效果。选择"多边形套索工具"，在图像中将人物图像创建为选区，效果如下右图所示。

确认消失点效果　　　　　　创建选区

···· STEP 06　复制选区图像

执行"选择"|"反向"菜单命令，将选区反向，效果如下左图所示。按快捷键Ctrl+J将选区内的图像复制到新图层"图层1"中，如下右图所示。

反向选区　　　　　　　　　复制图像

···· STEP 07　混合图像

设置"图层1"的图层混合模式为"强光"，如下左图所示。在图像窗口中可看到图像混合效果，如下右图所示。

更改图层混合模式　　　　　最终效果

7.4　全景风景照片的制作

为了更好地制作出全景风景的数码照片，可以在Photoshop CS5中通过"自动对齐图层"命令拼接出完整的全景照片，然后结合调整命令以及Photomerge命令的使用等，制作出色调不同的全景照片。

7.4.1　使用"自动对齐图层"命令

使用"自动对齐图层"命令，可以根据不同图层中相似的内容，自动对齐图层，替换或删除具有相同背景的图像部分，或将共享重叠内容的图像缝合在一起。

执行"编辑"|"自动对齐图层"菜单命令，打开"自动对齐图层"对话框，可以在其中设置"自动"、"透视"、"圆柱"、"球面"等多种不同的投影方式，如右图所示。

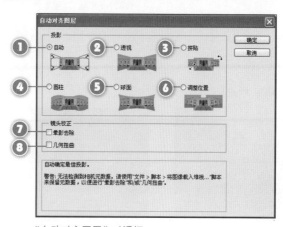

"自动对齐图层"对话框

05 Photoshop图像 调整功能解析

06 使用Photoshop对数码 照片进行绘制和修补

07 使用Photoshop对 数码照片进行润饰

08 数码照片处理 高级技巧

① 自动：Photoshop 将自动分析源图像并应用"透视"或"圆柱"版面，这取决于哪一种版面能够生成更好的复合图像。当不能确定使用哪种"投影"选项时，就可选中"自动"单选按钮。

② 透视：通过将中间的图像指定为参考图像，来创建一致的复合图像，然后变换其他图像，以便匹配图层的重叠内容，如下图所示。

选择"透视"单选按钮后的对齐效果

参考图层　　　　　　　　　要对齐的图层

③ 拼贴：对齐图层并匹配重叠内容，而不更改图像中对象的形状。

④ 圆柱：将参考图像居中放置，最适合于创建宽全景图。

⑤ 球面：可将图像与宽视角垂直或水平方向对齐。

⑥ 调整位置：用于对齐图层并匹配重叠内容，不更改图像中对象的形状。

⑦ 晕影去除：对导致图像边缘比图像中心暗的镜头缺陷进行补偿。

⑧ 几何扭曲：补偿桶形、枕形或鱼眼失真。

Example 12 拼接唯美的全景照片

原始文件：随书光盘\素材\7\13.jpg、14.jpg
最终文件：随书光盘\源文件\7\Example 12拼接唯美的全景照片.psd

本实例中应用"自动对齐图层"命令，将两张从不同角度拍摄的瀑布照片自然地合成在一起，组成一幅唯美的瀑布全景照片。

Before ●●●

After ●●●

⸬ STEP 01　打开素材

执行"文件"|"打开"菜单命令，打开"随书光盘\素材\7\13.jpg、14.jpg"两张素材照片，打开图像如下两图所示。

素材13.jpg　　　　　　　　素材14.jpg

知识链接 ▶ ▶ ▶

在拍摄较大场景时，可以通过拍摄多张照片取其不同位置，然后通过后期处理时Photoshop中的"自动对齐图层"命令，将这些照片通过自动对齐，组合成一幅完整的场景图。

STEP 02 复制图像

在素材13.jpg文件中，按快捷键Ctrl+A全选图像，将图像创建为选区，并按快捷键Ctrl+C复制选区内的图像，如下左图所示。然后切换到14.jpg文件中，按快捷键Ctrl+V粘贴复制的图像，生成"图层1"，如下右图所示。

全选图像　　　　　　　　　粘贴图像

STEP 03 设置图层的对齐

在"图层"面板中同时选择两个图层，如下左图所示。执行"编辑"|"自动对齐图层"菜单命令，打开"自动对齐图层"对话框，选中"自动"单选按钮，如下右图所示。

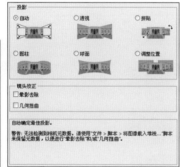

选择两个图层　　　　"自动对齐图层"对话框

STEP 04 确认效果

确认设置后，在图像窗口中即可看到选择图层中图像自动对齐后的效果，如下图所示。

应用"自动对齐图层"命令后的效果

STEP 05 裁剪图像

单击"裁剪工具"在图像中拖移，将背景透明区域裁剪掉，裁剪后的图像效果如下图所示。

裁剪后的效果

STEP 06 设置"亮度/对比度"

在"调整"图层中，单击"创建新的亮度/对比度调整图层"按钮，在打开的"亮度/对比度"界面中设置参数，如下左图所示。设置后就可看到图像的亮度与对比度都被提高，最终效果如下右图所示。

设置参数　　　　　　　　　设置后的效果

STEP 07 调整图像的色相/饱和度

再为图像添加一个色相/饱和度调整图层，如下左图所示进行选项参数设置。设置完成后，可看到如下右图所示的图像效果。

设置选项　　　　　　　　　设置后的效果

05 Photoshop图像调整功能解析
调整图像

06 使用Photoshop对数码照片进行绘制和修补

07 使用Photoshop对数码照片进行润饰

08 数码照片处理高级技巧

STEP 08 编辑蒙版

单击"画笔工具"，设置前景色为黑色，在色相/饱和度调整图层的蒙版上进行涂抹，将画面中红色的区域隐藏，编辑完成后的效果如下图所示。

完成效果

7.4.2 使用Photomerge命令

制作全景照片也可通过Photomerge命令来完成，通过Photomerge对话框中选项的设置，可非常方便地将一个位置拍摄的多张照片合成到一张照片中，制作出全景照片效果。Photomerge对话框如下图所示。

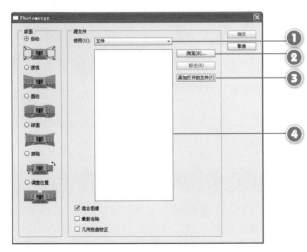

Photomerge对话框

① 使用：用于选择需要制作全景图的源文件，可选择"文件"和"文件夹"两个选项。

② 浏览：单击该按钮，可在打开的"打开"对话框中选择需要制作的文件。

③ 添加打开的文件：单击该按钮，可将图像窗口中打开的文档添加到对话框中。

④ 源文件名称：显示被选择的多个文档名称。

例如，将同一位置拍摄的3张照片同时打开，然后执行"文件"|"自动"|Photomerge菜单命令。在打开的Photomerge对话框中单击"添加打开的文件"按钮，将打开的3个文件添加为使用的源对象，然后单击"确定"按钮，软件就会开始处理，将这3张照片自动合成在一起，制作成全景图，并生成一个新文档。制作过程如下三幅图所示。

打开需要创建全景的照片

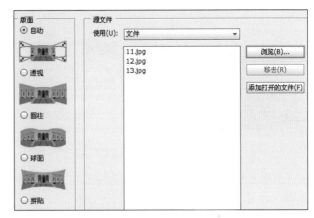

在Photomerge对话框中设置

自动创建为新的全景图

Chapter

08

数码照片处理高级技巧

为了使照片在后期处理时达到更完美的效果，我们可以通过 Photoshop软件中的一些高级应用来编辑处理照片。本章将学习实用的抠图技巧、高品质的锐化技术、通道混合的高级应用以及在平常操作中较为实用的一些小技巧。

抠取图像在数码照片的处理中最为常用，除了可以使用工具箱中提供的抠图工具外，还可以使用"钢笔工具"精确地抠图或者利用蒙版和通道进行一些特殊物体的抠取，如发丝、透明婚纱等。在"滤镜"菜单中提供了一组"锐化"命令，用于将照片更加清晰地展现。另外，通道也是对照片进行高级处理中需要重点掌握的，一些特殊效果的处理，有很多都是可以通过"通道"面板或是各种通道混合命令来完成的，如"计算"、"应用图像"命令等。

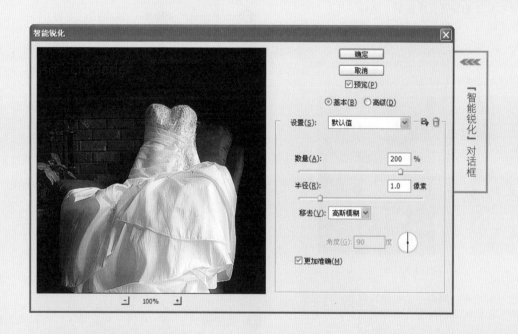

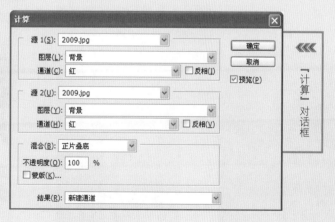

8.1 实用抠图技巧

抠取图像是利用Photoshop对照片处理过程中常用的技法之一，可以将抠取的图像替换背景、制作特殊的合成效果处理等，这里就将介绍几种实用的抠图技巧。

8.1.1 应用"魔棒工具"快速选中区域图像

"魔棒工具"是常用的抠图工具之一，通过在图像中某个颜色区域内单击，就可将图像中所有与之相同的颜色区域创建为选区。

选择"魔棒工具"后，在其选项栏中可设置工具的选取方式、容差大小等，选项栏如下图所示。

"魔棒工具"选项栏

❶ 容差：容差参数值的设置直接影响"魔棒工具"选取范围的大小，容差越大，选取范围就越大，其参数范围为1～255。

如下两图所示为容差值较小与较大时，在图像中同一位置单击，所创建出选区的不同效果。

容差为30

容差为100

❷ 连续：勾选该复选框，则以单击单位为基准，将连续的区域创建为选区。如果取消勾选，则与图像上的单击位置无关，没有连接的区域也包括在选区范围内。

例如，使用"魔棒工具"，在图像中的同一位置单击，当未勾选与勾选"连续"复选框后，创建的选区效果对比如下两图所示。

未勾选"连续"复选框

勾选"连续"复选框

8.1.2 运用"调整边缘"对话框快速抠出背景

"调整边缘"对话框是Photoshop CS5中新增加的功能，通过该对话框能快速、精确地选取轮廓复杂的选区。

在工具箱中使用任意的选区工具，在图像中绘制选区，在选项栏中单击"调整边缘"按钮，打开"调整边缘"对话框，如下图所示。

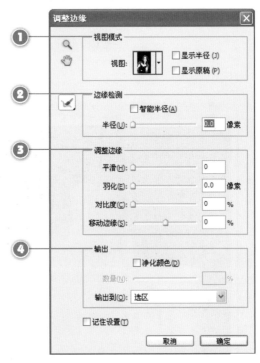

"调整边缘"对话框

❶ 视图模式：单击打开"视图模式"下拉列表框，选择模式以更改选区的显示方式，如下左图所示，将指针悬停在该模式上，将会出现工具提示，如下右图所示。

② 边缘检测：自动检测调整边界区域中发现的硬边缘和柔化边缘的半径，确定发生边缘调整的选区边界的大小，对锐边使用较小的半径，对较柔和的边缘使用较大的半径。

③ 调整边缘：拖曳滑块对边缘进行调整，其中包括平滑、羽化、对比度、移动边缘4个选项。

④ 输出：其下拉列表框中的选项可决定调整后的选区是

变为当前图层上的选区或蒙版，还是生成一个新图层或文档，其下拉列表中的选项如下图所示。

选区
图层蒙版
新建图层
新建带有图层蒙版的图层
新建文档
新建带有图层蒙版的文档

"输出"下拉列表中的选项

Example 01　为照片添加梦幻背景

原始文件：随书光盘\素材\8\01.jpg、02.jpg

最终文件：随书光盘\源文件\8\ Example 01 为照片添加梦幻背景.psd

本实例首先使用"磁性套索工具"大致选中图像的轮廓，再在"调整边缘"对话框中对图像的选区进行调整，最后为照片添加素材背景，以使画面更加丰富。

Before ●●●

After ●●●

⋯⋮⋮ STEP 01　打开素材照片

打开"随书光盘\素材\8\01.jpg"和"随书光盘\素材\8\02.jpg"素材照片，如下图和右图所示。

素材01.jpg

素材02.jpg

⋯⋮⋮ STEP 02　添加到一个文件中

在工具箱中单击"移动工具"按钮，将01.jpg添加到02.jpg素材中，如下页图所示。

添加到素材背景中

STEP 03 调整图像大小

执行"编辑"|"变化"|"缩放"菜单命令,按住Shift键拖曳鼠标,对图像进行等比缩放,如下图所示。

缩放图像

STEP 04 选中人物

在工具箱中单击"磁性套索工具"按钮,在图像中沿人物轮廓创建选区,如下图所示。

选中人物

STEP 05 设置视图模式

在选项栏中单击"调整边缘"按钮,打开"调整边缘"对话框,设置视图模式为"黑底",如下图所示。

设置视图模式

STEP 06 调整图像边缘

在"调整边缘"对话框中,选中"调整半径工具",在图像中沿半径涂抹以调整边缘,如下图所示。

调整图像边缘

STEP 07 清除选区内的背景

执行"选择"|"反向"菜单命令,按Delete键清除选区内的背景,然后在图像中查看图像的效果,如下图所示。

清除选区内的背景

···· STEP 08 减弱图像效果

在工具箱中单击"橡皮擦工具"按钮 ，在选项栏中设置不透明度为16，在人物裙尾的位置涂抹，以减弱图像效果，如下图所示。

减弱图像效果

···· STEP 09 变形人物裙子

执行"编辑"|"操控变形"菜单命令，在图像中安置6颗图钉，拖曳裙子尾部的图钉，以调整裙子的形状，如下图所示。

操控变形

···· STEP 10 查看图像效果

调整完成后单击选项栏中的"确认操控变形"按钮 ，在图像窗口中查看背景被更换后的最终效果，如下图所示。

最终效果

8.1.3 使用"色彩范围"功能抠出部分图像

使用"色彩范围"命令可根据图像中的某一颜色区域进行选择创建选区，并且根据该颜色的深浅，抠取出半透明效果的图像。

选中图像后，执行"选择"|"色彩范围"菜单命令，打开"色彩范围"对话框，如下图所示，在该对话框中可使用"吸管工具"来选择颜色，通过"选择范围"预览框中的黑、白、灰三色来显示选区范围，白色即为选中区域；灰色为半透明区域；黑色为未选中区域。

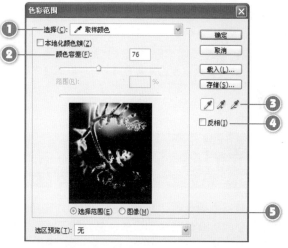

"色彩范围"对话框

❶ 选择：在其下拉列表中可选择需要在图像中选择的某种色彩，包括"红色"、"黄色"、"绿色"、"蓝色"、"黑色"、"白色"、"取样颜色"等，如果需要准确选取某种颜色时，需要选择"取样颜色"选项，就会出现"吸管工具"，用于在图像中进行某种颜色的取样，如下图所示。

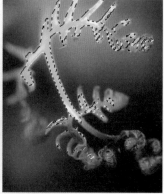

选择"高光"选项　　　　将图像中高光区域创建为选区

❷ 颜色容差：只有在"取样颜色"模式下才可使用该选项，它可以柔化选区边缘，主要用于在选定的颜色范围内再次调整，其参数越大，选择的相似颜色越多，选区就越大；参数越小，选区也会同样变小，如下页左图所示。

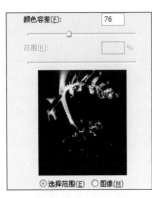

颜色容差为76　　　　　　　　　颜色容差为170

单的颜色区域，然后勾选"反相"复选框，即可将反相颜色区域选中。

⑤ 查看方式：用于设置查看选区的方式，"选择范围"方式可以以蒙版的方式查看选区，可直接看到选区的范围，"图像"方式用于查看原图像效果，如下图所示。

"选择范围"方式　　　　　　　　　"图像"方式

③ 吸管工具：用于取样颜色，这里的吸管工具有3个，分别为"吸管工具"🖊、"添加到吸管工具"🖊和"从取样中减去工具"🖊，使用这些工具可以添加或减去需要的颜色范围。

④ 反相：将选择的区域与未被选择的区域互换，它比较适用于在图像中选取颜色复杂的对象，可以通过先选取简

Example 02　快速提升局部图像的色彩饱和度

原始文件：随书光盘\素材\8\03.jpg

最终文件：随书光盘\源文件\8\Example 02 快速提升局部图像的色彩饱和度.psd

　　本实例主要通过"色彩范围"命令，将打开的素材照片中人物衣物和花朵创建为选区，然后结合"色彩平衡"命令，更改选区内图像的色彩，使原本较灰的图像变为具有对比的艳丽图像。

Before ●●●

After ●●●

STEP 01 打开素材

执行"文件"|"打开"菜单命令，打开"随书光盘\素材\8\03.jpg"素材照片，素材效果如下图所示。

素材03.jpg

STEP 02 取样颜色

执行"选择"|"色彩范围"菜单命令，在打开的"色彩范围"对话框中设置"选择"选项为"取样颜色"，如下左图所示。然后使用"吸管工具"在图像如下右图所示的位置进行单击，取样该色。

设置"选择"选项　　　　取样颜色

STEP 03 确认选区

在"色彩范围"对话框中，可查看到选区颜色的范围，白色区域即为选择区域，如下左图所示。单击"确定"按钮后，可得到选择范围创建为如下右图所示的选区效果。

在对话框中查看选择区域　　　选区效果

STEP 04 复制选区图像

按快捷键Ctrl+J，通过复制图层，将选区内图像复制到"图层1"，然后对其执行"图像"|"调整"|"色彩平衡"菜单命令，在打开的"色彩平衡"对话框中设置"色阶"参数为-23、-21、+68，如下图所示。

复制选区图像生成新图层

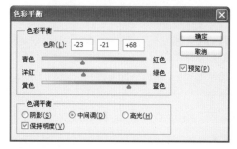

设置"色彩平衡"

STEP 05 确认色彩平衡

在对话框中选中"高光"单选按钮，然后设置"色阶"参数为-41、0、0，如下上图所示。单击"确定"按钮后，即可看到如下下图所示的效果。

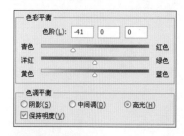

设置"高光"色阶

确认效果

05 Photoshop图像
调整功能解析

06 使用Photoshop对数码
照片进行绘制和修补

07 使用Photoshop对
数码照片进行润饰

08 数码照片处理
高级技巧

STEP 06 创建选区并复制

选择"背景"图层后，再次执行"选择"|"色彩范围"菜单命令，在打开的"色彩范围"对话框中选择人物背景区域中较深的绿色区域，选区效果如下左图所示。然后按快捷键Ctrl+J复制选区内的图像，生成"图层2"，如下右图所示。

选区效果 　　　　　　　　复制选区内图像

STEP 07 设置"亮度/对比度"

对复制的"图层2"执行"图像"|"调整"|"亮度/对比度"菜单命令，在打开的"亮度/对比度"对话框中设置参数，如下上图所示。确认设置后，得到如下下图所示的最终效果。

设置"亮度/对比度"

最终效果

知识链接 ▶ ▶ ▶

使用"色彩范围"命令创建选区的最大特点是可以创建出半透明的选区，在对创建选区内的图像进行编辑时，可使整个图像效果显得自然。

8.1.4 使用"钢笔工具"精确抠图

"钢笔工具"不仅可用于绘制任意的图形，另一个重要作用是用来精确地抠取图像。在色彩丰富且图形复杂的情况下，使用"钢笔工具"可以准确地抠出需要的部分图像。

利用"钢笔工具"抠图的方法是，在打开的一幅图像中，使用"钢笔工具"在需要抠取的图像上创建闭合的路径，然后按快捷键Ctrl+Enter将路径载入为选区，即可对选区内的图像进行编辑，如下图所示。

原图像 　　　　　　　使用"钢笔工具"绘制路径

将路径载入为选区 　　　　抠出选区内图像

8.1.5 使用通道抠图

通道是Photoshop中较为重要的内容之一，其中一个重要功能就是进行选区的存储。利用这一功能，可在通道中进行编辑，抠取复杂的图像。

使用通道抠图时，主要通过"通道"面板来进行相应的操作，"通道"面板如下图所示。

"通道"面板

① 扩展按钮：单击该按钮，在打开的扩展菜单中，可以选择"新建通道"、"复制通道"、"分离通道"等多种命令。扩展菜单如右图所示。

扩展菜单

② 颜色通道：用来描述图像颜色信息的彩色通道，和图像的颜色模式有关。每个颜色通道都是一幅灰度图像，只代表一种颜色的明暗变化。

例如，一幅RGB颜色模式的图像，其通道就显示为RGB、红、绿、蓝4个通道；在Lab颜色模式下则分为Lab、明度、a、b4个通道，如下两图所示。

RGB模式通道效果

Lab模式通道效果

③ 将通道作为选区载入 ：可在当前图像上调用一个颜色通道上的灰度值，并将其转换为选取区域。

例如，在RGB通道下单击"将通道作为选区载入"按钮，即可将图像中的高光区域创建为选区，如右上图所示。

原图像

载入RGB通道选区

④ 将选区储存为通道 ：该按钮在创建了选区的情况下才被激活，单击即可将选区储存为一个Alpha通道。

例如，在图像中使用"矩形选框工具"创建一个矩形选区，然后单击"将选区储存为通道"按钮，即可将选区储存为Alpha通道，如下两图所示。

创建选区

储存选区

⑤ 创建新通道 ：单击该按钮，即可在当前图像中创建一个新的Alpha通道。

⑥ 删除当前通道：将不需要的通道拖放到此图标上，这个通道将被删除。

 Example 03 使用通道抠出人物发丝

原始文件：随书光盘\素材\8\04.jpg、05.jpg	
最终文件：随书光盘\源文件\8\ Example 03 使用通道抠出人物发丝.psd	

本实例首先使用"色阶"菜单命令和"画笔工具"增强图像的对比度，然后载入选区，最后替换图像背景，以使图像更加绚丽多姿。

Before ●●●

After ●●●

05 Photoshop图像 调整功能解析

06 使用Photoshop对数码照片进行绘制和修补

07 使用Photoshop对数码照片进行润饰

08 数码照片处理高级技巧

STEP 01　打开素材并复制通道

打开"随书光盘\素材\8\04.jpg、05.jpg"素材照片，在"通道"面板中，复制"绿"通道得到"绿副本"通道，如下图所示。

复制通道

STEP 02　设置色阶

执行"图像"｜"调整"｜"色阶"菜单命令，打开"色阶"对话框，设置色阶为23、0.69、88，如下图所示。

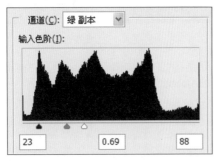

"色阶"对话框

STEP 03　查看图像效果

在图像窗口中查看设置色阶后的图像效果，如下图所示。

查看效果

STEP 04　增加对比度

在工具箱中单击"画笔工具"按钮，设置前景色为白色，在背景中涂抹，如下左图所示，设置前景色为黑色，在人物上涂抹，如下右图所示。

增加对比度

STEP 05　载入选区

在"通道"面板中，按住Ctrl键单击"绿副本"通道，将通道载入选区，如下图所示。

将绿副本载入选区

STEP 06　查看选区

在"通道"面板中单击"RGB"通道，在图像窗口中查看选区，如下图所示。

载入选区后的图像效果

·∷∷∶ STEP 07 替换图像背景

在工具箱中单击"移动工具"按钮 ▶╋，将选区添加到素材
05.jpg中，在图像窗口中查看效果如下图所示。

添加到素材背景中

·∷∷∶ STEP 08 去除多余背景

在工具箱中，单击"橡皮擦工具"按钮 ⌧，将图像中人手
臂与腰部之间的背景擦除，如下图所示。

去除多余图像

·∷∷∶ STEP 09 复制图层

在"图层"面板中，复制"背景"图层得到"背景副本"
图层，如下图所示。

复制"背景"图层

·∷∷∶ STEP 10 添加光照效果

执行"滤镜"|"渲染"|"光照效果"菜单命令，打开
"光照效果"对话框，设置"光照类型"为全光源，强
度为41，在图像预览中拖曳鼠标以调整光照范围，如
下图所示。

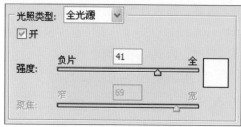

增加光照效果

·∷∷∶ STEP 11 查看图像效果

在图像窗口中查看将头发飞舞的人物移到适合的背景中的
效果，如下图所示。

最终效果

05 Photoshop图像
调整功能解析

06 使用Photoshop对数码
照片进行绘制和修补

07 使用Photoshop对
数码照片进行润饰

08 数码照片处理
高级技巧

8.1.6　利用蒙版抠图

在抠取图像的操作中，有一种较为特殊的方法，可以抠出半透明的图像效果，这是通过蒙版来完成的，主要利用蒙版的遮盖功能，蒙版与通道都是以黑、白、灰来显示，黑色区域被完全遮盖；白色为显示区域；灰色为半透明的区域。

在Photoshop CS5中，为了更好地使用蒙版，添加了"蒙版"面板，如下图所示。

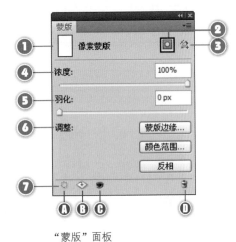

"蒙版"面板

① 蒙版预览框▢：通过预览框可查看蒙版形状，并且在后面显示当前创建的蒙版类型。

② 添加像素蒙版▣：像素蒙版又称图层蒙版，是针对当前图层像素进行编辑的蒙版。单击该按钮，即可在当前图层上创建一个像素蒙版。

③ 添加矢量蒙版▨：单击该按钮可创建一个矢量蒙版，矢量蒙版主要针对使用钢笔创建的路径和形状工具绘制的路径图形进行蒙版的编辑使用。

④ 浓度：设置蒙版的浓度，即蒙版的应用深度，默认参数为100%，当参数设置的越小，蒙版效果就越淡，当设置为0%时，蒙版效果即完全被隐藏。

⑤ 羽化：调整蒙版边缘的羽化效果。设置的参数越大，蒙版边缘模糊区域就越大。

⑥ 调整：调整选项主要针对像素蒙版进行编辑。
　　"蒙版边缘"：可对蒙版的边缘进行调整。
　　"颜色范围"：可选择需要添加蒙版的某个颜色区域。
　　"反相"：可将蒙版区域进行反相处理。

⑦ 快速图标：

Ⓐ "从蒙版中载入选区"图标 ⚬ ：单击此图标，可将蒙版区域载入为选区。

Ⓑ "应用蒙版"图标 ◇ ：当创建蒙版后确认效果不再更改时，可以单击"应用蒙版"图标，将蒙版效果应用到当前图层中。

Ⓒ "停用/启用蒙版"图标 👁 ：用于暂时隐藏图像中的蒙版效果，再次单击该图标即可显示蒙版效果。

Ⓓ "删除蒙版"图标 🗑 ：选择不再需要的蒙版图层后，单击"删除蒙版"图标，即可将该图层中的蒙版删除。

Example 04　抠出半透明的头纱效果

原始文件：随书光盘\素材\8\06.jpg

最终文件：随书光盘\源文件\8\Example 04 抠出半透明的头纱效果.psd

本实例通过在素材图像中添加像素蒙版，然后使用"画笔工具"在蒙版上绘制黑色，将人物背景隐藏，并降低画笔的"不透明度"和"流量"，在人物头纱上进行绘制，制作出半透明的效果。

Before ●●●

After ●●●

⊹⊹ STEP 01 打开素材

执行"文件"｜"打开"菜单命令，打开"随书光盘\素材\8\06.jpg"素材照片，打开素材效果如下图所示。

素材06.jpg

⊹⊹ STEP 02 添加像素蒙版

在"蒙版"面板中，单击"添加像素蒙版"按钮，如下左图所示，为打开的图像创建像素蒙版。在"图层"面板中可看到"背景"图层被自动解锁，生成"图层0"并添加上蒙版，如下右图所示。

单击按钮　　　　　　　　　添加像素蒙版

⊹⊹ STEP 03 设置画笔选项

选择"画笔工具"，在其选项栏中单击"画笔"选项下三角按钮，在打开的"画笔预设"拾取器中，选择大小为"45px"的柔边圆画笔，如下左图所示。然后设置"不透明度"与"流量"都为100%，如下右图所示。

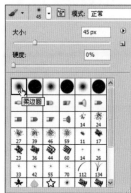
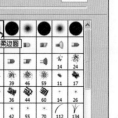

选择画笔　　　　　　　　　设置选项参数

⊹⊹ STEP 04 隐藏背景区域

使用"画笔工具"在图像中人物的背景区域上进行绘制，则被涂抹过的区域即被隐藏，如下左图所示。然后继续使用"画笔工具"对背景进行涂抹，隐藏背景如下右图所示。

涂抹区域被隐藏　　　　　隐藏背景区域

⊹⊹ STEP 05 调整蒙版边缘

在"蒙版"面板中单击"调整边缘"选项，然后在打开的"调整蒙版"对话框中设置选项参数，如下左图所示。确认设置后，即可看到如下右图所示的图像效果。

设置"调整蒙版"　　　确认后的效果

⊹⊹ STEP 06 绘制半透明区域

在"画笔工具"选项栏中更改画笔直径为20，将"不透明度"与"流量"都降低为20%，然后使用画笔在人物头纱上进行涂抹，即可看到半透明的图像，完成效果如下图所示。

完成效果

8.2 高品质的锐化技术

在使用一些不具备防抖功能的数码相机拍摄照片时，常会因为手的抖动使照片出现不同程度的模糊，Photoshop软件针对模糊照片提供了锐化功能，可通过后期的处理使照片变得清晰，下面就来学习这些不同的锐化技术。

8.2.1 USM锐化

"USM锐化"滤镜可调节图像的对比度，使画面更清晰。通过"USM锐化"对话框中的数量、半径和阈值3个选项的设置，来调整出完善的锐化效果。

选中对象后，执行"滤镜"|"锐化"|"USM锐化"菜单命令，即会打开"USM锐化"对话框，如下图所示。

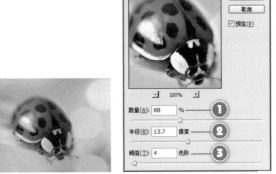

原图像　　　　　　　　　　"USM锐化"对话框

❶ 数量："数量"即锐化量，锐化是通过提高边缘像素的反差实现的，这个量越大，边缘明暗像素间的反差也越大。当"半径"和"阈值"参数固定的情况下，调整"数量"参数大小，可得到如下两图中展示的不同锐化效果。

数量为80%　　　　　　　数量为160%

❷ 半径：该参数大小决定从边缘开始向外影响多少像素，值越大，勾勒出的边缘越宽。

❸ 阈值：阈值的设置是避免因锐化处理而导致的斑点、麻点等问题的关键参数，正确设置后即可使图像既保持平滑的自然色调的完美，又可以对变化细节的反差做出强调。

当"阈值"参数设置越大时，被认作是边缘像素的越少，即只对主要边缘进行锐化。当这个值为0时，所有色阶不同的相邻像素都要被提高反差。当"数量"与"半

径"值都固定的情况下调整"阈值"参数时，将得到如下两图所示的锐化效果。

阈值为20色阶　　　　　阈值为0色阶

8.2.2 智能锐化

在Photoshop CS2版面中才开始出现的"智能锐化"滤镜在CS5版本中提供了更加高智能的锐化功能，它的智能锐化性能能够帮助我们有效地将图像清晰处理，它将原有USM锐化滤镜的阈值功能变成高级锐化选项，添加了图像高光、阴影的锐化。

如下两图所示为使用"智能锐化"滤镜的前后对比效果。

原图像　　　　　　　　　应用"智能锐化"效果

"智能锐化"对话框如下图所示。

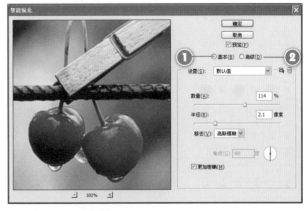

"智能锐化"对话框

❶ 基本：选中"基本"单选按钮后，可以对锐化"数量"、"半径"及"移去"等参数进行设置，如下图所示。

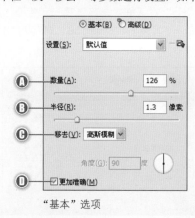

"基本"选项

Ⓐ 数量：设置锐化数量，值较大时将会增强边缘像素之间的对比度，从而看起来更加锐利。

Ⓑ 半径：该参数决定边缘像素周围受锐化影响的像素数量，半径值越大，受影响的边缘就越宽，锐化的效果也就越明显。

Ⓒ 移去：设置用于对图像进行锐化的算法。

● "高斯模糊"是"USM 锐化"滤镜使用的方法。

● "镜头模糊"将检测图像中的边缘和细节，可对细节进行更精细的锐化，并减少了锐化光晕。

● "动感模糊"将尝试减少由于相机或主体移动而导致的模糊效果。选择"动感模糊"选项后，即可设置"角度"，以移去动感模糊的运动方向。

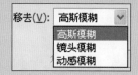

❶ 更加准确：勾选"更加准确"复选框后，软件将用更慢的速度处理文件，以便更精确地移去模糊。

❷ 高级：选中"高级"单选按钮后，将添加"阴影"与"高光"两个选项卡，用于调整较暗和较亮区域的锐化，其选项设置相同，如下图所示。

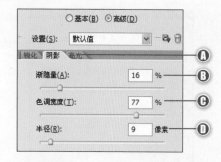

"高级"选项

Ⓐ 标题区域：显示"锐化"、"阴影"、"高光"3个标签，单击即可进行切换，并打开标题下相应的选项。

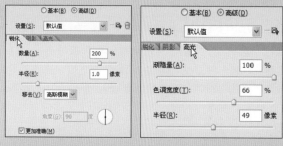

单击"锐化"标签　　　　　单击"高光"标签

Ⓑ 渐隐量：调整阴影或高光区域的锐化量。

Ⓒ 色调宽度：控制阴影或高光中色调的修改范围。

Ⓓ 半径：控制每个像素周围区域的大小，该大小用于决定像素是在阴影还是在高光中。

Example 05 修复抖动造成的模糊照片

原始文件：随书光盘\素材\8\07.jpg

最终文件：随书光盘\源文件\8\Example 05 修复抖动造成的模糊照片.psd

　　本实例使用"智能锐化"对话框中的"移去动感模糊"选项能很好地去除照片中由于抖动而造成的模糊，配合"减少杂色"滤镜可使图像的细节更加清晰。

Before ●●●

After ●●●

···|·· STEP 01 打开素材并复制图层

打开"随书光盘\素材\8\07.jpg"素材照片,在"图层"面板中,复制"背景"图层得到"背景副本"图层,如下图所示。

复制"背景"图层

···|·· STEP 02 锐化图像

执行"滤镜"|"锐化"|"智能锐化"菜单命令,打开"智能锐化"对话框,勾选"高级"复选框。将选项卡切换至"锐化",然后设置数量为169,半径为10,移去为动感模糊,角度为90度,如下图所示。

"锐化"选项卡

···|·· STEP 03 设置阴影锐化

在"智能锐化"对话框中,将选项卡切换至"阴影",设置渐隐量为81,色调宽度为62,半径为8,如下图所示。

"阴影"选项卡

···|·· STEP 04 设置高光锐化

在"智能锐化"对话框中,将选项卡切换至"高光",设置渐隐量为30,色调宽度为38,半径为15,如下图所示。

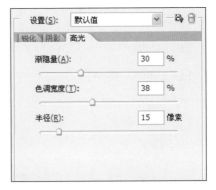

"高光"选项卡

···|·· STEP 05 查看效果

在图像窗口中查看效果,图像中大部分模糊被去除了,如下图所示。

查看图像效果

···|·· STEP 06 减少杂色

执行"图像"|"杂色"|"减少杂色"菜单命令,打开"减少杂色"对话框,设置强度为4,保留细节为16,减少杂色为52,锐化细节为60,如下图所示。

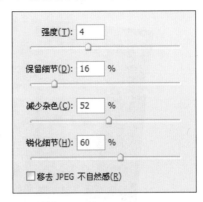

"减少杂色"对话框

······ STEP 07   查看效果

在图像窗口中查看图像细节部分得到锐化后的最终效果，如下图所示。

查看图像效果

"高反差保留"对话框

8.2.3 高反差保留

"高反差保留"滤镜可在有强烈颜色转变发生的地方按指定的半径保留边缘细节，并且不显示图像的其余部分。利用这一特点，可以将模糊照片的边缘细节调出，并结合图层之间的设置，将模糊照片变清晰，达到锐化效果。

执行"滤镜"｜"其他"｜"高反差保留"菜单命令，打开"高反差保留"对话框，通过对话框中"半径"值的大小，可以调整需要保留边缘的宽度，"半径"值越大，保留的细节就越多，如下图和右图所示。

"半径"设置为2像素

原图像

"半径"设置为20像素

Example 06 清晰展现动物毛发

原始文件：随书光盘\素材\8\08.jpg

最终文件：随书光盘\源文件\8\Example 06 清晰展现动物毛发.psd

本实例为图像在黑白颜色下设置"高反差保留"滤镜，将小动物的毛发边缘细节保留下来，通过图层混合模式的设置，清晰展现动物的毛发。

Before ●●●

After ●●●

·::· STEP 01　创建副本图层

执行"文件"|"打开"菜单命令，打开"随书光盘\素材\8\08.jpg"素材照片，素材效果如下左图所示。在"图层"面板中将"背景"图层拖移到"创建新图层"按钮上，复制生成"背景副本"图层，如下右图所示。

素材08.jpg

复制图层

·::· STEP 02　去色

对复制的图层执行"图像"|"调整"|"去色"菜单命令，或按快捷键Shift+Ctrl+U为图像去除颜色，即可将图像更改为黑白效果，如下图所示。

去色效果

·::· STEP 03　设置"高反差保留"

对黑白图像执行"滤镜"|"其他"|"高反差保留"菜单命令，在打开的"高反差保留"对话框中设置"半径"为2像素，如下左图所示。单击"确定"按钮后，得到如下右图所示的图像。

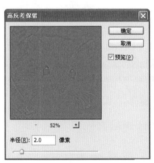

设置"高反差保留"

确认效果

·::· STEP 04　更改图层混合模式

在"图层"面板中更改"背景副本"图层的混合模式为"线性光"，如下左图所示。此时，在图像窗口中即可看到小动物被锐化，毛发清晰地显示出来，如下右图所示。

更改图层混合模式

图层混合效果

STEP 05 添加图层蒙版

单击"图层"面板下方的"添加图层蒙版"按钮，为"背景副本"图层添加一个图层蒙版，如下左图所示。选择"画笔工具"，将前景色设置为黑色，然后在图像中小动物的背景上进行涂抹，隐藏锐化效果，显示下面图层的模糊图像，如下右图所示。

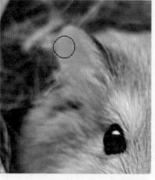

添加图层蒙版　　　使用"画笔工具"涂抹隐藏图像

STEP 06 完成效果

继续使用"画笔工具"在蒙版上进行涂抹，将背景区域的锐化效果全部隐藏，制作出景深效果，突出小动物清晰的脸部毛发，最终完成效果如下图所示。

完成效果

实用技巧 ▶▶▶▶

对图像进行锐化处理时，根据画面效果，可以只将照片中的主体部分变清晰，而将背景变得模糊，这种效果称之为景深效果，能更好地突出照片主体。

8.2.4 应用"红"通道

锐化过程中最让人头疼的就是锐化时将原始图像中的杂色凸显了出来，从而对原始图像的效果造成了破坏。为了避免出现这一情况，可巧妙地通过通道来消除锐化过程中杂色对原始图像造成的影响，从而达到更好的效果。

在RGB颜色模式下，"通道"面板中可看到RGB、"红"、"绿"、"蓝"4个颜色通道，如下左图所示，分别单击"红"、"绿"、"蓝"3个通道，可以看到相对应的图像信息。而这3个颜色通道中，"红"通道中的信息比较丰富，质量较高，因此，通过对"红"通道进行各种编辑，可以达到很好的锐化图像效果，如下图所示为"红"通道中的图像信息。

"通道"面板　　　"红"通道中的图像信息

05 Photoshop图像调整功能解析

06 使用Photoshop对数码照片进行绘制和修补

07 使用Photoshop对数码照片进行润饰

08 数码照片处理高级技巧

Example 07 将模糊的照片变得更清晰

原始文件：随书光盘\素材\8\09.jpg

最终文件：随书光盘\源文件\8\Example 07 将模糊的照片变得更清晰.psd

本实例通过在图像的"红"通道中应用"照亮边缘"滤镜，将通道图像边缘设置为强对比的黑白效果，然后将通道载入为选区，最后回到原图像中，为选区中的图像设置"绘画涂抹"滤镜，使得图像边缘锐化，将模糊的照片变得清晰。

Before ●●●

After ●●●

···|||· STEP 01   创建副本图层

打开"随书光盘\素材\8\09.jpg"素材照片，素材效果如
下左图所示。然后在"图层"面板中将"背景"图层拖移
到"创建新图层"按钮上，复制生成"背景副本"图层，
如下右图所示。

素材09.jpg

复制图层

···|||· STEP 02   选择"红"通道

在"通道"面板中单击"红"通道，如右上左图所示。
选中通道后，在图像窗口中即可看到如右上右图所示的
"红"通道中的图像信息。

选择通道

"红"通道效果

···|||· STEP 03   复制通道

选择"红"通道，并按住鼠标将其向下拖移到"创建新通
道"按钮上，如下左图所示。释放鼠标后，即可得到一个
"红副本"图层，如下右图所示。

拖移通道

复制通道

:::: STEP 04 设置"照亮边缘"滤镜

执行"滤镜"|"风格化"|"照亮边缘"菜单命令,在打开的"照亮边缘"对话框中设置"边缘宽度"为1、"边缘亮度"为20、"平滑度"为5,如下图所示。

设置"照亮边缘"滤镜

知识链接 ▶▶▶▶

"照亮边缘"滤镜可以在图像的轮廓部分添加类似霓虹灯的发光效果,在通道中应用该滤镜,即可将图像的轮廓边缘以白色显示出来,成为选择的区域。

:::: STEP 05 确认设置

确认"照亮边缘"滤镜后,在图像窗口中可看到只有白色的轮廓图像,如下左图所示。执行"图像"|"调整"|"色阶"菜单命令,如下右图所示,或按快捷键Ctrl+U,打开"色阶"对话框。

照亮边缘效果　　　　　执行命令

:::: STEP 06 设置"色阶"

在打开的"色阶"对话框中设置"红副本"通道,输入色阶参数为33、1、187,如右上左图所示。单击"确定"按钮后,即可看到图像加强了暗度与高光的对比,如右上右图所示。

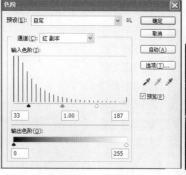
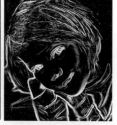

设置"色阶"参数　　　　　确认效果

:::: STEP 07 载入通道选区

单击"通道"面板下方的"将通道作为选区载入"按钮 ，如下左图所示,载入通道选区效果如下右图所示。

单击按钮　　　　　通道载入为选区效果

:::: STEP 08 显示色彩图像

单击RGB通道,显示原图像所有的颜色通道,并自动将"红副本"通道隐藏,如下左图所示。此时,在图像窗口中即可看到创建了选区后的效果,如下右图所示。

单击RGB通道　　　　　原图像中的选区效果

:::: STEP 09 设置"绘画涂抹"滤镜

对选区内的图像执行"滤镜"|"艺术效果"|"绘画涂抹"菜单命令,然后在打开的"绘画涂抹"对话框中,设置"画笔大小"为1、"锐化程度"为7,如下页左图所示。

设置"绘画涂抹"滤镜

实用技巧 ▶▶▶

在"绘画涂抹"选项中进行设置时，"画笔大小"需要设置到最小参数1，涂抹到最小的区域，避免出现锐化区域过大。

⋯⋯ STEP 10 确认效果

确认"绘画涂抹"滤镜后，按快捷键Ctrl+D取消选区，即可看到图像被锐化，从模糊变得清晰，效果如下左图所示。放大图像后，可看到如下右图所示的人物的清晰五官。

完成效果

放大图像查看效果

8.3 高级技术及技巧

为了更好地完成数码照片的后期处理，在Photoshop中还提供了更多高级的技术及技巧，这里就将学习利用直方图查看图像中的像素分布情况以及"计算"和"应用图像"两个命令的使用方法，以制作出更高质量的图像效果。

8.3.1 了解"直方图"

"直方图"是用图形表示图像每个亮度级别的像素数量，展示像素在图像中的分布情况。直方图的左侧部分表示阴影中的细节，中部显示中间调细节，右侧部分显示高光的细节。直方图可以帮助您确定某个图像是否有足够的细节来进行良好的校正。

打开一幅图像后，在"直方图"面板中，以直方图形式显示了其所有的像素信息，如下图所示。

"通道"下拉列表　　RGB通道下的直方图

在"明度"通道的直方图中，还可查看到图像的曝光情况。如下图所示，可看到曝光过度的照片，直方图显示的细节集中在高光处。

图像效果　　　　"直方图"面板显示的颜色信息

在"直方图"面板中，通过"通道"选项的下拉列表，可以查看图像各个通道下的直方图效果，如右上图所示为RGB通道下的直方图。

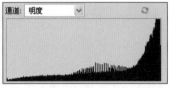

曝光过度的照片　　　细节集中在高光处

正确曝光的照片，色调平均，其细节集中在中间调处，如下图所示。

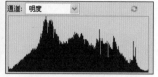

正确曝光照片   细节集中在中间调处

当照片出现曝光不足的情况时，在直方图中可看到细节部分集中到阴影处，如下图所示。

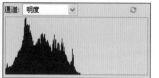

曝光不足的照片   细节集中在阴影处

8.3.2 "应用图像"命令的高级应用

使用"应用图像"命令，可将一个图像的图层和通道（源）与现用图像（目标）的图层和通道混合，它可在两个不同图像之间进行混合，也可在同一图像中选择不同的通道来进行应用。

选择目标图像后，执行"图像"｜"应用图像"菜单命令，即可通过打开的"应用图像"对话框进行混合的设置，如下图所示。

"应用图像"对话框

❶ 源：用于选择"源"图像，选择的源图像必须与目标图像尺寸相同。在同一个图像中，可以选择不同的图层或通道来进行混合，如右上图所示。

原图像

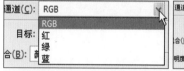

选择通道   图像进行混合后的效果

❷ 图层：用于设置源图像需要混合的图层，当图像中只有一个图层时，就只显示"背景"图层。

❸ 通道：用于选择需要混合的颜色通道，单击下三角按钮，在打开的下拉列表中单击即可选择，根据图像颜色模式的不同，通道选项也不相同。如下图所示为在RGB与CMYK模式的图像中显示的"通道"选项下拉列表。

RGB通道选项   CMYK通道选项

❹ 反相：勾选该复选框后，可使用与选择区域相反的区域，该选项对源图像和蒙版后的图像都是有效的。

❺ 目标：以当前选择的文档作为目标对象，显示文档名称与颜色模式信息。

❻ 混合：在"混合"列表中选择需要的混合模式，勾选"预览"复选框后，很容易就能查看到想要寻找的效果。

例如，在确认了"通道"为"红"后，设置不同的混合选项，即可得到不同的混合效果，如下两图所示。

"变亮"混合效果   "点光"混合效果

❼ 不透明度：设置混合效果的不透明度。

原始文件: 随书光盘\素材\8\10.jpg
最终文件: 随书光盘\源文件\8\Example 08 快速去除背景色彩.psd

Example 08 快速去除背景色彩

本实例通过"应用图像"命令，选中图像的绿通道进行混合，然后快速、自然地将照片中人物背景区域中的绿色调去除，突出人物，制作出别样的照片风格。

Before ●●●

After ●●●

STEP 01 创建副本图层

执行"文件"｜"打开"菜单命令，打开"随书光盘\素材\8\10.jpg"素材照片，打开素材效果如下左图所示。在"图层"面板中，将"背景"图层向下拖移到"创建新图层"按钮上，释放鼠标后，即可得到"背景副本"图层，如下右图所示。

素材10.jpg

复制图层

STEP 02 打开"应用图像"对话框

执行"图像"｜"应用图像"菜单命令，打开"应用图像"对话框，单击"通道"选项下三角按钮，在打开的下拉列表中选择"绿"选项，如右上图所示。

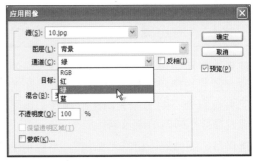

选择"绿"通道

STEP 03 设置混合选项

选择通道后，单击"混合"选项下三角按钮，在打开的下拉列表中选择"变亮"选项，如下图所示，完成设置后单击"确定"按钮，关闭对话框。

设置混合选项

STEP 04 确认效果

确认设置后，在图像窗口中即可看到图像中的绿色通过
"应用图像"命令去除了，变为黑白效果，则整个照片的
视觉重点转移到人物上，完成效果如下图所示。

完成效果

8.3.3 "计算"命令的高级应用

"计算"命令是通过对单个通道之间的混合，
得到一个新的图像或新通道。使用"计算"命令混
合出来的图像以黑、白、灰显示，并且通过"计
算"对话框中结果选项的设置，可将混合的结果新
建为通道、文档或是选区。"计算"对话框如下图
所示。

"计算"对话框

① 源：通过"源1"与"源2"选择两个需要混合的图
像、图层、通道等，可在同一个文档中进行计算，也
可在两个不同的文档中进行计算，但需要两个文档大
小相同。

右上4图中展示了在两个文档中应用"计算"命令
设置不同的通道和混合，计算为一个新的通道。

源1图像　　　　　　　源2图像

设置"源"选项　　　　　设置后的计算效果

② 蒙版：勾选"蒙版"复选框后，可以打开相应的蒙
版选项，对于"通道"来说，可以选择任何颜色通道或
Alpha 通道以用作蒙版，也可使用基于现用选区或选中图
层边界的蒙版。选择"反相"复选框可反转通道的蒙版区
域和未蒙版区域，如下图所示。

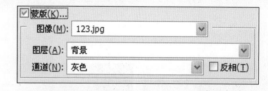

"蒙版"选项

③ 结果：可将两个图像通道的计算设置为不同的结果，
单击下三角按钮，有"新建通道"、"新建文档"和"选
区"3个结果选项。例如，当将结果设置为"选区"后，
可看到计算结果以选区效果展示，如下图所示。

选择结果　　　　　　计算后的选区效果

Example 09 打造幻影般的视觉特效

原始文件：随书光盘\素材\8\11.jpg、12.jpg

最终文件：随书光盘\源文件\8\Example 09 打造幻影般的
视觉特效.psd

　　本实例将利用"计算"命令，在两个相同大小的文档图像中，通过选择不同的颜色通道进行混合，并将计算结果新建为Alpha通道，然后将混合生成的新通道图像复制到图层中，并结合图层之间设置的不同混合模式，使得图像之间的色彩混合，将原来的黑白照片打造成幻影般的特殊效果。

Before ●●●

After ●●●

STEP 01 打开素材图像

执行"文件"|"打开"菜单命令，打开"随书光盘\素材\8\11.jpg、12.jpg"素材照片，如下两图所示。

素材11.jpg

素材12.jpg

实用技巧 ▶▶▶

在使用多个源图像进行计算的操作时，这些图像的尺寸必须相同。

STEP 02 执行"计算"命令

在12.jpg文档中，执行"图像"|"计算"菜单命令，如右上左图所示，即可打开如右上右图所示的"计算"对话框。

执行命令　　　　　　　　　打开"计算"对话框

STEP 03 设置"计算"选项

在"计算"对话框中，将"源1"选择为12.jpg，"源2"选择为11.jpg，如下图所示设置通道与混合选项，并将"结果"设置为"新建通道"。

设置"计算"选项

STEP 04 确认计算结果

确认"计算"设置后，在图像窗口中即可看到两个文档计算后得到的通道图像，如下左图所示。在"通道"面板中，可查看到计算结果新建的Alpha1通道，如下右图所示。

计算结果

新建的通道

STEP 05 编辑通道图像

选择"画笔工具"，在其选项栏中选择画笔大小为20、"不透明度"与"流量"都为40%，并设置前景色为黑色。然后使用画笔在通道图像中较亮的两个花瓣上进行涂抹，降低亮度，如下图所示。

设置"画笔工具"选项栏

涂抹较亮的花瓣

STEP 06 复制通道图像

按快捷键Ctrl+A全选通道中的内容，如下左图所示，并按快捷键Ctrl+C复制选区内容。然后单击RGB通道，回到原色彩图像中，将自动隐藏Alpha1通道，如下右图所示。

全选并复制选区内容

单击RGB通道

STEP 07 新建图层并复制图像

在"图层"面板中单击"创建新图层"按钮，新建一个空白图层"图层1"，如下左图所示。然后按快捷键Ctrl+V，在新建图层中粘贴STEP 06中复制的通道中的图像，并更改图层混合模式为"明度"，如下右图所示。

新建图层

粘贴图像并更改图层混合模式

STEP 08 确认混合效果

此时，在图像窗口中即可看到图层之间应用混合模式后的效果，图像出现了背景图层的色彩，效果如下左图所示。为了增强画面，可再复制一个"图层1"，得到"图层1副本"图层，如下右图所示。

混合效果

复制图层

STEP 09 设置图层混合模式

将复制的"图层1副本"图层混合模式更改为"强光"，如下左图所示，即可看到图像完成制作的最终效果，如下右图所示。

更改图层混合模式

完成效果

8.4 Photoshop操作实用技巧荟萃

本小节将重点学习在Photoshop中对数码照片后期处理操作的一些实用技巧，包括常用的撤销和前进命令、快照功能、批处理等。

8.4.1 撤销和前进命令

在进行操作的过程中，很多时候是不可能一次就达到需要的效果，这就会频繁地用到撤销命令，即"编辑"|"后退一步"菜单命令。

撤销操作后，还可以通过"编辑"|"前进一步"菜单命令，回到操作前的效果，命令如下图所示。

"编辑"菜单命令

① 还原自动颜色：快捷键为Ctrl+Z，用于取消对图像进行的最近一步操作，使其回到操作前的状态，并在还原后面显示此前所应用的操作命令，这里可看到前一步操作是执行了"自动颜色"命令。

② 前进一步：快捷键为Shift+Ctrl+Z，将退回到前一步的图像效果。

可通过"历史记录"面板来查看前进步骤，如下左图所示，通过蓝色条可看到当退回到第二个步骤时，执行"编辑"|"前进一步"菜单命令后，在如下右图中即可看到前进到第三个步骤中了。

撤销一步操作

前进一步操作

③ 后退一步：快捷键为Alt+Ctrl+Z，可以退回到之前的效果。在"历史记录"面板中所有能记录的步骤，都可通过此命令返回，默认情况下，能记录20个操作步骤，即可以后退20步。

8.4.2 使用"快照"功能

"快照"是"历史记录"面板中的一个重要功能，它可以创建图像任何状态的临时副本，用于需要执行多项操作的较为复杂的图像处理过程中。

通过快照功能可以记录后退的操作步骤，即使删除所有的操作步骤，快照依然存在。如果在创作过程中需要记录图片处理步骤，则可以应用快照功能将它保存下来。

单击"历史记录"面板下方的"创建新快照"按钮 ，即可将当前操作中的图像创建为新的快照，打开一幅图像后，会将原图像默认为一张快照，并以图像名称命名，新建的快照就以快照1、快照2的顺序依次命名，如下左图所示。

如下右图所示，在"自动颜色"操作下单击"创建新快照"按钮，即可将该步骤中图像创建为"快照1"，在其他操作中同样可以创建新快照，当返回前面步骤中时，快照依然存在。

创建新快照

新建多个快照

当需要删除快照时，可通过"历史记录"面板中的"删除当前状态"按钮 来完成，用鼠标将快照拖移到该按钮上，即可将快照删除。

Example 10 巧用快照为人物上妆

原始文件：随书光盘\素材\8\13.jpg

最终文件：随书光盘\源文件\8\ Example 10 巧用快照为人物上妆.psd

本实例首先在"历史记录"面板中对编辑后的图像创建快照，然后利用"历史记录画笔工具"能将编辑后的图像回到之前的编辑效果这一特性，将不同快照上的效果结合到一起，巧为人物上妆。

Before ●●●

After ●●●

05 Photoshop图像
调整功能解析

06 使用Photoshop对数码
照片进行绘制和修补

07 使用Photoshop对
数码照片进行润饰

08 数码照片处理
高级技巧

STEP 01 打开素材并复制图层

打开"随书光盘\素材\8\13.jpg"素材照片，在"图层"面板中，复制"背景"图层得到"背景副本"图层，如下图所示。

"复制"图层

STEP 02 创建蒙版

在工具箱中单击"以快速蒙版模式编辑"按钮 ，在工具箱中选中"画笔工具" ，在图像中绘制蒙版，如下左图所示，在工具箱中单击"以标准模式编辑"按钮 ，退出快速蒙版，在图像中查看选区，如下右图所示。

创建蒙版

STEP 03 为人物磨皮

执行"图像"|"杂色"|"减少杂色"菜单命令，打开"减少杂色"对话框，设置强度为10，保留细节为10，减少杂色为100，锐化细节为60，如下图所示。

"减少杂色"对话框

STEP 04 创建快照1

在"历史记录"面板中，单击"创建快照"按钮 ，创建"快照1"，如下图所示。

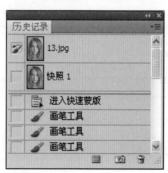

创建"快照1"

···· STEP 05 调整图像色彩

执行"图像"|"调整"|"色彩平衡"菜单命令，打开"色彩平衡"对话框，设置色阶为+78、-34、+11，如下图所示。

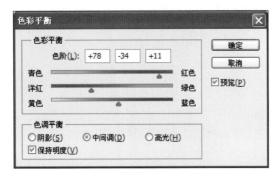

调整图像的色彩

···· STEP 06 创建快照2

在"历史记录"面板中，单击"创建快照"按钮 ，创建"快照2"，如下图所示。

创建"快照2"

···· STEP 07 调整图像颜色

执行"图像"|"调整"|"色彩平衡"菜单命令，打开"色彩平衡"对话框，设置色阶为+17、+21、-17，如下图所示。

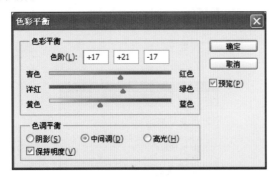

调整图像的色彩

···· STEP 08 创建快照3

在"历史记录"面板中，单击"创建快照"按钮 ，创建"快照3"，如右上图所示。

创建"快照3"

···· STEP 09 设置历史记录画笔源

在"历史记录"面板中，将"设置历史记录画笔源" 放置在"快照1"上，单击选中"快照3"，如下图所示。

设置"快照1"为历史记录源

···· STEP 10 为人物添加腮红

在工具箱中单击"历史记录画笔"按钮 ，在选项栏中设置不透明度为50%，在图像中涂抹，保留脸颊位置图像，如下图所示。

腮红效果

···· STEP 11 设置历史记录画笔源

在"历史记录"面板中，单击"创建快照"按钮 ，创建"快照4"，将"设置历史记录画笔源" 放置在"快照4"上，单击选中"快照2"，如下图所示。

设置"快照4"为历史记录源

STEP 12 为人物添加唇彩

在工具箱中单击"历史记录画笔"按钮🖌️，在图像中涂抹，保留嘴唇位置图像，如下图所示。

唇彩效果

STEP 13 创建快照5

在"历史记录"面板中，单击"创建快照"按钮📷，创建"快照5"，如下图所示。

创建"快照5"

STEP 14 调整图像颜色

执行"图像"｜"调整"｜"色相/饱和度"菜单命令，打开"色相/饱和度"对话框，设置明度为-79，如右上图所示。

"色相/饱和度"对话框

STEP 15 设置历史记录画笔源

在"历史记录"面板中，将"设置历史记录画笔源"🖌️放置在"快照5"上，如下图所示。

设置"快照5"为历史记录源

STEP 16 为人物添加眼线

在工具箱中单击"历史记录画笔"按钮🖌️，在图像中涂抹，保留眼睛上方位置图像，最终效果如下图所示。

最终效果

8.4.3 应用"动作"面板

动作是指在单个文件或一批文件上执行的一系列任务，如菜单命令、面板选项、工具动作等，使用"动作"面板可以记录、播放、编辑和删除各个动作。此面板还可以用来存储和载入动作文件。"动作"面板如下页图所示。

"动作"面板

原图像　　　　　　　　　　　选择动作并单击播放

① 切换项目：在执行动作时，给出当前的动作列表。

② 切换对话：用于切换动作状态为开或关，单击可打开一个提示对话框，询问是否切换此动作状态。

③ 动作组：显示动作组的名称，可在组中保存需要的动作。

④ 动作：显示动作名称，单击下三角按钮，会打开该动作中所有操作的步骤名称。

⑤ 快捷按钮：

Ⓐ "停止/播放记录"按钮 ▪ ：用于停止录制以及播放动作。

Ⓑ "开始记录"按钮 ● ：单击该按钮可将执行的操作命令记录到动作中。

Ⓒ "播放选定的动作"按钮 ▶ ：单击该按钮开始播放动作。

Ⓓ "创建新组"按钮 ▭ ：用于创建一个新的动作组。

Ⓔ "创建新动作"按钮 ▣ ：用于创建一个新的动作。

Ⓕ "删除"按钮 🗑 ：用于删除选定的动作。

在"动作"面板中提供了多个默认动作，可直接应用这些动作，如右上图所示。

在面板中选定一个动作后，单击"播放选定的动作"按钮，即可开始播放动作，并将动作自动应用到图像中，如下图所示。

播放动作并应用到图像中　　　　播放完应用动作效果

Example 11 创建并应用"颓废效果"动作

原始文件：随书光盘\素材\8\14.jpg、15.jpg

最终文件：随书光盘\源文件\8\Example 11 创建并应用
"颓废效果"动作.psd

　　本实例将结合"动作"面板，自行创建一个新的所需动作，然后将该动作储存到"动作"面板中，即可对多个图像应用创建的新动作。

Before ●●●

After ●●●

STEP 01　打开素材图像

执行"文件"|"打开"菜单命令，打开"随书光盘\素材\8\14.jpg"素材照片，打开素材效果如下图所示。

素材图像

STEP 02　创建新动作

在"动作"面板中单击"创建新动作"按钮，打开"新建动作"对话框，在对话框中设置动作"名称"为"颓废效果"，如下图所示。然后单击"记录"按钮，关闭对话框，此时在"动作"面板中即可看到新建的动作，还可看到"开始记录"按钮 ● 已被激活为红色，如下图所示。

"新建动作"对话框

创建的新动作

STEP 03　设置"色彩平衡"

执行"图像"|"调整"|"色彩平衡"菜单命令，在打开的"色彩平衡"对话框中设置色阶参数为+16、-19、-58，如右上左图所示。然后单击"确定"按钮，关闭对话框，在"动作"面板中即可看到开始记录了"色彩平衡"，如右上右图所示。

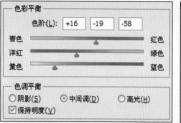

设置"色彩平衡"

记录操作

STEP 04　确认效果

在图像窗口中可以看到图像色彩被改变，偏向于暖色调，效果如下图所示。

应用"色彩平衡"效果

STEP 05　设置"光照效果"

执行"滤镜"|"渲染"|"光照效果"菜单命令，在打开的"光照效果"对话框中，如下图所示对选项进行设置，然后单击"确定"按钮。

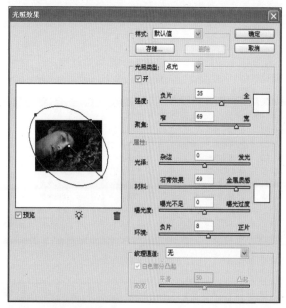

设置"光照效果"选项

:::::: STEP 06　复制图层

在图像窗口中可看到应用"光照效果"滤镜后，图像效果
如下左图所示。在"图层"面板中，单击"背景"图层，
并将其向下拖移到"创建新图层"按钮上，释放鼠标后，
即复制得到"背景副本"图层，如下右图所示。

应用效果　　　　　　　　　　复制图层

:::::: STEP 07　设置图层混合模式

更改复制的"背景副本"图层的混合模式为"强光"，如
下左图所示。这时在图像窗口中即可看到图像混合后，增
强了对比度，效果如下右图所示。

更改图层混合模式　　　图像混合效果

:::::: STEP 08　结束录制动作

在"动作"面板中，可看到前面的每个操作步骤都被记录
了下来，如下左图所示。单击"停止记录"按钮 ▇ ，结
束录制动作，则红色记录按钮将以灰色显示，如下右图
所示。

查看记录步骤　　　　　　停止记录

:::::: STEP 09　打开需要应用动作的图像

再次执行"文件"｜"打开"菜单命令，打开"随书光盘\
素材\8\15.jpg"素材照片，效果如右上图所示。

打开图像

:::::: STEP 10　应用动作

在"动作"面板中，选中
"颓废效果"动作，然后
单击下方的"播放选定动
作"按钮 ▶ ，如右图所
示。此时在图像窗口中即
可看到图像快速播放动
作，播放完毕后，得到如
下图所示的效果。

播放选定动作

应用动作效果

8.4.4　应用"批处理"菜单命令

批处理是自动执行"动作"面板中已定义动作
的命令，即将多个命令组合在一起作为一个批处理
命令，用于众多图像处理中。

例如需要将许多照片都应用一个动作，如果
通过手动一个个处理图像，会浪费很多时间，而
应用"批处理"命令，事先将要应用动作的图片
都打开或集中到一个文件夹中，然后执行"批处
理"命令，并指定源文件和保存操作结果图片的
目标文件夹，即可快速将所有选择的图片应用需
要的动作。

执行"文件"|"自动"|"批处理"菜单命令后，打开"批处理"对话框，如下图所示。

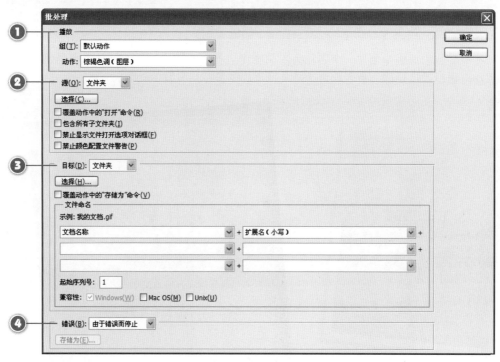

"批处理"对话框

❶ 播放：用于指定应用于图片中的动作组及动作。

❷ 源：选择需要应用该批处理的对象，单击下三角按钮，可选择"文件夹"、"导入"、"打开的文件"等为源对象。

当选择源为"文件夹"后，通过下面的"选择"按钮，可在打开的"浏览文件夹"对话框中选中需要批处理的文件夹，对话框如下左图所示，还可设置"覆盖动作中的'打开'命令"、"包含所有子文件夹"等关于文件的选项，如下右图所示。

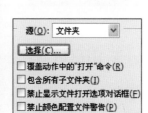

"浏览文件夹"对话框　　　　"文件夹"选项

❸ 目标：用于设置应用批处理后的图片处理过程，如下图所示。

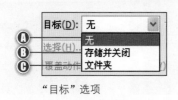

"目标"选项

Ⓐ 无：将应用批处理之后的图像显示在Photoshop图像窗口中。

Ⓑ 存储并关闭：将应用批处理后的图片都存储并关闭。

Ⓒ 文件夹：将应用批处理之后的结果保存在指定的文件夹中，并将下面的选项激活，单击"选择"按钮，指定存储的文件夹，并可设置存储的文档排序命名规则等，被激活的选项如下图所示。

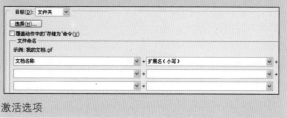

激活选项

❹ 错误：用于设置执行批处理的过程中发生错误时所显示的错误提示信息，单击下三角按钮，可选择"由于错误而停止"和"将错误记录到文件"两个选项，如下图所示。

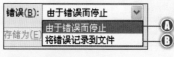

"错误"选项

Ⓐ 由于错误而停止：如果在执行动作的过程中发生错误时，则在打开的错误提示对话框中提供了一个停止当前批处理的按钮。

Ⓑ 将错误记录到文件：将错误提示信息保存到日志文件中，并通过查阅该日志文件找到错误问题。

05 Photoshop图像调整功能解析

06 使用Photoshop对数码照片进行绘制和修补

07 使用Photoshop对数码照片进行润饰

08 数码照片处理高级技巧

原始文件：随书光盘\素材\8\16.jpg

最终文件：随书光盘\源文件\8\Example 12 批量
为风景照片添加特定边框.psd

Example 12 批量为风景照片添加特定边框

本实例将在"动作"面板中创建一个名称为"马赛克边框"的动作，然后打开"风景照片"素材文件夹中所有的风景照片，执行"批处理"命令，为这些风景照片批量应用设置的动作。

Before ●●●

After ●●●

STEP 01 打开素材图像

执行"文件"|"打开"菜单命令，打开"随书光盘\素材\8\16.jpg"素材照片，如下左图所示。在"动作"面板中单击"创建新动作"按钮，打开"新建动作"对话框，设置动作"名称"为"马赛克边框"，如下右图所示，然后单击"记录"按钮，即可创建新动作并开始记录。

素材16.jpg

设置动作名称

STEP 02 设置边界选区

按快捷键Ctrl+A全选图像，即可将图像创建为选区，如右上左图所示。接着执行"选择"|"修改"|"边界"菜单命令，在打开的"边界选区"对话框中设置"宽度"为70像素，如右上右图所示。

全选图像

设置"边界选区"参数

STEP 03 进入快速蒙版状态

应用"边界"命令后，可看到选区效果如下左图所示。在工具箱中单击下方的"以快速蒙版模式编辑"按钮，进入快速蒙版编辑状态，如下右图所示。

修改选区边界效果

快速蒙版状态

STEP 04 设置马赛克滤镜

执行"滤镜"|"像素化"|"马赛克"菜单命令，打开"马赛克"对话框，如下左图所示设置参数。确认设置后，即可看到如下右图所示的效果。

设置"马赛克"滤镜　　　　　应用滤镜效果

STEP 05 执行"锐化"命令

执行"滤镜"|"锐化"|"锐化"菜单命令，如下左图所示，并按快捷键Ctrl+F重复应用锐化滤镜。然后单击工具箱中的"以标准模式进行编辑"按钮 ▣ ，退出蒙版状态，得到如下右图所示的选区效果。

执行"锐化"命令　　　　　标准模式下的选区效果

STEP 06 填充选区

按快捷键Shift+Ctrl+I反向选区，得到如下左图所示的选区效果，为选区填充黑色。并按快捷键Ctrl+D取消选区，即可得到设置的马赛克边框，如下右图所示。

反向选区　　　　　填充黑色

STEP 07 确认动作

在"动作"面板中可看到前面的操作都被记录下来，单击"停止记录"按钮 ▣ 结束录制动作，如下左图所示。然后执行"文件"|"打开"菜单命令，在打开的"打开"对话框中选中"随书光盘\素材\8\风景照片"文件夹中所有的照片，如下右图所示，然后单击"打开"按钮。

停止记录动作　　　　　选择多个文档

STEP 08 排列文档

单击标题栏中的"排列文档"按钮，在打开的列表中选择"六联"选项，如下左图所示。此时，在窗口中即可同时看到打开的多个文档，如下右图所示。

选择排列方式　　　六联排列文档效果

STEP 09 设置"批处理"对话框

执行"文件"|"自动"|"批处理"菜单命令，在打开的"批处理"对话框中设置"动作"为前面新创建的"马赛克边框"、"源"为"打开的文件"，如下图所示。

"批处理"对话框设置

·ːː STEP 10 确认批处理效果

确认设置后，在图像窗口中即可看到所有的文档都应用了
选择的动作，制作出了边框效果，如下图所示。

批处理结果

8.4.5 常用操作的快捷键

Photoshop软件中针对各种工具和命令提供了相
应的快捷键，快捷键的使用为用户在操作的过程中
节约了大量的时间与精力，使操作变得更加方便快
捷。下面总结了在操作中使用频率较高的一些工具
和命令快捷键方式，如下表所示。

工 具	快 捷 键	工 具	快 捷 键
移动工具	V	矩形选框工具	M
魔棒工具	W	套索工具	L
修复工具	J	画笔工具	B
钢笔工具	P	文字工具	T
渐变工具	G	加深/减淡工具	O
形状工具	U	选择工具	A
缩放工具	Z	抓手工具	H

Part 03 掌握！数码照片专题 处理办法

增加照片主体光源

通过前面的学习，相信读者已经学会了 Photoshop CS5软件的使用，下面开始学习对数码照片专题处理的办法以及综合利用 Photoshop的各种命令与工具等，对数码照片进行处理。本篇主要分为用光问题照片专题、照片调色专题、人像照片专题、风景照片的艺术化处理专题和数码照片的合成专题这五部分，通过专业技巧和灵活的方法，完成数码照片的后期处理。

调出甜美的粉嫩色调

制作人像漫画写生效果

轻松打造军色效果

增加照片主体光源

Chapter
09

用光问题照片专题

光与影是摄影的基础，光影能够传递多种多样的信息，包括被摄体的形状、体积、质量、色彩、质感、明暗关系、空间感、层次感等，正确掌握光影，就能获取高质量的数码照片。本章主要针对照片中的用光问题进行修复与增强，让读者在拍摄镜头以外的电脑上感受到光与影带给数码照片如梦如幻的神奇世界。

修正曝光过度的照片

增加照片主体光源

让暗淡的照片变得色彩亮丽

为普通照片增添梦幻效果

9.1 修复用光的问题照片

在数码照片的拍摄中，对光的处理常常达不到满意的效果，例如掌握正确的曝光、照片的侧光和逆光等，对于初学摄影者来说都是非常难的。现在照片中用光的问题，可通过强大的Photoshop软件来进行修复，本小节就将学习修正逆光的照片、曝光过度的照片、曝光不足的照片以及侧光造成的局部过亮的问题，以将问题照片修复到正常拍摄效果。

Example 01 修正逆光的照片

原始文件：随书光盘\素材\9\01.jpg
最终文件：随书光盘\源文件\9\Example 01 修正逆光的照片.psd

本实例将介绍对太阳光直接照射镜头所拍摄出来的逆光照片进行调整的方法，通过色阶调整图层的设置，将逆光照片中看不清的地方提高亮度，恢复小动物原本的可爱形态。

Before ●●●

After ●●●

STEP 01 打开素材照片

执行"文件"|"打开"菜单命令，打开"随书光盘\素材\9\01.jpg"素材照片，效果如下图所示。

素材01.jpg

STEP 02 设置色阶调整图层

在"调整"图层中单击"创建新的色阶调整图层"按钮，如右上左图所示，创建一个色阶调整图层。然后在面板中打开的"色阶"选项中将中间调滑块向右边拖移，调整到0.23位置，如右上右图所示。

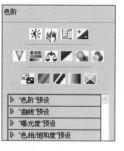

单击按钮

调整中间调滑块

STEP 03 确认效果

设置完成后，在图像窗口中即可看到照片中间调被降低，整个图像色调偏暗，为下步做铺垫，效果如下图所示。

应用色阶调整图层效果

···::: STEP 04　编辑调整图层蒙版

在"图层"面板中选中调整图层后的"蒙版缩览图"，然后单击"渐变工具"按钮 ，以默认的黑白渐变色，在图像中从下至上拖移填充渐变，如下左图所示，则在"图层"面板中即可看到蒙版被添加了渐变，如下右图所示。

拖移应用渐变　　　　　　　查看蒙版效果

···::: STEP 05　添加曲线调整图层

在"调整"面板中单击"创建新的曲线调整图层"按钮，然后在打开的曲线界面中如下左图所示调整曲线。设置完成后，在图像窗口中可看到照片被提亮，效果如下右图所示。

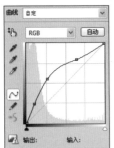

设置曲线调整图层　　　　　设置后的效果

···::: STEP 06　添加色阶调整图层

在"调整"面板中再次单击"创建新的色阶调整图层"按钮，在打开的界面中设置色阶参数为14、1.13、212，如下左图所示，则在"图层"面板中可查看到添加的调整图层，如下右图所示。

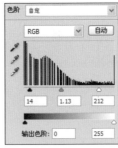
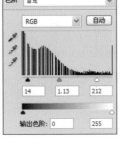

设置新色阶调整图层　　　　查看添加的调整图层

···::: STEP 07　确认效果

完成设置后，在图像窗口中即可看到照片中小动物被完全显示出来，效果如下图所示。

完成效果

𝐄xample 02　修正曝光过度的照片

原始文件：随书光盘\素材\9\02.jpg
最终文件：随书光盘\源文件\9\Example 02 修正曝光过度的照片.psd

　　本实例在调整曝光过度的照片时，将照片中的高光区域创建为选区，降低其亮度，并结合自然饱和度与色阶调整图层，将照片恢复到正常曝光时的自然效果。

Before ●●●

After ●●●

STEP 01 创建副本图层

打开"随书光盘\素材\9\02.jpg"素材照片,效果如下左图所示。在"图层"面板中,将"背景"图层拖移到"创建新图层"按钮上,创建一个副本图层,效果如下右图所示。

素材02.jpg　　　　　　　　　复制图层

STEP 02 锐化图像

对复制的图像执行"滤镜"|"锐化"|"USM锐化"菜单命令,在打开的"USM锐化"对话框中如下左图所示进行选项参数设置。确认设置后,图像即被锐化,边缘显得更清晰,如下右图所示。

设置USM锐化　　　　　　　　锐化效果

STEP 03 载入高光选区

在"通道"面板中,按住Ctrl键的同时单击RGB通道缩览图,如下左图所示,载入高光区域选区。选区效果如下右图所示。

单击缩览图　　　　　　　　　载入选区效果

知识链接 ▶▶▶

在RGB颜色模式下,"通道"面板中显示了4个通道,其中第一个为RGB复合通道,存储了图像中所有的色彩信息。

按住Ctrl键的同时单击RGB通道,可以建立对画面较亮部分的选区,即提取照片中间调以上的高光区域,因此创建出的选区会出现不同程度的半透明效果,在进行其他编辑时,会自然地与原图像融合。

STEP 04 降低亮度

单击"调整"面板中的"创建新的亮度/对比度调整图层"按钮,如下左图所示。在打开的选项中设置参数,如下右图所示。

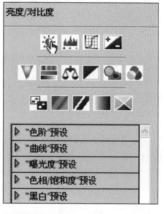 

单击按钮　　　　　　　　　　设置选项参数

STEP 05 确认调整图层效果

在图像窗口中可看到,照片中过度的高光区域被降低了亮度,人物细节部分显示了出来,如下左图所示。同时,在"图层"面板中可看到创建的调整图层,如下右图所示。

确认效果　　　　　　　　　　查看调整图层

···▶ STEP 06 调整饱和度

在"调整"面板中再创建一个"自然饱和度"调整图层，并如下左图所示进行选项参数设置。设置后照片的饱和度提高，并显示出自然的色调，如下右图所示。

设置自然饱和度   设置后的效果

···▶ STEP 07 加强明暗对比

通过"调整"面板创建一个色阶调整图层，如下左图所示进行参数设置。设置完成后，可看到照片中人物明暗对比加强，达到自然曝光的效果，如下右图所示。

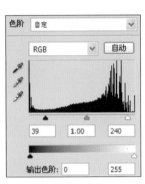

设置色阶选项   完成效果

Example 03 修正室内曝光不足的照片

原始文件：随书光盘\素材\9\03.jpg

最终文件：随书光盘\源文件\9\ Example 03 修正室内曝光不足的照片.psd

室内拍摄的数码照片，在光源的选择上具有一定的局限性，在光线不足的情况下会造成照片曝光不足，本实例将介绍使用"阴影/曝光"和"曝光度"菜单命令修正室内曝光不足的照片的方法。

Before ●●●

After ●●●

STEP 01 打开素材并复制图层

打开"随书光盘\素材\9\03.jpg"素材照片，在"图层"面板中复制"背景"图层得到"背景副本"图层，如下图所示。

复制图层

STEP 02 调整图像亮度

执行"图像"|"调整"|"阴影/高光"菜单命令，打开"阴影/高光"对话框，设置"阴影"的数量为50，"高光"的数量为100，如下图所示。

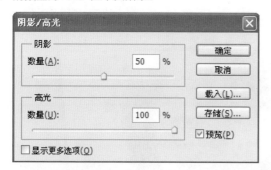

"阴影/高光"对话框

STEP 03 查看图像效果

在图像窗口中查看图像效果，图像中曝光不足的图像被提亮了，如下图所示。

查看图像效果

STEP 04 调整曝光度

在"调整"面板中，单击"创建新的曝光度调整层"按钮，调整图像的曝光度，如下图所示。

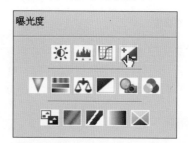

调整曝光度

STEP 05 设置图像曝光度

切换至"曝光度"面板，设置曝光度为1.01，如下图所示。

设置曝光度

STEP 06 绘制蒙版

在工具箱中单击"画笔工具"按钮，在图像中的窗户区域进行涂抹，以绘制蒙版，如下图所示。

降低窗户的曝光度

STEP 07 设置饱和度

在"调整"面板中，单击"创建新的自然饱和度调整层"按钮▽，然后切换至"自然饱和度"面板，设置自然饱和度为+59，如下页图所示。

设置饱和度

最终效果

STEP 08 查看图像效果

在图像窗口中查看设置饱和度后的图像效果，如右图
所示。

Example 04 修正侧光造成的人物面部较亮区域

原始文件：随书光盘\素材\9\04.jpg
最终文件：随书光盘\源文件\9\Example 04 修正
侧光造成的人物面部较亮区域.psd

　　本实例将修正在自然光线下拍摄照片时，因侧光造成的人物面部较亮的区域，主要通过"修补工具"和
"修复画笔工具"，取样面部其他区域的皮肤，对较亮的皮肤进行修复处理，最后添加色阶调整图层，提高照
片的对比度与亮度，达到完善的效果。

Before ●●●

After ●●●

STEP 01 复制背景图层

打开"随书光盘\素材\9\04.jpg"素材照片，效果如下左
图所示。然后在"图层"面板中，将"背景"图层拖移到
"创建新图层"按钮上，创建一个副本图层，效果如下右
图所示。

STEP 02 创建修补选区

选择"修补工具" ，在其选项栏中选中"源"单选按
钮，然后按快捷键Ctrl＋＋，放大图像，接着使用"修补
工具"在人物右边脸颊的较亮区域上单击并拖移，如下左
图所示。释放鼠标后，即可将绘制的区域创建为选区，效
果如下右图所示。

素材04.jpg

复制图层

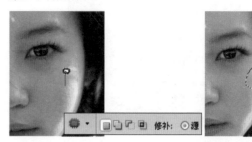

拖移绘制　　　　　　　　　　修补选区

··:·:· STEP 03　修补图像

使用"修补工具"在选区内单击，并按住鼠标向左边拖移，如下左图所示。释放鼠标后，即可将拖移到区域内的图像覆盖到亮的区域，如下右图所示。

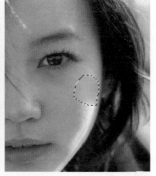

拖动选区　　　　　　　　　　　修补图像

··:·:· STEP 04　渐隐修补选区

执行"编辑"|"渐隐修补选区"菜单命令，在打开的"渐隐"对话框中，设置"不透明度"选项为50%，如下左图所示。确认设置后，按快捷键Ctrl+D取消选区，即可看到修补区域在设置渐隐后，显得更自然，如下右图所示。

设置"渐隐"对话框　　　　　　确认效果

··:·:· STEP 05　继续修补图像

继续使用"修补工具"对脸颊上的较亮区域进行修补，并设置其渐隐，完成修补后的效果如下左图所示。然后单击"图层"面板下方的"创建新图层"按钮，新建一个空白图层"图层1"，如下右图所示。

修补图像后的效果　　　　　　新建图层

··:·:· STEP 06　修复图像

单击"修复画笔工具"，在其选项栏中设置画笔直径为30px，选中"源"为"取样"，并选择"样本"为"所有图层"，如下左图所示。接着在图像中按住Alt键，在人物右边脸颊上光线正常的皮肤位置单击进行取样，然后在边缘较亮的皮肤区域上单击进行修复，如下右图所示。

设置修复画笔选项栏　　　　　取样并进行修复

··:·:· STEP 07　完成修复效果

继续使用"修复画笔工具"修复人物右边脸颊上的较亮区域，去除侧光造成的面部较亮区域，效果如下图所示。

修复后的效果

··:·:· STEP 08　设置色阶调整图层

为照片添加一个色阶调整图层并设置其选项参数，如下左图所示，完成后，得到如下右图所示的效果。

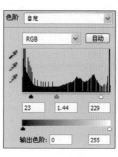

设置"色阶"选项　　　　　　完成效果

9.2 修复光影问题的照片

在自然光线下拍摄镜面的物体常会出现强烈的反光效果；使用闪光灯时，离镜头近的物体上常会出现较强的光照效果。对于这些拍摄时难免会出现的问题，本小节提供了解决方法，下面就将学习去除照片中眼镜的反光、修正闪光灯造成的人物局部过亮以及在照片中添加暗角效果的方法，以增强照片的立体感，去掉平淡光影。

Example 05 去除眼镜的反光

原始文件：随书光盘\素材\9\05.jpg
最终文件：随书光盘\源文件\9\Example 05 去除眼镜的反光.psd

本实例介绍如何去除照片中受光线影响而导致眼镜产生的强烈反光效果，先利用"快速选择工具"将眼镜部分创建为选区，然后在选区内使用"加深工具"，将高光区域加深，达到去除反光的效果。

Before ●●●

After ●●●

STEP 01 复制背景图层

打开"随书光盘\素材\9\05.jpg"素材照片，效果如下左图所示。然后在"图层"面板中，将"背景"图层拖移到"创建新图层"按钮上，创建一个副本图层，效果如下右图所示。

素材05.jpg

复制图层

STEP 02 创建选区

选择"快速选择工具"，在其选项栏中设置画笔"直径"为25px，如下左图所示。然后按快捷键Ctrl++放大图像后，使用"快速选择工具"在人物两个眼镜位置分别单击，创建选区，效果如下右图所示。

设置选项栏

创建选区

STEP 03 设置"加深工具"

选择"加深工具",在其选项栏中设置画笔直径为30、"范围"为"高光"、"曝光度"为10%,如下左图所示。设置完成后,使用"加深工具"在人物左边眼镜选区内进行多次涂抹,则亮光区域即变暗,效果如下右图所示。

设置"加深工具"选项栏 加深处理

实用技巧 ▶▶▶

在使用"加深工具"时,设置正确的"范围"选项是非常重要的,当需要对较暗的部分再进行加深处理时,就可选择"阴影"范围;对较亮区域进行加深处理时,就可选择"高光"范围。

STEP 04 加深眼镜

继续使用"加深工具"在另一只眼镜上进行涂抹绘制,将亮光区域变暗,最后按快捷键Ctrl+D取消选区,完成效果如下图所示。

完成效果

Example 06 调整闪光灯造成的照片局部过亮

原始文件:随书光盘\素材\9\06.jpg

最终文件:随书光盘\源文件\9\Example 06 调整闪光灯造成的照片局部过亮.psd

本实例学习如何调整闪光灯造成的照片局部过亮,这里利用"高反差保留"滤镜来降低亮度,使过亮区域恢复与照片整体光线相同的亮度,并通过"色阶"命令调整照片的对比度,最后使用"减少杂色"滤镜去除照片中的小杂点。

Before ●●●

After ●●●

⁘ STEP 01 复制背景图层

打开"随书光盘\素材\9\06.jpg"素材照片，素材效果如
下左图所示。然后在"图层"面板中，将"背景"图层拖
移到"创建新图层"按钮上，创建一个副本图层，效果如
下右图所示。

素材06.jpg　　　　　　　　　　　复制图层

⁘ STEP 02 设置"高反差保留"

执行"滤镜"|"其他"|"高反差保留"菜单命令，在打
开的"高反差保留"对话框中设置"半径"参数为70像
素，如下左图所示。确认设置后，得到如下右图所示的图
像效果。

设置"高反差保留"　　　　　　　设置后的效果

知识链接 ▶ ▶ ▶

"高反差保留"滤镜可以将照片中明显的线条提取
出来，通过"半径"值来控制提取的边缘宽度，参
数越小，提取线条越细；参数越大，显示的边缘宽
度越大，显示的范围也就越大，反差大的地方提取
出来的图案效果越明显，反差小的地方提取出来呈
现灰色。

⁘ STEP 03 设置图层混合模式与不透明度

在"图层"面板中，更改"背景副本"图层的混合模式为
"明度"，并调整"不透明度"为60%，如下左图所示。
设置完成后，在图像窗口中可以看到照片高光部分亮度降
低，如下右图所示。

更改图层混合模式　　　　　　　设置后的效果

⁘ STEP 04 盖印图层

按快捷键Shift+Ctrl+Alt+E盖印一个图层，生成"图层1"
图层，如下左图所示。然后单击"加深工具"，在人物手
部的较亮区域涂抹，被涂抹过的区域变暗，效果如下右图
所示。

盖印图层　　　　　　　　　　　加深图像

⁘ STEP 05 增强照片对比度

执行"图像"|"调整"|"色阶"菜单命令，在打开的
"色阶"对话框中调整阴影与高光区域的滑块，如下左图
所示。确认设置后，得到如下右图所示的效果。

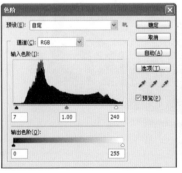

设置"色阶"　　　　　　　　　　设置后的效果

STEP 06 减少杂色

执行"滤镜"|"杂色"|"减少杂色"菜单命令，在打开的"减少杂色"对话框中如下图所示进行选项参数设置。

设置"减少杂色"选项

STEP 07 确认效果

确认设置的"减少杂色"滤镜后，回到图像中，照片中小女孩皮肤上的杂色被消除，光线调整到自然状态，最后完成效果如下图所示。

完成效果

Example 07 增加照片的暗部细节

原始文件：随书光盘\素材\9\07.jpg

最终文件：随书光盘\源文件\9\Example 07 增加照片的暗部细节.psd

本实例使用"阴影/高光"菜单命令，在保证图像高光区域亮度不变的情况下，提高图像暗部的高度，增加图像暗部的细节。

Before ●●●

After ●●●

09 用光问题照片专题

10 照片调色专题

11 人像照片专题

12 风景照片的艺术化处理

STEP 01 打开素材并复制图层

打开"随书光盘\素材\9\07.jpg"素材照片，在"图层"面板中，复制"背景"图层得到"背景副本"图层，如下图所示。

复制图层

STEP 02 打开"阴影/高光"对话框

执行"图像"|"调整"|"阴影/高光"菜单命令，打开"阴影/高光"对话框，勾选"显示更多选项"复选框，如下图所示。

"阴影/高光"对话框

STEP 03 设置图像亮度

扩展"阴影/高光"对话框，设置"阴影"的数量为100，色调宽度为56，半径为26，在"高光"选项中设置数量为8，色调宽度为40，半径为47，如下图所示。

设置图像亮度

STEP 04 调整图像颜色

在调整面板中单击"创建新的可选颜色调整图层"，设置颜色为"红色"，青色为-41，洋红为-39，黄色为+55，设置颜色为"黄色"，青色为-46，洋红为-38，黄色为+82，如下图所示。

调整图像颜色

STEP 05 查看效果

在图像窗口中查看图像色调发生变化后的效果，如下图所示。

查看效果

STEP 06 盖印可见图层

按快捷键Ctrl+Shift+Alt+E盖印可见图层，"图层"面板如下图所示。

盖印可见图层

STEP 07 模糊图像

执行"滤镜"|"模糊"|"高斯模糊"菜单命令，打开"高斯模糊"对话框，设置半径为1.5，如下图所示。

"高斯模糊"对话框

STEP 08 添加图层蒙版

在"图层"面板中，单击"添加图层蒙版"按钮 ▣，如下图所示。

添加蒙版

STEP 09 绘制蒙版

在工具箱中单击"画笔工具"按钮 🖊，在图像中进行涂抹以绘制蒙版，如下图所示。

绘制蒙版

STEP 10 添加边框

在工具箱中单击"裁剪工具"按钮 🔲 对超出图像的区域进行裁剪，然后为图像添加边框，最终效果如下图所示。

最终效果

9.3 增强数码照片的光影效果

对于照片中没有出现重大用光问题的照片，也可通过后期的处理，增加照片中的光影效果，例如增加照片局部光源、更改光影颜色或是制作出一些特殊的光影效果，以增强照片的立体感、艺术感。下面就介绍对普通照片进行各种光影效果处理的方法，以达到专业摄影效果。

Example 08 增加照片主体的光源

原始文件：随书光盘\素材\9\08.jpg

最终文件：随书光盘\源文件\9\Example 08 增加照片主体的光源.psd

本实例通过修改图层混合模式调整图像的光照效果，同时使用蒙版对图像进行编辑，增加照片主体部分的光源，突出表现主体人物。

Before ●●●

After ●●●

⋯⋮⋮ STEP 01 打开素材并绘制选区

打开"随书光盘\素材\9\08.jpg"素材照片，在工具箱中
单击"多边形套索工具"按钮 ，在图像中人物皮肤区域
绘制选区，如下图所示。

素材08.jpg

⋯⋮⋮ STEP 02 复制选区图像

按快捷键Ctrl+J进行拷贝图层的操作，然后复制选区到新
图层，并设置混合模式为"滤色"，如右图所示。

设置图层混合模式

⋯⋮⋮ STEP 03 盖印可见图层

按快捷键Ctrl+Shift+Alt+E盖印可见图层，如下图所示。

盖印可见图层

STEP 04　调整照片的色相和饱和度

执行"图像"｜"调整"｜"色相/饱和度"菜单命令，打开"色相/饱和度"对话框，设置颜色为青色，色相为-18，饱和度为+18，如下图所示。

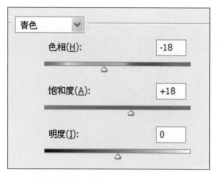

"色相/饱和度"对话框

STEP 05　模糊图像

执行"滤镜"｜"模糊"｜"高斯模糊"菜单命令，打开"高斯模糊"对话框，设置半径为40，如下图所示。

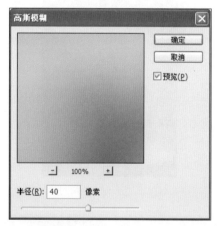

"高斯模糊"对话框

STEP 06　设置图层混合模式

在"图层"面板中，设置混合模式为"柔光"，如下图所示。

设置图层混合模式

STEP 07　查看图像效果

在图像窗口中查看效果，人物部分的色调被提亮了，如下图所示。

查看图像效果

STEP 08　盖印可见图层

按快捷键Ctrl+Shift+Alt+E盖印可见图层，"图层"面板如下图所示。

盖印可见图层

STEP 09　设置光照类型

执行"滤镜"｜"渲染"｜"光照效果"菜单命令，打开"光照效果"对话框，设置光照类型为全光源，强度为19，如下图所示。

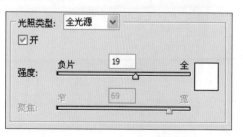

设置光照类型

STEP 10 设置光照范围

在"光照效果"对话框中，拖曳鼠标设置光照范围，如下图所示。

设置光照范围

STEP 11 查看效果

在图像窗口中查看图像的效果，如下图所示。

查看效果

STEP 12 添加蒙版

在"图层"面板中，单击"添加图层蒙版"按钮 ，为图层添加蒙版，如下图所示。

添加图层蒙版

STEP 13 绘制蒙版

在工具箱中单击"画笔工具"按钮 ，在婚纱尾部进行涂抹以绘制蒙版，最终效果如下图所示。

最终效果

Example 09 为照片增加温暖色调

原始文件：随书光盘\素材\9\09.jpg

最终文件：随书光盘\源文件\9\Example 09 为照片增加温暖色调.psd

　　本实例通过"应用图像"命令提亮照片，并提取照片中的高光与阴影部分，利用"减少杂色"滤镜为人物磨皮并锐化，最后使用颜色填充图层，为光线不好的普通照片添加温暖的色调，制作出一幅浓浓深情的母子图像。

Before ●●●

After ●●●

STEP 01 复制背景图层

打开"随书光盘\素材\9\09.jpg"素材照片,然后在"图层"面板中复制一个"背景"图层,生成"背景副本"图层,如下图所示。

素材09.jpg

复制图层

STEP 02 应用图像

执行"图像"|"应用图像"菜单命令,在打开的"应用图像"对话框中,如下图所示进行选项设置。

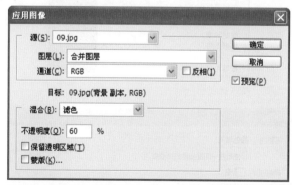

设置"应用图像"对话框

知识链接 ▶ ▶ ▶

通过"应用图像"命令,能够在图像中将图层与其通道进行混合,这种混合可达到修复图像的效果,这里就通过"应用图像"命令,修复图像中的对比度,以制作出自然的明暗对比度效果。

STEP 03 载入高光区域选区

确认"应用图像"后,在图像窗口中可看到照片被自然地提高了亮度,效果如下左图所示。然后在按住Ctrl键的同时,单击"通道"面板中RGB通道的通道缩览图,即载入图像中的高光区域选区,选区效果如下右图所示。

应用图像效果　　　　　　载入高光选区效果

STEP 04 复制选区图像

按快捷键Ctrl+J,将选区内的图像复制到新图层"图层1"中,如下左图所示。然后按住Ctrl键单击"图层1"的图层缩览图,如下右图所示,载入该图层中的图像选区。

复制图像　　　　　　　　载入图层选区

STEP 05 反向选区

执行"选择"|"反向"菜单命令,如下左图所示,或按快捷键Shit+Ctrl+I,将选区反向,得到如下右图所示的选区效果。

执行"反向"命令　　　　选区反向效果

STEP 06 复制选区内的图像

在"图层"面板中选择"背景副本"图层,如下左图所示。然后按快捷键Ctrl+J,将该图层中选区内的图像复制到新的图层"图层2"中,得到阴影部分的图像,如下右图所示。

选择图层　　　　　　　　复制选区图像生成新图层

STEP 07 设置"减少杂色"

对"图层2"中的图像执行"滤镜"|"杂色"|"减少杂色"命令,然后在打开的减少杂色对话框中设置"强度"为8、"保留细节"为0、"减少杂色"为20、"锐化细节"为10,如下图所示。

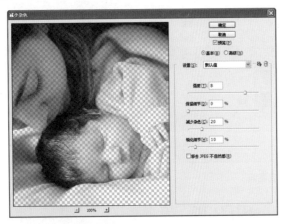

设置"减少杂色"

STEP 08 重复滤镜

确认设置后,为了使效果更加明显,需要执行"滤镜"|"减少杂色"菜单命令,如下左图所示。再次重复应用"减少杂色"滤镜,即可得到如下右图所示的效果。

执行命令　　　　　　　减少杂色效果

STEP 09 对其他图层应用滤镜

在"图层"面板中单击"图层1",如下左图所示。选择该图层后,按快捷键Ctrl+F,对"图层1"中的图像应用步骤7中设置的"减少杂色"滤镜,即可得到如下右图所示的效果。

选择图层　　　　　　　应用滤镜效果

STEP 10 新建填充图层

执行"图层"|"新建填充图层"|"纯色"菜单命令,如下图所示。在打开的"新建图层"面板中可看到新建图层"名称"默认为"颜色填充1",如下图所示,单击"确定"按钮确认。

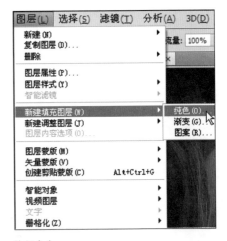

执行命令

"新建图层"对话框

STEP 11 设置颜色

在打开的"拾取实色"对话框中,设置颜色为橙色(R253、G129、B8),如下页上图所示。确认设置后,在"图层"面板中可查看到新建的"颜色填充1"图层,并设置其图层混合模式为"柔光",如下页图所示。

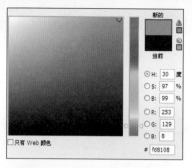

拾取颜色

设置图层混合模式

⋯⋯ STEP 12　确认效果

此时，在图像窗口中可看到图层混合后，添加了橙色，给人以温暖的感觉，完成效果如下图所示。

完成效果

Example 10　让暗淡的照片变得色彩亮丽

原始文件：随书光盘\素材\9\11.jpg
最终文件：随书光盘\源文件\9\Example 10 让暗淡的照片变得色彩亮丽.psd

　　本实例先通过为照片添加"可选颜色调整图层"更改照片色彩，然后利用可选颜色对照片中每种色彩的浓度进行添加或减少，恢复照片原有的亮丽色彩，最后为照片提高亮度与对比度，以更好地展现出娇艳欲滴的美丽玫瑰。

Before ●●●

After ●●●

STEP 01 复制背景图层

打开"随书光盘\素材\9\11.jpg"素材照片,效果如下左图所示。然后在"图层"面板中复制一个"背景"图层,生成"背景副本"图层,如下右图所示。

素材11.jpg　　　　　　　复制图层

STEP 02 自动色调

执行"图像"|"自动色调"菜单命令,如下左图所示,对照片的色调进行自动调整,效果如下右图所示。

执行命令　　　　　　　自动色调效果

STEP 03 设置可选颜色调整图层

在"调整"面板中单击"创建新的可选颜色调整图层"按钮,如下左图所示。然后在打开的"可选颜色"界面中如下右图所示进行参数设置。

单击按钮　　　　　　　设置"红色"

STEP 04 更改"颜色"选项

单击"颜色"选项后的下三角按钮,在打开的列表中单击"绿色"选项,如下左图所示,然后如下右图所示进行参数设置。

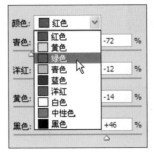

选择"绿色"　　　　　　设置"绿色"

STEP 05 确认效果

继续在面板中更改"颜色"选项为"中性色",然后如下左图所示进行参数设置。设置完成后,在图像窗口中即可看到图像色彩变得艳丽,效果如下右图所示。

设置"中性色"　　　　　　应用效果

STEP 06 设置"亮度/对比度"

再为图像添加一个"亮度/对比度"调整图层,如下左图所示进行选项参数设置,最后完成效果如下右图所示。

设置"亮度/对比度"　　　　完成效果

Example **11** 制作夜晚灯光下的拍摄效果

原始文件：随书光盘\素材\9\12.jpg
最终文件：随书光盘\源文件\9\Example 11 制作夜晚灯光下的拍摄效果.psd

本实例通过在照片中添加镜头光晕，模拟灯光效果，并结合调整图层中蒙版的设置，制作出不同明暗的变化，调出夜晚拍摄出的人物照片效果，使平淡的照片添加光彩，更具欣赏性。

Before ●●●

After ●●●

STEP 01 打开素材

打开"随书光盘\素材\9\12.jpg"素材照片，效果如下左图所示。然后在"图层"面板中单击"添加新的调整或填充图层"按钮，在打开的菜单中单击"色相/饱和度"命令，如下右图所示。

素材12.jpg

选择命令

STEP 02 设置调整图层

在打开的"调整"面板中，如右上左图所示将"饱和度"参数调整为+46。设置完成后，在图像窗口中即可看到照片提高了饱和度，效果如右上右图所示。

设置"饱和度"

应用效果

STEP 03 设置"亮度/对比度"

再为图像添加一个"亮度/对比度调整图层"，设置其选项参数，如下左图所示。设置完成后，照片提高了亮度与对比度，效果如下右图所示。

设置选项

设置后的图像效果

273

∴∷ STEP 04　添加镜头光晕

按快捷键Shift+Ctrl+Alt+E盖印图层，生成"图层1"，然后执行"滤镜"|"渲染"|"镜头光晕"菜单命令，在打开的"镜头光晕"对话框中如下左图所示进行设置。确认设置后，得到如下右图所示的效果。

设置"镜头光晕"　　　　　确认应用效果

∴∷ STEP 05　再次添加镜头光晕

再次执行"滤镜"|"渲染"|"镜头光晕"菜单命令，在打开的"镜头光晕"对话框中更改"镜头类型"与"亮度"，如下左图所示。确认设置后，可看到照片中的灯光效果加强，如下右图所示。

再次设置"镜头光晕"　　　　图像应用效果

∴∷ STEP 06　更改"亮度/对比度"

再添加一个"亮度/对比度"调整图层，在"调整"面板中将"亮度"设置为-150，"对比度"设置为100，

如下左图所示。设置完成后，可看到如下右图所示的图像效果。

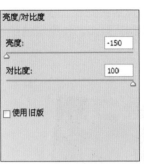

更改"亮度/对比度"　　　　设置后的效果

∴∷ STEP 07　编辑调整图层蒙版

在"图层"面板中选择蒙版缩览图，如下左图所示。单击"渐变工具"，在选项栏中选择黑色到白色的渐变，然后使用该工具在图像中进行拖动应用渐变，利用蒙版将图像中需要的部分显示出来，效果如下右图所示。

选择蒙版　　　　　　　　编辑蒙版后的效果

∴∷ STEP 08　盖印图层

再次按快捷键Shift+Ctrl+Alt+E盖印图层，生成"图层2"，如下左图所示。然后使用"加深工具"对图像进行加深处理，以完善效果，最后编辑完成的效果如下右图所示。

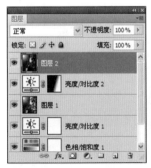

盖印图层　　　　　　　　完成效果

Example **12** 调出光线柔和、色彩饱满的效果

原始文件：随书光盘\素材\9\13.jpg

最终文件：随书光盘\源文件\9\Example 12 调出光线柔和、色彩饱满的效果.psd

本实例先通过模糊图像，并设置图层之间的混合，柔和照片光线，再通过色相/饱和度调整图层，增强图像色彩，将普通风景照片通过简单的编辑制作成光线柔和且色彩饱满的艺术效果。

Before ●●●

After ●●●

⁙ STEP 01　打开素材

打开"随书光盘\素材\9\13.jpg"素材照片，效果如下左图所示。然后在"图层"面板中复制一个"背景"图层，生成"背景副本"图层，如下右图所示。

素材13.jpg

复制图层

⁙ STEP 02　模糊图像

执行"滤镜"|"模糊"|"高斯模糊"菜单命令，在打开的"高斯模糊"对话框中将"半径"设置为3.0像素，如下左图所示。单击"确定"按钮，图像应用高斯模糊效果如下右图所示。

设置高斯模糊

图像模糊效果

⁙ STEP 03　设置图层混合模式

在"图层"面板中，将模糊后的"背景副本"图层的混合模式更改为"强光"，如下左图所示。图层混合效果如下右图所示，制作出柔光效果。

更改图层混合模式

图层混合效果

⁙ STEP 04　添加色相/饱和度调整图层

单击"调整"面板中的"创建新的色相/饱和度调整图层"按钮，如下左图所示。然后在打开的"色相/饱和度"界面中，如下右图所示对"黄色"选项进行设置。

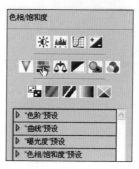

单击按钮

设置选项参数

275

⋯⋮ STEP 05 确认效果

设置"色相/饱和度调整图层"后，图像应用效果如下图所示。

调整色相/饱和度后的效果

⋯⋮ STEP 06 盖印图层

按快捷键Shift+Ctrl+Alt+E盖印图层，生成"图层1"，如下左图所示。再按快捷键Ctrl+F，对盖印图层应用STEP 02中设置的"高斯模糊"滤镜，并更改图层混合模式为"滤色"、"不透明度"为50%，如下右图所示。

盖印图层　　　　　　　更改图层混合模式与不透明度

⋯⋮ STEP 07 图层混合效果

此时，在图像窗口中可看到图层混合后，图像的亮度提高，效果如下图所示。

编辑后的效果

⋯⋮ STEP 08 锐化图像

再次盖印图层，生成"图层2"，执行"滤镜"|"锐化"|"USM锐化"菜单命令，在打开的"USM锐化"对话框中如下左图所示进行选项设置。单击"确定"按钮后，图像应用"USM锐化"滤镜效果如下右图所示。

设置"USM锐化"　　　　完成效果

Example **13** 为普通照片增添梦幻效果

原始文件：随书光盘\素材\9\14.jpg、15.jpg
最终文件：随书光盘\源文件\9\Example 13 为普通照片增添梦幻效果.psd

　　本实例通过对通道中图像的应用，将照片色调更改为青色，然后利用模糊滤镜与图层混合模式的配合，对人物进行磨皮，制作出柔和的效果，最后在图像中添加上一些小元素，增强照片的梦幻感。

Before ●●●

After ●●●

Part 01
Part 02
Part 03
Part 04

⋯⋮⋯ STEP 01 打开素材

执行"文件"|"打开"菜单命令，打开"随书光盘\素材\
9\14.jpg"素材照片，效果如下左图所示。然后在"通
道"面板中选择"绿"通道，如下右图所示。

素材14.jpg   选择通道

⋯⋮⋯ STEP 02 复制通道图像

在图像窗口中可查看到选择的"绿"通道图像效果，然后
按快捷键Ctrl+A全选图像，创建出选区，如下左图所示。
接着按快捷键Ctrl+C复制选区内的图像，在"通道"面
板中单击"蓝"通道，并按快捷键Ctrl+V粘贴复制"绿"
通道图像，如下右图所示。

全选图像并复制   在"蓝"通道中粘贴图像

⋯⋮⋯ STEP 03 查看通道编辑效果

单击RGB通道，如下左图所示，显示所有通道。然后回到
原图像中，在图像窗口中可看到图像通道编辑后，变成了
青色色调，如下右图所示。

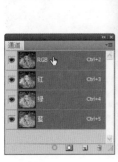

单击RGB通道   通道编辑后的效果

⋯⋮⋯ STEP 04 复制图层并设置模糊

在"图层"面板中复制一个"背景"图层，生成"背景副
本"图层，如下左图所示。然后执行"滤镜"|"模糊"|
"高斯模糊"菜单命令，在打开的"高斯模糊"对话框
中，设置"半径"为5.0像素，如下右图所示，设置完成
后单击"确定"按钮。

复制图层   设置"高斯模糊"

⋯⋮⋯ STEP 05 更改图层混合模式

在"图层"面板中更改模糊后的"背景副本"图层混合模
式为"强光"，如下左图所示。此时，可看到图像加强了
明暗对比，制作出柔和梦幻的图像效果，如下右图所示。

更改图层混合模式   图层混合效果

⋯⋮⋯ STEP 06 设置光照效果

执行"滤镜"|"渲染"|"光照效果"菜单命令，在打开的
"光照效果"对话框中，设置"光照类型"为"点光"，并
在左侧预览框内调整光照位置及范围，如下图所示。

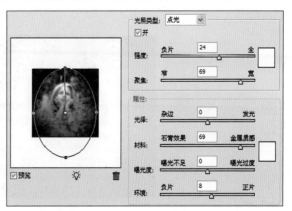

设置"光照效果"选项

STEP 07　确认效果

确认"光照效果"滤镜后，得到如下左图所示的图像效果。然后将照片光照集中到小女孩身上，再次执行"文件"|"打开"菜单命令，打开"随书光盘\素材\9\15.jpg"素材照片，效果如下右图所示。

 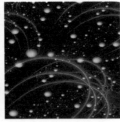

应用光照效果　　　　　　　　　　素材15.jpg

STEP 08　载入图像高光选区

将STEP 07中打开的图像复制到小女孩图像中，生成"图层1"，如下左图所示。然后在按住Ctrl键的同时单击"通道"面板中RGB通道前的通道缩览图，如下右图所示，载入图像中的高光区域选区。

复制图像　　　　　　　　　　载入高光区域选区

STEP 09　查看选区

单击"图层1"前的"切换图层可视性"按钮，隐藏该图层，如下左图所示。此时，在图像窗口中可看到STEP 08中创建的选区效果，如下右图所示。

隐藏图层　　　　　　　　　　选区效果

STEP 10　填充选区

单击"创建新图层"按钮，新建一个空白图层"图层2"，如下左图所示。为选区填充白色，并按快捷键Ctrl+D取消选区，得到如下右图所示的效果。

新建图层　　　　　　　　　　填充选区效果

STEP 11　添加图层蒙版

单击"图层"面板下方的"添加图层蒙版"按钮，为"图层2"添加一个图层蒙版，如下上图所示。然后将前景色设置为黑色，使用"画笔工具"在蒙版上进行涂抹，隐藏边缘不需要的小亮点，最后编辑完成的效果如下下图所示。

添加图层蒙版

编辑蒙版后的完成效果

Chapter 10

照片调色专题

色彩既是客观世界的反映，又是主观世界的感受，将照片调成何种色彩，就需要读者在学会使用Photoshop中的各种调色操作后，根据自己对色彩的感受，来调出具有个人风格色调的照片。

图像的调色是Photoshop的核心技术之一，对图像进行调色主要涉及对色阶、曲线、色彩平衡、色相/饱和度等基本调色命令的运用，还可以通过可选颜色、通道混合器、渐变映射、"信息"面板、拾色器等进行进一步的调色操作。本章就来介绍照片调色中一些较为特殊的调色方法与技巧，以制作出当下时尚的"非主流"色调、个性冷色调和独具风韵的暖色调。

轻松打造军色效果

调出迷人的蓝紫色调

制作人像漫画写生效果

打造梦幻红树林

10.1 时尚MM最爱 "非主流"

"非主流"是张扬个性、另类、不盲从当今大众的潮流，将这一特点应用到照片效果的调色中，通过不同的操作方法，就会产生独特色调、个性张扬的照片，成为时尚人士最爱的照片效果。

Example 01 制作人像漫画写生效果

原始文件：随书光盘\素材\10\01.jpg

最终文件：随书光盘\源文件\10\Example 01　制作人像漫画写生效果.psd

本实例通过使用"特殊模糊"滤镜柔化人物皮肤，制作出手绘效果，使用"钢笔工具"绘制图形，为照片制作漫画写生的效果。

Before ●●●

After ◐●●

⋰⋰ STEP 01　打开素材并复制图层

打开"随书光盘\素材\10\01.jpg"素材照片，在"图层"面板中复制"背景"图层得到"背景副本"图层，如下图所示。

复制图层

⋰⋰ STEP 02　模糊图像

执行"滤镜"｜"模糊"｜"特殊模糊"菜单命令，打开"特殊模糊"对话框，设置半径为4.9像素，阈值为35.4色阶，如下图所示。

"特殊模糊"对话框

⋯⋮⋮⋮ STEP 03 调整图像亮度

执行"图像"|"调整"|"色阶"菜单命令,打开"色阶"对话框,设置色阶为0、1.30、235,如下图所示。

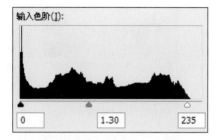

"色阶"对话框

⋯⋮⋮⋮ STEP 04 查看图像效果

在图像窗口中查看效果,人物皮肤白皙光滑,如下图所示。

查看图像效果

⋯⋮⋮⋮ STEP 05 绘制眉毛

在工具箱中单击"钢笔工具"按钮 ✐,在图像中沿人物眉毛边缘绘制路径,如下图所示。

绘制眉毛路径

⋯⋮⋮⋮ STEP 06 创建新图层

在"图层"面板中,单击"创建新图层"按钮 ⬛,创建新图层,如右上图所示。

新建图层

⋯⋮⋮⋮ STEP 07 制作眉毛

单击右键从弹出的快捷菜单中选择"建立选区"命令,将路径转换为选区,设置"羽化半径"为5像素,将选区填充为黑色,在"图层"面板中设置不透明度为60%,取消选区,在图像窗口中查看效果,如下图所示。

设置"图层"面板

查看效果

⋯⋮⋮⋮ STEP 08 绘制人物眼珠

在工具箱中单击"多边形套索工具"按钮 ⬚,在图像中沿人物眼球边缘绘制选区,新建"图层2"图层,将选区填充为R52、G100、B116,设置混合模式为"正片叠底",如下图所示。

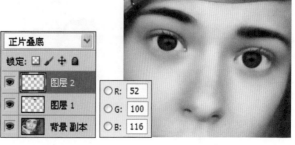

绘制眼珠

⁘ STEP 09 绘制人物眼睑

在工具箱中单击"钢笔工具"按钮 ✐，在图像中沿人物眼睑边缘绘制路径，如下图所示。

绘制路径

⁘ STEP 10 填充选区

将路径转换为选区，新建"图层3"图层，将选区填充为黑色，如下图所示。

添加眼线轮廓

⁘ STEP 11 绘制眼珠上的高光

在工具箱中单击"椭圆选框工具"按钮 ○，在图像中创建选区，新建"图层4"图层，将选区填充为白色，在"图层"面板中设置不透明度为74%，如下图所示。

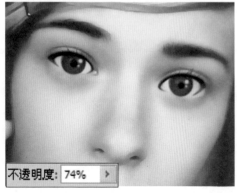

不透明度: 74%

添加白色圆点

⁘ STEP 12 绘制选区

在工具箱中单击"多边形套索工具"按钮 ✄，在图像中沿人物鼻子和嘴唇轮廓绘制选区，如下图所示。

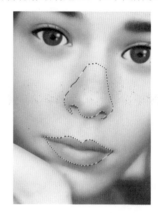

创建选区

⁘ STEP 13 调整图像轮廓

在工具箱中单击"加深工具"按钮 ⊙，在鼻子和嘴唇的暗部进行涂抹使轮廓清晰，单击"减淡工具" ✐ 在鼻子和嘴唇的高光部分进行涂抹使图像更加立体，如下图所示。

增加人物立体感

⁘ STEP 14 查看图像效果

在工具箱中单击"涂抹工具"按钮 ✎，在选项栏中设置强度为50%，在图像中的头发位置涂抹，最终效果如下图所示。

最终效果

原始文件：随书光盘\素材\10\02.jpg

最终文件：随书光盘\源文件\10\Example 02　调出甜
美的粉嫩色调.psd

Example 02　调出甜美的粉嫩色调

　　本实例通过填充图层并修改图层的混合模式来调整照片的颜色，为甜蜜婚纱照调出粉嫩的色调，然后使用"高斯模糊"滤镜，为照片制作朦胧的柔光效果。

Before ●●●

After ●●●

⋯⋯ STEP 01　打开素材并复制图层

打开"随书光盘\素材\10\02.jpg"素材照片，在"图层"面板中，复制"背景"图层得到"背景副本"图层，如下图所示。

复制图层

⋯⋯ STEP 02　打开"曲线"对话框

执行"图像"｜"调整"｜"曲线"菜单命令，打开"曲线"对话框，拖曳鼠标调整曲线，如下图所示。

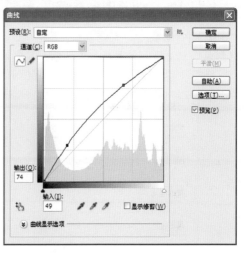

"曲线"对话框

∷∷ STEP 03　设置图像颜色

在"图层"面板中，新建"图层1"图层，将图层填充为R254、G206、B206，设置混合模式为"色相"，如下图所示。

"图层"面板

∷∷ STEP 04　盖印可见图层

按快捷键Ctrl+Shift+Alt+E盖印可见图层，然后在图像窗口中查看效果，如下图所示。

盖印可见图层

∷∷ STEP 05　调整图像可选颜色

执行"图像"|"调整"|"可选颜色"菜单命令，打开"可选颜色"对话框，设置颜色为红色，其中，青色为-73%，洋红为-38%，黄色为+10%，如下图所示。

"可选颜色"对话框

∷∷ STEP 06　复制图层

在"图层"面板中，复制"图层2"图层得到"图层2副本"图层，如下图所示。

复制图层

∷∷ STEP 07　模糊图像

执行"滤镜"|"模糊"|"高斯模糊"菜单命令，打开"高斯模糊"对话框，设置"半径"为5像素，如下图所示。

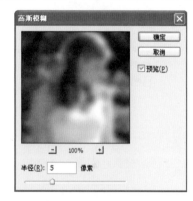

"高斯模糊"对话框

∷∷ STEP 08　设置混合模式

在"图层"面板中，设置混合模式为"柔光"，如下图所示。

设置混合模式

•••⁞⁝ STEP 09 添加蒙版

在"图层"面板中，单击"添加图层蒙版"按钮 ▣，如下图所示。

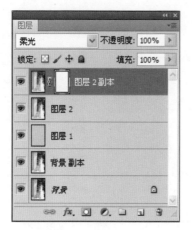

添加蒙版

•••⁞⁝ STEP 10 绘制蒙版

在工具箱中单击"画笔工具"按钮 ✐，在图像中进行涂抹以绘制蒙版，图像的最终效果如下图所示。

最终效果

E**xample** 03 制作斑驳的老照片效果

原始文件：随书光盘\素材\10\03.jpg

最终文件：随书光盘\源文件\10\Example 03 制作
斑驳的老照片效果.psd

　　本实例主要通过各种调整图层之间的配合，更改照片的色彩，制作出老照片的发黄色调，并通过"高反差保留"滤镜的使用来锐化照片，加强照片中的斑驳效果，将当下拍摄的照片处理成斑驳老照片效果，通过强对比的色彩与光线，表现出浓浓的岁月印迹。

Before ●●●

After ●●●

09 用光问题照片专题

10 照片调色专题

11 人像照片专题

12 风景照片的艺术化处理

STEP 01　打开素材图像

执行"文件"|"打开"菜单命令,打开"随书光盘\素材\10\03.jpg"素材照片,效果如下图所示。

素材03.jpg

STEP 02　设置曲线调整图层

在"曲线"对话框中,如下左图所示。单击"创建新的曲线调整图层"按钮,在打开的曲线面板中如下右图所示,对曲线进行编辑。

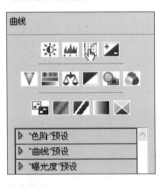

单击按钮　　　　　　　调整曲线

STEP 03　更改图层混合模式

在"图层"面板中即可看到添加的曲线调整图层,更改其图层混合模式为"颜色减淡",如下左图所示。设置完成后,得到如下右图所示的图像效果。

"图层"面板　　　　　图层混合效果

STEP 04　添加可选颜色调整图层

在"调整"面板中再创建一个可选颜色调整图层,然后在打开的"可选颜色"界面中如下左图所示对"红色"进行设置。接着更改"颜色"为"蓝色",如下右图所示进行参数设置。

设置"红色"　　　　　　设置"蓝色"

STEP 05　设置各颜色

根据画面中的色彩,继续选择不同的颜色进行设置,如下两图所示分别对"白色"和"中性色"进行设置。

设置"白色"　　　　　　设置"中性色"

STEP 06　查看效果

设置完成可选颜色调整图层后,图像应用效果如下图所示,可看到加强了各颜色在图像中的饱和度。

应用可选颜色调整图层后的效果

STEP 07 添加"照片滤镜"调整图层

创建一个"照片滤镜"调整图层,在打开的界面中将"加深滤镜"的"浓度"更改为80%,如下左图所示。设置完成后,图像应用效果如下右图所示,图像添加了黄色调。

设置"照片滤镜"　　应用效果

STEP 08 加强对比度

继续为图像添加一个"色阶"调整图层,如下左图所示进行调整图层设置。设置完成后,可看到图像中间调被调暗,高光部分被提亮,加强了图像的对比度,效果如下右图所示。

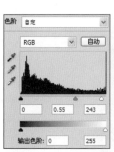

设置"色阶"调整图层　　应用效果

STEP 09 设置"高反差保留"

按快捷键Ctrl+Shift+Alt+E盖印图层,生成"图层1",

如下左图所示。执行"滤镜"|"其他"|"高反差保留"菜单命令,在打开的"高反差保留"对话框中,将"半径"设置为1.0像素,如下右图所示,然后单击"确定"按钮。

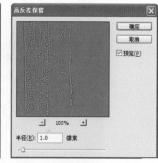

盖印图层　　　　　　"高反差保留"对话框

STEP 10 确认效果

确认"高反差保留"滤镜后,更改"图层1"的图层混合模式为"叠加",达到锐化的目的,加强图像的斑驳效果,最终完成效果如下图所示。

最终效果

10.2 冷酷到底的个性色调

色调是指一张照片色彩的基本倾向,是对照片整体颜色的概括评价。色调会让人产生冷暖感,冷色调的照片给人以理智、宁静、清新的感觉,因此将一些拍摄的照片处理成冷色调,可以更加清楚地表达拍摄的主要内容。这一节就将介绍如何调出冷酷色调、军色效果、冷色暗调等一些特殊的个性冷色调效果。

Example 04 表现冷酷的阳刚气质

原始文件:随书光盘\素材\10\04.jpg

最终文件:随书光盘\源文件\10\Example 04 表现冷酷的阳刚气质.psd

　　本实例使用"表面模糊"滤镜为人物磨皮,通过"色彩平衡"菜单命令调整图像的冷暖对比,使用"照片滤镜"命令表现出人物冷酷的阳刚气质。

Before ●●●

After ●●●

Part 01　Part 02　Part 03　Part 04

⁛ STEP 01　打开素材并复制图层

打开"随书光盘\素材\10\04.jpg"素材照片，在"图层"面板中，复制"背景"图层得到"背景 副本"图层，如下图所示。

复制"背景"图层

⁛ STEP 02　去除眼袋

在工具箱中单击"修补工具"按钮🔳，使用"修补工具"去除人物的眼袋，如右上图所示。

去除眼袋

⁛ STEP 03　去除毛孔

在工具箱中单击"模糊工具"按钮🔳，在图像中毛孔粗大的地方涂抹，如下图所示。

去除毛孔

STEP 04 编辑快速蒙版

在工具箱中单击"以快速蒙版模式编辑"按钮 ▣，进入快速蒙版，选中"画笔工具" ✐，在图像中涂抹，如下左图所示，单击"以标准模式编辑"按钮 ▣，退出快速蒙版，查看选区，如下右图所示。

编辑快速蒙版

STEP 05 模糊图像

执行"滤镜"|"模糊"|"表面模糊"菜单命令，打开"表面模糊"对话框，设置"半径"为15像素，"阈值"为18色阶，如下图所示。

模糊图像

STEP 06 锐化图像细节

执行"滤镜"|"杂色"|"减少杂色"菜单命令，打开"减少杂色"对话框，设置"强度"为9，"保留细节"为99%，"减少杂色"为26%，"锐化细节"为71%，如下图所示。

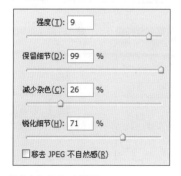

"减少杂色"对话框

STEP 07 查看图像效果

在图像窗口中查看锐化人物细节后的图像效果，如下图所示。

查看图像效果

STEP 08 调整图像颜色

执行"图像"|"调整"|"色彩平衡"菜单命令，打开"色彩平衡"对话框，选中"阴影"单选按钮，设置色阶为0、+20、+30，再选中"高光"单选按钮，设置色阶为0、0、−9，如下图所示。

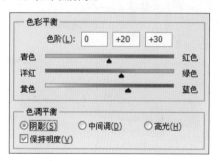

设置阴影

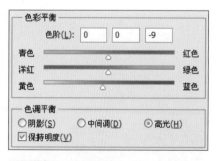

设置明度

STEP 09 设置"照片滤镜"参数

执行"图像"|"调整"|"照片滤镜"菜单命令，打开"照片滤镜"对话框，设置颜色为R33、G97、B183，"浓度"为52%，如下页图所示。

09 用光问题照片专题

10 照片调色专题

11 人像照片专题

12 风景照片的艺术化处理

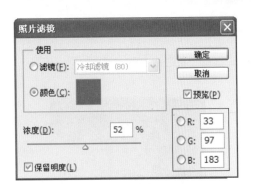

"照片滤镜"对话框

最终效果

STEP 10 设置图像的不透明度

在"图层"面板中，设置不透明度为70%，在图像窗口中
查看效果，如右图所示。

Example 05 轻松打造军色效果

原始文件：随书光盘\素材\10\05.jpg

最终文件：随书光盘\源文件\10\Example 05 轻松打造军色效果.psd

本实例主要通过颜色通道的编辑，去除原图像中的黄色调，并对照片进行一些修饰润色，最后利用"照片
滤镜"调整图层，在照片中添加需要的青色，轻松制作出军色效果。

Before ●●●

After ●●●

STEP 01 打开素材并复制图层

执行"文件"|"打开"菜单命令，打开"随书光盘\素材\
10\05.jpg"素材照片，如下图所示，然后在"图层"面
板中复制一个"背景"图层。

素材05.jpg

STEP 02 编辑通道

在"通道"面板中，单击"绿"通道，如下左图所示，然
后按快捷键Ctrl+A全选该通道中的图像，按快捷键Ctrl+C
复制选区内容。接着在"通道"面板中单击"蓝"通道，
如下右图所示，按快捷键Ctrl+V粘贴刚才复制的内容。

复制"绿"通道内容

单击"蓝"通道并粘贴

•┅┉ STEP 03　查看效果

单击RGB通道，显示所有的通道，如下左图所示。此时，在图像窗口中可看到编辑通道后的图像效果，如下右图所示。

显示所有通道　　　编辑后的效果

•┅┉ STEP 04　复制图层并设置模糊滤镜

按快捷键Ctrl+J快速复制图像到新的图层中，生成"背景副本2"图层，如下左图所示。然后执行"滤镜"｜"模糊"｜"高斯模糊"菜单命令，在打开的"高斯模糊"对话框中设置"半径"为3.0像素，如下右图所示。

复制图层　　　　　"高斯模糊"对话框

•┅┉ STEP 05　设置图层混合模式

确认"高斯模糊"滤镜设置后，在"图层"面板中更改"背景副本2"图层的混合模式为"变暗"，将"不透明度"降低为40%，如下左图所示。设置完成后，图像效果如下右图所示。

更改图层混合模式　　图层混合效果

•┅┉ STEP 06　添加照片滤镜调整图层

在"调整"面板中单击"创建新的照片滤镜调整图层"按钮，如下左图所示，为图像添加照片滤镜调整图层。然后在打开的相应设置选项中，将"颜色"更改为青色（R9、G183、B181），"浓度"设置为80%，如下右图所示。

单击按钮　　　　　设置选项

 实用技巧 ▶ ▶ ▶

单击"颜色"选项后的颜色框，在打开的"选择滤镜颜色"对话框中，可以设置需要的任意颜色。每个人心目中的"军色"定义是不一样的，这里就可以根据自己的感觉，设置出心中完美的军色效果。

•┅┉ STEP 07　查看效果

此时在图像窗口中可看到，应用照片滤镜调整图层后，图像色调更改为青色，如下图所示。

应用照片滤镜效果

•┅┉ STEP 08　加强亮度与对比度

再为图像添加一个亮度/对比度调整图层，如下左图所示设置参数，得到最终图像效果如下右图所示。

设置"亮度/对比度"　　最后完成效果

Example 06 打造反转负冲效果

本实例主要通过在不同的颜色通道中运用"应用图像"和"色阶"命令,将原照片色彩快速制作成反转负冲效果,最后再对图像设置亮度、饱和度等,将图像处理到完美的效果。

Before ●●●

After ●●●

:::: STEP 01 打开素材并复制图层

打开"随书光盘\素材\10\06.jpg"素材照片,如下左图所示。然后在"图层"面板中复制一个"背景"图层,如下右图所示。

素材06.jpg

复制图层

:::: STEP 02 选择颜色通道

打开"通道"面板,选中"蓝"通道,如下左图所示,并单击RGB通道前的"切换通道可视性"按钮,显示各通道,如下右图所示。

单击"蓝"通道

单击"切换通道可视性"按钮

:::: STEP 03 设置应用图像

执行"图像"|"应用图像"菜单命令,在打开的"应用图像"对话框中,为"蓝"通道勾选"反相"复选框,设置"混合"为"正片叠底"、"不透明度"为50%,如下左图所示。确认设置后,得到如下右图所示的效果。

设置"应用图像"选项

确认后的效果

:::: STEP 04 设置"绿"通道

在"通道"面板中选择"绿"通道,如下左图所示。然后执行"图像"|"应用图像"菜单命令,在打开的对话框中同样勾选"反相"复选框,更改"不透明度"为20%,如下右图所示,设置完成后单击"确定"按钮。

选择"绿"通道

设置"应用图像"选项

⠿ STEP 05 确认效果

此时，在图像窗口中即可看到图像应用设置后的效果，如下图所示。

确认效果

⠿ STEP 06 设置"红"通道

选择"红"通道，再次执行"图像"｜"应用图像"菜单命令，在打开的对话框中，设置"混合"为"颜色加深"，如下左图所示。确认设置后，在图像窗口中即可看到已制作出反转负冲的效果，如下右图所示。

对"红"通道进行设置

设置后的效果

⠿ STEP 07 添加色阶调整图层

在"通道"面板中单击RGB通道，即选中所有通道，如下左图所示。然后在"调整"面板中创建一个色阶调整图层，在打开的相应设置选项中，如下右图所示对"蓝"通道设置色阶。

显示所有通道

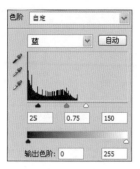

为"蓝"通道设置色阶

⠿ STEP 08 确认效果

继续在"调整"面板中为"绿"通道设置色阶，如下左图所示。完成设置后，图像效果如下右图所示，降低了图像中的黄色。

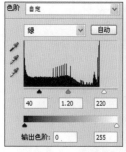

为"绿"通道设置色阶　　设置后的效果

> **知识链接** ▶ ▶ ▶ ▶
>
> 反转负冲效果表现为反差强烈，主体突出，色彩艳丽，主要适用于人像摄影和部分风光照片。这两种拍摄题材在反转负冲的表现下，具有独特的魅力。

⠿ STEP 09 提高对比度与饱和度

为图像添加一个亮度/对比度调整图层，如下左图所示进行参数设置。再添加一个色相/饱和度调整图层，如下右图所示，将"饱和度"设置为+15。

设置"亮度/对比度"　　更改饱和度

⠿ STEP 10 最终效果

设置完成后，增强了图像的色彩饱和度，图像反转负冲效果如下图所示。

最终效果

Example 07 暗调的魅力

原始文件：随书光盘\素材\10\07.jpg
最终文件：随书光盘\源文件\10\Example 07 暗调的魅力.psd

　　本实例在制作中复制了多个原图像图层，然后对不同图层设置模糊滤镜和图层混合模式，柔和图像，接着对去色后的图像设置图层混合，制作出暗调效果，并为整体图像添加色彩平衡调整图层，在图像中添加青色和蓝色，增强照片的冷调效果，体现出照片暗调的魅力。

Before ●●●

After ●●●

⋮⋮⋮ STEP 01　打开素材并复制图层

打开"随书光盘\素材\10\07.jpg"素材照片，如下左图所示。然后在"图层"面板中复制一个"背景"图层，如下右图所示。

素材07.jpg

复制图层

⋮⋮⋮ STEP 02　复制多个图层

多次按快捷键Ctrl+J，再复制3个图层，如右上左图所示。然后选择"背景副本"图层，将该图层以上3个图层都隐藏，如右上右图所示。

复制多个图层

选择图层并隐藏部分图层

⋮⋮⋮ STEP 03　设置"径向模糊"

对选择的图层执行"滤镜"｜"模糊"｜"径向模糊"菜单命令，然后在打开的"径向模糊"对话框中，如下左图所示进行设置。确认设置后，图像应用滤镜效果如下右图所示。

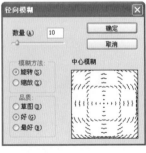

"径向模糊"对话框

应用"径向模糊"效果

···◈··· STEP 04　设置图层混合模式

将设置模糊滤镜后的"背景副本"图层混合模式更改为"强光",如下左图所示,图层混合后的效果如下右图所示。

更改图层混合模式　　　　　　　图层混合后的效果

···◈··· STEP 05　设置"高斯模糊"

在"图层"面板中选择并显示"背景副本2"图层,如下左图所示。然后执行"滤镜"|"模糊"|"高斯模糊"菜单命令,在打开的"高斯模糊"对话框中,将"半径"设置为5.0像素,如下右图所示。

选择并显示图层　　　　　　　"高斯模糊"对话框

···◈··· STEP 06　设置图层混合模式

设置"图层副本2"图层的混合模式为"滤色",如下左图所示,图像混合后的效果如下右图所示。

更改图层混合模式　　　　　　　图层混合后的效果

···◈··· STEP 07　去除颜色

在"图层"面板中选择并显示"背景副本3"图层,然后执行"图像"|"调整"|"去色"菜单命令,将照片转换为黑白效果,如右上左图所示。接着更改该图层的混合模式为"正片叠底",图层混合后的效果如右上右图所示。

去色效果　　　　　　　　　　图层混合后的效果

···◈··· STEP 08　重复应用"高斯模糊"滤镜

选择并显示"背景副本4"图层,更改其图层混合模式为"点光",如下左图所示。然后对其执行"滤镜"|"高斯模糊"菜单命令,或按快捷键Ctrl+F,在图像中应用前面设置的"高斯模糊"滤镜,图像效果如下右图所示。

"图层"面板　　　　　　　　　编辑后的效果

···◈··· STEP 09　添加色彩平衡调整图层

在"调整"图层上添加一个色彩平衡调整图层,如下左图所示进行选项设置,最后完成效果如下右图所示。

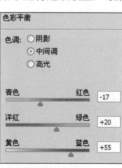

设置色彩平衡　　　　　　　　　完成效果

知识链接 ▶ ▶ ▶

冷色调是给人以凉爽感觉的青、蓝、紫色以及由它们构成的色调。不同的冷色给人以不同的感受,例如青色、青绿色、青紫色给人以安静、清爽、沉稳等感觉。因此,将一些人物或风景照片处理成冷色调,能更好地将照片理性地展现给观赏者。

本实例主要通过载入通道选区后抠取暗调与高光区域的图像，然后分别对抠取的图像应用曲线调整图层，设置不同颜色通道的曲线，调出迷人的蓝紫色调。

Before ●●●

After ●●●

···:::: STEP 01 打开素材

打开"随书光盘\素材\10\08.jpg"素材照片，如下左图所示，然后按住Ctrl键的同时，在"通道"面板中单击"红"通道前的通道缩览图，如下右图所示，载入该通道选区。

素材08.jpg   单击通道缩览图

···:::: STEP 02 羽化选区

载入红通道后的选区效果如右上左图所示。然后执行"选择"|"修改"|"羽化"菜单命令，或按快捷键Shift+F6打开"羽化选区"对话框，在对话框中设置"羽化半径"为10像素，如右上右图所示，设置完成后单击"确定"按钮。

载入选区效果   "羽化选区"对话框

···:::: STEP 03 反向选区

设置"羽化选区"后，选区效果如下左图所示。接着执行"选择"|"反向"菜单命令，将选区反向选择，选区效果如下右图所示。

羽化后的选区效果   反向选区

STEP 04　复制图像

按快捷键Ctrl+J复制选区内的图像，生成新的图层"图层1"，如下左图所示，载入"图层1"选区后，在"调整"面板中创建一个新的曲线调整图层，然后在打开的设置选项中对"红"通道设置曲线，如下右图所示。

 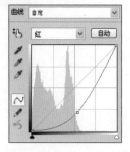

复制选区内的图像　　　　　　设置"红"通道曲线

STEP 05　确认调整图层效果

继续在"调整"面板中对"绿"通道设置曲线，如下左图所示，设置完成后，图像应用效果如下右图所示，"图层1"中的图像被更改为蓝色调。

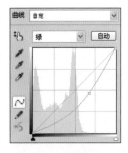 

设置"绿"通道曲线　　　　　　设置后的图像效果

STEP 06　盖印图层

按快捷键Shift+Ctrl+Alt+E，生成"图层2"，如下左图所示。然后按住Ctrl键的同时，单击"图层1"前的图层缩览图，载入该图层选区，如下右图所示。

盖印图层　　　　　　　　　　单击图层缩览图

STEP 07　反向选区

执行"选择"|"反向"菜单命令，反向选区，并按快捷键 Ctrl+J复制选区内容，生成"图层3"，如下左图所示。然后载入"图层3"中的图像选区，选区效果如下右图所示。

复制选区图像　　　　　　　　载入图层选区

STEP 08　设置曲线调整图层

在"调整"面板中创建一个新的调整图层，然后在打开的选项中分别如下两图所示，对"红"和"绿"两通道设置曲线。

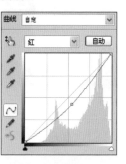 

设置"红"通道曲线　　　　　　设置"绿"通道曲线

STEP 09　确认曲线效果

继续在"调整"面板中对"蓝"通道设置曲线，如下左图所示，设置完成后，图像效果如下右图所示。

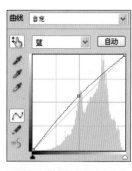 

设置"蓝"通道曲线　　　　　　完成效果

实用技巧 ▶ ▶ ▶ ▶

在利用曲线调整图层对不同颜色通道设置曲线时，向上调整就会添加该颜色，例如，在"红"通道中，将曲线调整成向上的弧线，即可在图像中增强红色调，相反，将曲线调整为向下的弧线时，即可减少图像中的红色。

Example 09 利用"反相"命令调出冷色调

原始文件：随书光盘\素材\10\09.jpg	
最终文件：随书光盘\源文件\10\Example 09 利用"反相"命令调出冷色调.psd	

本实例通过"反相"菜单命令，反相显示图像的色彩，然后结合图层混合模式的设置，快速地将偏红的图像反转为蓝调图像，制作成冷色调图像。

Before ●●●

After ●●●

:::: STEP 01 打开素材并复制图层

打开"随书光盘\素材\10\09.jpg"素材照片，在"图层"面板中，复制"背景"图层得到"背景副本"图层，如下图所示。

复制"背景"图层

:::: STEP 02 反相菜单命令

执行"图像"|"调整"|"反相"菜单命令，反相图像的颜色，如下图所示。

反相图像颜色

:::: STEP 03 设置混合模式

在"图层"面板中，设置混合模式为"颜色"，如下图所示。

设置混合模式

:::: STEP 04 调整曲线

执行"图像"|"调整"|"曲线"菜单命令，打开"曲线"对话框，拖曳鼠标调整曲线，如下图所示。

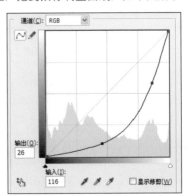

"曲线"对话框

⠿ STEP 05 添加蒙版

在"图层"面板中,单击"添加图层蒙版"按钮 ▣ ,如下图所示。

添加蒙版

⠿ STEP 06 绘制蒙版

在工具箱中单击"画笔工具"按钮 ✎ ,在图像中涂抹绘制蒙版,如下图所示。

绘制蒙版

⠿ STEP 07 裁剪图像

在工具箱中单击"裁剪工具"按钮,在图像中拖曳鼠标以裁剪图像,如下图所示。

裁剪图像

⠿ STEP 08 添加文字

在选项栏中,单击"提交当前操作"按钮 ✔ 为图像添加边框,在工具箱中单击"横排文字工具"按钮 T ,在图像中输入文字,如下图所示。

添加文字

⠿ STEP 09 添加图层样式

执行"图层"|"图层样式"|"描边"菜单命令,打开"图层样式"对话框,设置参数如下图所示。

添加图层样式

⠿ STEP 10 查看效果

在窗口中查看图像的最终效果,如下图所示。

最终效果

10.3 温暖色调更显风韵

红色、橙色、黄色等颜色属于暖色调，当照片偏向于这些暖色调时，就会让人产生热烈、欢乐、温暖、开朗、活跃、舒适等感觉，使照片更显风韵，本节就介绍如何将照片打造成黄昏暖色调、缤纷色彩背景、梦幻红树林等效果。

Example 10 打造黄昏暖色调效果

原始文件：随书光盘\素材\10\10.jpg
最终文件：随书光盘\源文件\10\Example 10 打造黄昏暖色调效果.psd

本实例通过在图像中添加曲线调整图层，然后在不同的通道中进行曲线的调整，通过更改每个颜色通道，将图像调整为黄昏时的暖色调效果。

Before ●●●

After ●●●

⁘ STEP 01 打开素材图像

执行"文件"|"打开"菜单命令，打开"随书光盘\素材\10\10.jpg"素材照片，如下图所示。

素材图像

⁘ STEP 02 添加曲线调整图层

在"调整"面板中单击"创建新的曲线调整图层"按钮，如下左图所示。然后在打开的"曲线"界面中选择"红"通道，如下右图所示设置曲线。

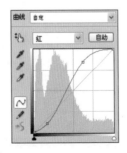

单击按钮　　　　　　　　设置"红"通道曲线

⁘ STEP 03 设置曲线

在"调整"面板中继续对"绿"和"蓝"通道的曲线进行设置，如下两图所示。

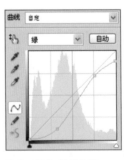 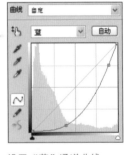

设置"绿"通道曲线　　　　设置"蓝"通道曲线

⁘ STEP 04 确认效果

设置完成后，在图像窗口中即可看到图像色调已被更改为暗黄，制作出黄昏时的暖色调效果，如下图所示。

完成效果

Example **11** 制作怀旧照片效果

原始文件：随书光盘\素材\10\11.jpg

最终文件：随书光盘\源文件\10\Example 11 制作怀旧
照片效果.psd

本实例首先通过"去色"菜单命令将图像转化为黑白图像，再通过修改图层混合模式将图像转化为单色调，最后使用"创建新的照片滤镜调整图层"增加图像的色调。

Before ●●●

After ●●●

09 用光问题照片专题

10 照片调色专题

11 人像照片专题

12 风景照片的艺术化处理

···::: STEP 01 打开素材并复制图层

打开"随书光盘\素材\10\11.jpg"素材照片，在"图层"面板中，将"背景"图层拖曳至"创建新图层"按钮 上，复制"背景"图层得到"背景副本"图层，创建副本后的效果如下图所示。

复制图层

···::: STEP 02 图像去色

执行"图像"|"调整"|"去色"菜单命令，将照片转化为黑白照片，如右上图所示。

图像去色

···::: STEP 03 调整曲线

执行"图像"|"调整"|"曲线"菜单命令，打开"曲线"对话框，拖曳鼠标调整曲线，如下图所示。

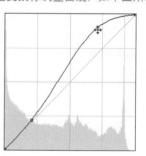

调整曲线

STEP 04 创建新图层

在"图层"面板中，单击"创建新图层"按钮 □，创建新图层"图层1"，创建图层后的效果如下图所示。

新建图层

STEP 05 设置前景色

在工具箱中，单击"设置前景色"按钮，打开"拾色器（前景色）"对话框，设置前景色为R144、G100、B83，如下图所示。

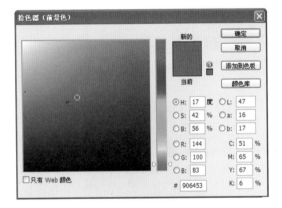

设置前景色

STEP 06 填充图层

按快捷键Alt+Delete进行快速填充操作，为"图层1"图层填充前景色，在"图层"面板中，设置混合模式为"叠加"，如下图所示。

填充图层

STEP 07 调整图像颜色

在"调整"面板中，单击"创建新的照片滤镜调整图层"按钮 ，切换至"照片滤镜"调整面板，在滤镜下拉列表中选中"深褐"，设置浓度为57%，如下图所示。

设置滤镜

STEP 08 创建新图层

在图像窗口中查看图像效果，单击"创建新图层"按钮 □，创建新图层"图层2"，创建图层后的效果如下图所示。

新建新图层

STEP 09 绘制路径

在工具箱中选中"圆角矩形工具" ，在选项栏中单击"路径"按钮 ，拖曳鼠标，在图像中绘制路径。

绘制路径

STEP 10 转换为选区

单击右键，在弹出的快捷菜单中选中"建立选区"选项，将路径转化为选区，效果如下图所示。

建立选区

STEP 11 绘制边框

执行"选择"|"反向"菜单命令，然后将选区填充为白色，为照片添加老式照片边框，效果如下图所示。

绘制边框的效果

Example 12 缤纷色彩随心变

原始文件：随书光盘\素材\10\12.jpg
最终文件：随书光盘\源文件\10\Example 12 缤纷色彩随心变.psd

本实例先通过"可选颜色"、"曲线"和"色相/饱和度"调整图层改变图像的色调，然后利用"高斯模糊"滤镜将背景模糊，制作出色彩斑斓的亮光背景。

Before ●●●

After ●●●

STEP 01 打开素材图像

执行"文件"|"打开"菜单命令，打开"随书光盘\素材\10\12.jpg"素材照片，如右左图所示。然后在"调整"面板中创建一个可选颜色调整图层，在打开的相应界面中，如右右图所示对"黄色"选项进行设置。

素材12.jpg

设置"黄色"

09 用光问题照片专题

10 照片调色专题

11 人像照片专题

12 风景照片的艺术化处理

✦ STEP 02　设置可选颜色

在"调整"面板中继续对"可选颜色"进行设置，如下左图所示。设置完成后，可看到图像中的绿色和黄色被减淡，效果如下右图所示。

设置"绿色"　　　　　　　　设置后的图像效果

✦ STEP 03　创建曲线调整图层

在"调整"面板中再创建一个曲线调整图层，然后在打开的"曲线"界面中，如下两图所示，分别对"红"和"蓝"通道进行曲线设置。

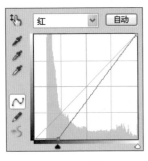

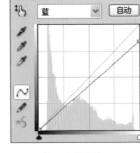

设置"红"通道曲线　　　　设置"蓝"通道曲线

✦ STEP 04　设置色相/饱和度调整图层

曲线调整图层的应用效果如下左图所示，继续添加一个色相/饱和度调整图层。在打开的相应界面中，将"色相"参数设置为+131，如下右图所示。

设置"曲线"后的效果　　　　设置"色相"

✦ STEP 05　盖印图层

图像应用STEP 04中设置的色相/饱和度调整图层效果如下左图所示。然后按快捷键Shift+Ctrl+Alt+E盖印图层，生成新的图层"图层1"，如下右图所示。

设置后的效果　　　　　　盖印图层

✦ STEP 06　设置"高斯模糊"

执行"滤镜"|"模糊"|"高斯模糊"菜单命令，在打开的"高斯模糊"对话框中设置"半径"参数为5.0像素，如下左图所示。图像应用"高斯模糊"后的效果如下右图所示。

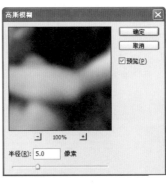

"高斯模糊"对话框　　　　模糊效果

✦ STEP 07　复制图层

按快捷键Ctrl+J复制一个"图层1"图像，生成"图层2"，并更改其图层混合模式为"柔光"，如下左图所示。图层混合后的图像效果如下右图所示。

复制图层　　　　　　　　图层混合后的效果

⋯⋮⋮ STEP 08 设置曲线调整图层

创建一个曲线调整图层，如下两图所示，在"曲线"界面中对"红"和"绿"两个通道分别进行设置。

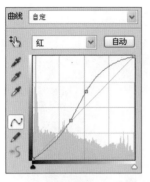 

设置"红"通道曲线　　　　　设置"绿"通道曲线

⋯⋮⋮ STEP 09 确认效果

继续对"蓝"通道设置曲线，如下左图所示。设置完成后得到图像效果如下右图所示，增强了图像中的紫色和蓝色调。

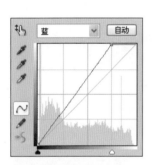 

设置"蓝"通道曲线　　　　　设置后的效果

⋯⋮⋮ STEP 10 更改色相

为图像添加色相/饱和度调整图层，在打开的"色相/饱和度"界面中设置"色相"为+100，如下左图所示。图像更改色相后的效果如下右图所示。

设置"色相"　　　　　　　　设置后的效果

⋯⋮⋮ STEP 11 复制"背景"图层

在"图层"面板中对"背景"图层进行复制，生成"背景副本"图层，如下左图所示。然后按快捷键Shift+Ctrl+]，将复制的图层置于顶层，如下右图所示。

复制"背景"图层　　　　　调整图层顺序

⋯⋮⋮ STEP 12 设置图层蒙版

单击"图层"面板下方的"添加图层蒙版"按钮，为"背景副本"图层添加图层蒙版，如下左图所示。然后使用"画笔工具"将人物的绿色背景隐藏，如下右图所示。

添加图层蒙版　　　　　编辑蒙版效果

⋯⋮⋮ STEP 13 设置色阶调整图层

在"调整"面板中为图像添加色阶调整图层，如下左图所示对"色阶"选项进行设置。图像最后的完成效果如下右图所示。

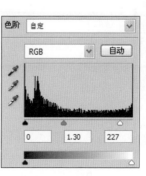 

设置"色阶"　　　　　　完成效果

Example 13 过曝也精彩

原始文件：随书光盘\素材\10\13.jpg
最终文件：随书光盘\源文件\10\Example 13 过曝也精彩.psd

本实例通过为照片中的人物脸部区域应用色阶调整图层提高亮度，产生过度曝光的效果，制作成另一种艺术效果，这种过度曝光效果可获得强烈的视觉冲击力。

Before ●●●

After ●●●

STEP 01 打开素材图像

执行"文件"｜"打开"菜单命令，打开"随书光盘\素材\10\13.jpg"素材照片，效果如下左图所示。然后对打开的图像执行"选择"｜"色彩范围"菜单命令，如下右图所示，打开"色彩范围"对话框。

素材13.jpg

执行命令

STEP 02 设置色彩范围

在打开的"色彩范围"对话框中，将"颜色容差"设置为100，然后使用"吸管工具"在图像中人物脸庞上单击，进行颜色取样，如下左图所示。确认设置后，即可将取样的颜色区域创建为选区，选区效果如下右图所示。

"色彩范围"对话框

选区效果

ꞏꞏꞏ STEP 03　设置色阶调整图层

在"调整"面板中创建一个新的色阶调整图层，如下左图所示进行参数设置。设置完成后，在图像窗口中即可看到选区内的图像被提亮，效果如下右图所示。

设置"色阶"

图像效果

ꞏꞏꞏ STEP 04　载入选区

按住Ctrl键的同时，单击"色阶1"调整图层后的蒙版缩览图，如下左图所示。载入蒙版选区，选区效果如下右图所示。

单击蒙版缩览图

载入选区效果

ꞏꞏꞏ STEP 05　羽化选区

执行"选择"|"修改"|"羽化"菜单命令，或按快捷键Shift+F6，打开"羽化选区"对话框，在对话框中设置"羽化半径"为10像素，如右上左图所示。羽化选区后的效果如右上右图所示。

"羽化选区"对话框

选区效果

ꞏꞏꞏ STEP 06　设置色阶调整图层

在"调整"面板中再创建一个新的色阶调整图层，如下左图所示设置参数。设置完成后，可看到选区内的图像应用了色阶效果，将人物皮肤调整到白色曝光的状态，效果如下右图所示。

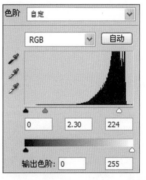
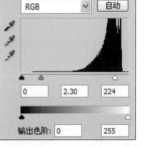

设置"色阶"

设置后的效果

ꞏꞏꞏ STEP 07　设置"自然饱和度"

为图像创建自然饱和度调整图层，然后在打开的界面中将"自然饱和度"设置为+100，"饱和度"设置为+20，如下左图所示。图像应用设置后的最终效果如下右图所示。

设置"自然饱和度"

完成效果

Example 14　打造梦幻红树林

原始文件：随书光盘\素材\10\14.jpg

最终文件：随书光盘\源文件\10\Example 14 打造梦幻红树林.psd

　　本实例利用图像之前的调整，快速地将照片中的绿色树叶转换为红色，然后通过色阶调整图层、"钢笔工具"等提高照片的亮度并制作出白色光线，产生梦幻感的红树林效果。

Before ●●●

After ●●●

STEP 01　复制背景图层

打开"随书光盘\素材\10\14.jpg"素材照片，如下左图所示。然后在"图层"面板中复制一个"背景"图层，生成"背景副本"图层，如下右图所示。

素材14.jpg　　　　　　　　　复制图层

STEP 02　全选图像

在"通道"面板中选择"蓝"通道，如下左图所示，按快捷键Ctrl+A全选图像，效果如下右图所示，然后按快捷键Ctrl+C复制选区内的图像。

选择通道　　　　　　　全选图像

STEP 03　粘贴选区图像

在"通道"面板中选择"绿"通道，如下左图所示。按快捷键Ctrl+V粘贴STEP 02中复制的选区图像，然后单击RGB通道，显示所有颜色通道，如下右图所示。

选择"绿"通道　　　　　　　单击RGB通道

STEP 04　确认效果

此时，在图像窗口中即可看到，编辑通道后图像中的绿色树叶和草地被更改为红色，效果如下图所示。

编辑通道后的图像效果

STEP 05 设置色阶调整图层

为图像添加一个色阶调整图层，在打开的"色阶"界面中如下左图所示进行参数设置。设置后的图像被提亮，效果如下右图所示。

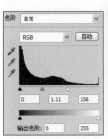

设置"色阶"　　设置后的效果

STEP 06 绘制路径

选择"钢笔工具"，在图像中透出光线的地方创建几条路径，效果如下左图所示。然后按快捷键Ctrl+Enter将绘制的路径载入为选区，效果如下右图所示。

路径效果　　　　　　选区效果

STEP 07 羽化选区

按快捷键Shift+F6打开"羽化选区"对话框，设置"羽化半径"为6像素，如下左图所示。确认设置后，选区效果如下右图所示。

"羽化选区"对话框　　　　选区羽化后的效果

STEP 08 设置"亮度/对比度"

在"调整"面板中为图像添加一个亮度/对比度调整图层，如下左图所示设置选项参数。设置完成后，选区内的图像被提亮，制作出明显的白色光线效果，如下右图所示。

设置"亮度/对比度"　　　完成效果

读书笔记

09 用光问题照片专题

10 照片调色专题

11 人像照片专题

12 风景照片的艺术化处理

Chapter
11

人像照片专题

人像摄影一直是主流的摄影类型，要想拍摄出色的人像作品，是非常难以掌握的，这常会受到被拍摄者的影响，以至于出现一些并不完美的人物照片，而大多数人是追求完美的，为了达到完美的人物照片效果，就需要后期通过Photoshop来完成。人物照片的处理所涉及的技术面广，几乎可以用到所有的工具和命令，最能体现出数码后期处理的功力。

本章将介绍人物面部的修饰、肖像的美化、实用的人物磨皮方法、整体人物的修饰以及制作一些古灵精怪的人物照片特效。

为人物染发

制作清透的皮肤效果

设置粉嫩宝宝皮肤

制作烟熏妆

打造可爱的SD娃娃

打造素描美女

11.1 修饰人物面部

对照片中人物面部出现的一些瑕疵，常会通过"修复工具"和"仿制工具"来进行修饰，这里还会介绍一些其他的修饰技巧，包括利用"减少杂色"滤镜、"液化"滤镜以及利用选区复制图像来进行修饰，使人物面部的修饰效果更加理想，下面就来介绍清除人物脸上的皱纹、修整眉毛和快速去除黑眼圈的方法。

Example 01 清除皱纹

原始文件：随书光盘\素材\11\01.jpg
最终文件：随书光盘\源文件\11\Example 01 清除皱纹.psd

本实例首先通过"污点修复工具"去除人物脸部的斑点，然后通过"特殊模糊"滤镜去除照片中的杂色以及脸部出现的一些细小的皱纹，通过"修复画笔工具"修复脸部的明显皱纹，最后利用"修补工具"对眼睛下方出现的眼袋进行修补，使照片中的人物恢复自然年轻状态。

Before ●●●

After ●●●

STEP 01 打开素材照片

执行"文件"|"打开"菜单命令，打开"随书光盘\素材\11\01.jpg"素材照片，效果如下左图所示。然后在"图层"面板中单击下方的"创建新图层"按钮，新建"图层1"图层，如下右图所示。

素材01.jpg

复制图层

STEP 02 修复污点

选择"污点修复画笔工具"，放大图像后，在人物脸部有斑点的地方进行单击，修复污点，效果如下左图所示。然后按快捷键Shift+Ctrl+Alt+E盖印图层，生成"图层2"图层，如下右图所示。

修复污点

设置后的效果

STEP 03 设置"特殊模糊"滤镜

执行"滤镜"|"模糊"|"特殊模糊"菜单命令，在打开的"特殊模糊"对话框中如下左图所示进行选项设置。单击"确定"按钮后，可看到模糊效果，如下右图所示。

设置"特殊模糊"滤镜

模糊效果

STEP 04 创建修补选区

继续使用"修复画笔工具"在人物脸上其他有皱纹的地方进行修复，修复完成效果如下左图所示。然后选择"修补工具"，在如下右图所示的位置创建修补区域。

修复后的效果 　　　　　　修补选区

STEP 05 渐隐修补

使用"修补工具"在选区内单击，然后向下拖移到平滑的皮肤区域，修补图像，如右上左图所示。接着执行"编辑"|"渐隐修补选区"菜单命令，在打开的"渐隐"对话框中，将"不透明度"设置为80%，如右上右图所示。

拖移选区 　　　　　　　　设置"渐隐"对话框

STEP 06 修补图像

按快捷键Ctrl+D取消选区，可以看到人物右眼下面的明显纹理去除，效果如下左图所示。继续使用STEP 05中同样的方法，对人物左眼进行修补，修补后的效果如下右图所示。

修补后的效果 　　　　　　用同样的方法修补人物左眼

STEP 07 设置图层混合模式

复制"图层2"，生成"图层2副本"图层，并更改其图层混合模式为"滤色"、"不透明度"为20%，如下左图所示。设置完成后，图像得到最终效果，如下右图所示。

"图层"面板 　　　　　　　完成效果

Example 02 修整眉毛

原始文件：随书光盘\素材\11\02.jpg
最终文件：随书光盘\源文件\11\Example 02 修整眉毛.psd

本实例首先通过"修复画笔工具"修复人物眉毛上的缺口，然后利用"液化"滤镜对眉毛进行液化变形处理，最后使用"加深工具"将眉毛加深，修饰成精致的细眉效果。

Before ●●●

After ●●●

STEP 01 创建副本图层

打开"随书光盘\素材\11\02.jpg"素材照片，效果如下左图所示。然后在"图层"面板中将"背景"图层向下拖移到"创建新图层"按钮上，复制得到"背景副本"图层，如下右图所示。

素材图像

复制图层

STEP 02 修复眉毛

选择"修复画笔工具"，将画笔大小设置为10，在较浓的眉毛区域按住Alt键进行单击取样，然后对有缺口的眉毛进行修复，如下左图所示，这里修复眉毛后的效果如下右图所示。

修复眉毛

修复效果

STEP 03 液化变形处理

执行"滤镜"|"液化"菜单命令，在打开的"液化"对话框中单击"向前变形工具"按钮，然后在右侧的"工具选项"栏中设置"画笔大小"等参数，如下左图所示。接着放大图像，使用该工具在人物眉毛边缘上进行变形处理，如下右图所示。

设置工具选项

变形眉毛

STEP 04 加深眉毛

确认"液化"滤镜后，眉毛修饰效果如下左图所示。然后选择"加深工具"，在其选项栏中设置"范围"为"阴影"、"曝光度"为20%，将画笔调整到适当大小，在人物眉毛上进行涂抹，加浓眉毛，最后完成效果如下右图所示。

"液化"变形后效果

完成效果

Example 03 消除眼袋

原始文件：随书光盘\素材\11\03.jpg

最终文件：随书光盘\源文件\11\Example 03 消除眼袋.psd

　　本实例首先在人物眼袋的位置创建选区，然后移动选区到脸部的正常皮肤上复制图像，最后将复制的图像移动到眼袋的位置进行遮盖，以轻松去除眼袋。

Before ●●●

After ●●●

STEP 01　打开素材并复制图层

打开"随书光盘\素材\11\03.jpg"素材照片，在"图层"面板中复制"背景"图层得到"背景副本"图层，如下图所示。

复制图层

STEP 02　放大图像

在工具箱中单击"缩放工具" 🔍 按钮，放大图像，查看图像中人物的眼袋，如下图所示。

放大图像后的效果

STEP 03　选中左眼袋

在工具箱中单击"修补工具"按钮 ⬛，绘制选区，以选中人物左眼处的眼袋，如下图所示。

选中左眼袋

STEP 04　覆盖左眼袋

在图像窗口中拖曳鼠标，将图像拖动到脸颊位置，覆盖左眼眼袋，如下图所示。

替换左眼袋皮肤

Part 01
Part 02
Part 03
Part 04

ꞏꞏꞏꞏꞏ STEP 05　选中右眼袋

在工具箱中单击"修补工具"按钮▒▒，绘制选区，以选中人物右眼处的眼袋，如下图所示。

选中右眼袋

ꞏꞏꞏꞏꞏ STEP 06　覆盖右眼袋

在图像窗口中拖曳鼠标，将图像拖动到脸颊位置，覆盖右眼眼袋，如下图所示。

替换右眼袋皮肤

ꞏꞏꞏꞏꞏ STEP 07　为人物磨皮

在工具箱中单击"锐化工具"按钮△，在图像中眉毛和眼球位置进行涂以抹锐化图像，然后选中"模糊工具"○，在图像中面部位置进行涂抹以柔化皮肤，如下图所示。

为人物磨皮

ꞏꞏꞏꞏꞏ STEP 08　创建新选区

在工具箱中单击"多变形套索工具"按钮，在选项栏中，设置羽化为10px，在图像中绘制选区，如下图所示。

羽化：10 px

绘制选区

ꞏꞏꞏꞏꞏ STEP 09　提亮肤色

按快捷键Ctrl+J复制选区至新图层，然后设置混合模式为"滤色"，不透明度为60%，如下图所示。

设置图层面板

ꞏꞏꞏꞏꞏ STEP 10　查看图像效果

在图像窗口中查看效果，人物眼袋去除，皮肤变得白皙，效果如下图所示。

查看图像效果

09 用光问题照片专题

10 照片调色专题

11 人像照片专题

12 风景照片的艺术化处理

Example 04 美白牙齿

原始文件：随书光盘\素材\11\04.jpg
最终文件：随书光盘\源文件\11\Example 04 美白牙齿.psd

　　本实例首先通过快速蒙版的使用，为人物牙齿创建选区，抠取图像，然后利用"可选颜色"命令，将牙齿图像中的黄色去除，并使用"色彩平衡"命令，将牙齿更改为冷色调，最后通过"色阶"命令，提高中间调与高光区域，达到美白的效果。

Before ●●●

After ●●●

⋯ STEP 01　打开素材图像

执行"文件"｜"打开"菜单命令，打开"随书光盘\素材\11\04.jpg"素材照片，效果如下图所示。

素材04.jpg

⋯ STEP 02　创建选区

单击工具箱下方的"以快速蒙版模式编辑"按钮 ，进入快速蒙版中，选择"画笔工具"在人物牙齿上进行涂抹，添加上红色蒙版，效果如下左图所示。然后单击"以标准模式编辑"按钮 ，回到标准模式中，即可创建选区，如下右图所示。

快速蒙版效果　　　　选区效果

⋯⫶ STEP 03　复制选区图像

执行"选择"|"反向"菜单命令，或按快捷键Shift+Ctrl+I反向选择选区，即可将牙齿区域创建为选区，如下左图所示。然后按快捷键Ctrl+J复制选区内的图像，生成"图层1"，如下右图所示。

反向选区　　　　　　　　复制选区内的图像

⋯⫶ STEP 04　设置"可选颜色"

执行"图像"|"调整"|"可选颜色"菜单命令，在打开的"可选颜色"对话框中，选择"颜色"为"黄色"，如下左图所示进行参数设置。确认设置后，可看到牙齿上的黄色被去除，效果如下右图所示。

设置"可选颜色"　　　　　　设置后的效果

⋯⫶ STEP 05　设置"色彩平衡"

执行"图像"|"调整"|"色彩平衡"菜单命令，或按快捷键Ctrl+B，打开"色彩平衡"对话框，在其中设置选项参数，如下左图所示。确认设置后，图像效果如下右图所示。

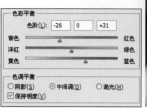

设置"色彩平衡"　　　　　　设置后的效果

⋯⫶ STEP 06　设置"色阶"

执行"图像"|"调整"|"色阶"菜单命令，或按快捷键Ctrl+L，打开"色阶"对话框，在对话框中将中间调与高光滑块都向左移动，如下左图所示。确认设置后，即可看到人物牙齿被调整到亮白效果，如下右图所示。

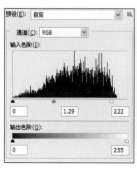

添加色阶调整图层　　　　　　完成效果

11.2　美化人物肖像

通过对人物肖像进行美化处理，可以将一张普通数码照片变得更加生动、更具观赏性，对人物的美化主要通过头发、眼睛、嘴唇来表现，本节就将介绍如何更改人物发色、为眼睛添加长睫毛、为嘴唇添加唇油效果、给人物面部添加彩妆等。

Example 05　为人物染发

原始文件：随书光盘\素材\11\05.jpg

最终文件：随书光盘\源文件\11\Example 05 为人物染发.psd

　　本实例首先利用"调整边缘"对话框抠取人物的头发区域，然后对该区域进行颜色填充，更改头发的颜色和饱和度，最后再设置混合模式调整头发的光泽，以制作出色泽亮丽的染发效果。

Before ●●●

After ●●●

⋯⋮⋯ STEP 01　打开素材并复制图层

打开"随书光盘\素材\11\05.jpg"素材照片，在"图
层"面板中，复制"背景"图层得到"背景副本"图层，
如下图所示。

复制图层

⋯⋮⋯ STEP 02　打开"色阶"对话框

执行"图像"｜"调整"｜"色阶"菜单命令，打开"色
阶"对话框，设置色阶为0、1.45、242，如右上图所示。

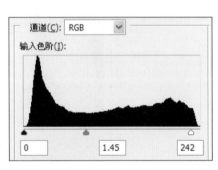

"色阶"对话框

⋯⋮⋯ STEP 03　创建选区

在工具箱中选中"磁性套索工具"，在图像中沿人物头
发创建选区，如下图所示。

创建选区

STEP 04 设置"调整边缘"对话框

在选项栏中单击"调整边缘"按钮，打开"调整边缘"对话框，勾选"智能半径"复选框，设置平滑为1，对比度为36%，如下图所示。

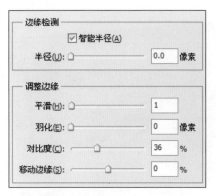

设置"调整边缘"对话框

STEP 05 调整选区边缘

在"调整边缘"对话框中，单击"调整半径工具"按钮，在图像中头发边缘处涂抹，调整选区，如下图所示。

调整选区边缘

STEP 06 创建图层

在"图层"面板中，单击"创建新图层"按钮，创建新图层"图层1"，如下图所示。

创建图层

STEP 07 将选区填充为前景色

打开"拾色器（前景色）"对话框，设置前景色为R107、G14、B91，将选区填充为前景色，如下图所示。

将选区填充为前景色

STEP 08 设置混合模式

在"图层"面板中，设置混合模式为"颜色"，不透明度为20%，如下图所示。

设置混合模式

STEP 09 查看最终效果

执行"选择"|"取消选择"菜单命令，在图像中查看图像的最终效果，如下图所示。

查看效果

Example 06 加长眼睫毛

原始文件：随书光盘\素材\11\06.jpg

最终文件：随书光盘\源文件\11\Example 06 加长眼睫毛.psd

本实例首先通过"画笔工具"在图像中为人物添加长长的睫毛，利用"画笔"面板中的画笔选项，设置出适当的画笔笔尖，然后单击即可直接在图像中添加眼睫毛效果。

Before ●●●

After ●●●

STEP 01 创建新图层

执行"文件"|"打开"菜单命令，打开"随书光盘\素材\11\06.jpg"素材照片，效果如下左图所示。然后单击"图层"面板下方的"创建新图层"按钮，新建一个"图层1"，如下右图所示。

素材06.jpg

新建图层

STEP 02 设置"画笔"面板

执行"窗口"|"画笔"菜单命令，打开"画笔"面板，在面板中如右上左图所示选择画笔。然后设置画笔"大小"为32px、"角度"为"70度"、"间距"为300%，如右上右图所示。

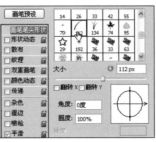

选择画笔

设置选项

STEP 03 绘制图像

在工具箱中单击"画笔工具"，将前景色设置为黑色后，使用"画笔工具"在如下左图所示的位置单击，为眼睛添加睫毛。然后继续使用该工具进行单击，效果如下右图所示。

单击添加睫毛

多次单击绘制睫毛

STEP 04 更改画笔选项

在"画笔"面板中更改"大小"为25px、"角度"为"60度",如右左图所示。然后使用"画笔工具"继续在眼睛上进行单击绘制睫毛,最后完成效果如右右图所示。

更改选项　　　　　　　　　　　完成效果

Example 07 制作烟熏妆

原始文件:随书光盘\素材\11\07.jpg

最终文件:随书光盘\源文件\11\Example 07 制作烟熏妆.psd

　　本实例首先使用"钢笔工具"为人物绘制眼线,并增加模糊感使眼线更加自然,然后通过"减少杂色"菜单命令为眼影添加珠光效果。

Before ●●●

After ●●●

STEP 01 打开素材并绘制路径

打开"随书光盘\素材11\07.jpg"素材照片,在"图层"面板中,在工具箱中选中"钢笔工具" 在图像中沿人物眼睛边缘绘制路径,如下图所示。

绘制路径

STEP 02 建立选区

单击右键,在弹出的快捷菜单中选中"建立选区"选项,打开"建立选区"对话框,设置"羽化半径"为2像素,如下图所示。

"建立选区"对话框

:::::: STEP 03　创建新图层

在"图层"面板中，单击"创建新图层"按钮 ，添加
"图层1"图层，如下图所示。

"图层"面板

:::::: STEP 04　绘制眼线

将选区填充为黑色，执行"选择"｜"取消选择"菜单命
令，查看图像效果，如下图所示。

绘制眼线

:::::: STEP 05　模糊图像

执行"滤镜"｜"模糊"｜"高斯模糊"菜单命令，打开
"高斯模糊"对话框，设置半径为5.0像素，如下图所示。

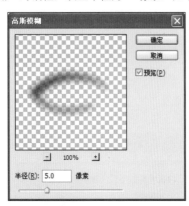

"高斯模糊"对话框

:::::: STEP 06　设置图像的不透明度

在"图层"面板中，设置不透明度为85%，查看图像效
果，如右上图所示。

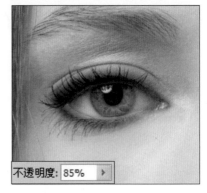

设置不透明度

:::::: STEP 07　创建新图层

在"图层"面板中，单击"创建新图层"按钮 ，添加
"图层2"图层，如下图所示。

"图层"面板

:::::: STEP 08　绘制眼影

在工具箱中选中"多边形套索工具" ，在选项栏中设置
羽化为10，在图像中绘制选区，并将选区填充为黑色，如
下图所示。

填充选区

:::::: STEP 09　制作珠光效果

执行"滤镜"｜"杂色"｜"添加杂色"菜单命令，打开
"添加杂色"对话框，设置数量为40%，分布为"高斯分
布"，勾选"单色"复选框，如下页图所示。

"添加杂色"对话框

STEP 10 设置混合模式

在"图层"面板中，设置混合模式为"正片叠底"，不透明度为70%，如下图所示。

"图层"面板

STEP 11 查看图像效果

在图像窗口中查看为人物化上烟熏妆后的效果，如下图所示。

最终效果

09 用光问题照片专题

10 照片调色专题

11 人像照片专题

12 风景照片的艺术化处理

Example 08 为干燥的嘴唇添加唇油

原始文件：随书光盘\素材\11\08.jpg

最终文件：随书光盘\源文件\11\Example 08 为干燥的嘴唇添加唇油.psd

本实例通过"通道"面板在人物干燥的嘴唇上创建出高光区域，然后在创建出的选区中进行填色，为人物的干燥嘴唇添加唇油效果。

Before ●●●

After ●●●

⠿ STEP 01 创建副本图层

打开"随书光盘\素材\11\08.jpg"素材照片，效果如下左图所示。然后在"图层"面板中将"背景"图层向下拖移到"创建新图层"按钮上，复制得到"背景副本"图层，如下右图所示。

素材08.jpg　　　　　　　　复制图层

⠿ STEP 02 绘制路径

选择"钢笔工具"，在人物嘴唇边缘单击绘制闭合路径，路径效果如下左图所示。然后在"通道"面板中选中"蓝"通道，将"蓝"通道拖曳至"通道"面板底部的"创建新通道"按钮 上，复制得到"蓝副本"通道，如下右图所示。

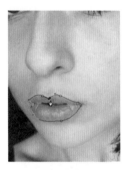

绘制路径　　　　　　　　　复制通道

⠿ STEP 03 将路径载入为选区

按快捷键Ctrl+Enter，将路径载入为选区，选区效果如下左图所示。然后按快捷键Shit+Ctrl+I反向选择选区，选区效果如下右图所示。

将路径载入为选区　　　　　反向选区

⠿ STEP 04 填充选区

将前景色设置为黑色，然后为选区填充黑色，则在图像窗口中可看到嘴唇以外的区域都被填充了黑色，如下左图所示。按快捷键Ctrl+D取消选区，在"通道"面板中对"蓝副本"通道进行复制，生成"蓝副本2"通道，如下右图所示。

填充选区　　　　　　　　　复制通道

⠿ STEP 05 设置阈值

执行"图像"|"调整"|"阈值"菜单命令，在弹出的"阈值"对话框中设置参数。然后选择"通道"面板中的"蓝副本"通道，如下图所示。

"阈值"对话框

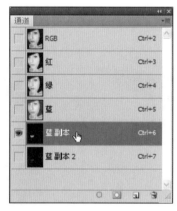

选择通道

> **知识链接** ▶ ▶ ▶ ▶
>
> "通道"面板可以创建并管理通道以及监视编辑效果，在利用通道创建选区时，要根据当前的需要选择某个颜色通道进行复制，然后对复制的通道进行编辑，创建出需要的选区。

···┼··· STEP 06 设置"亮度/对比度"

执行"图像"|"调整"|"亮度/对比度"菜单命令,设置图像的亮度和对比度,然后执行"图像"|"调整"|"阈值"菜单命令,设置阈值,如下图所示。

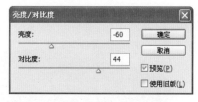

"亮度/对比度"对话框

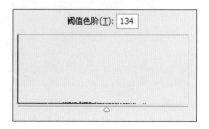

设置"阈值"

···┼··· STEP 07 载入选区

按住Ctrl键单击"蓝副本"通道缩览图,将通道作为选区载入,然后单击RGB通道回到原图像中,此时可以看到加载选区效果,如下图所示。

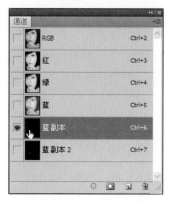

载入通道选区

选区效果

···┼··· STEP 08 创建新图层

打开"图层"控制面板,新建"图层1"图层,如下左图所示,将选区填充颜色为白色,并设置其"混合模式"为"柔光",如下右图所示。

新建图层　　　　　　　　　更改图层混合模式

···┼··· STEP 09 创建新图层并填充

同理,将"蓝副本2"通道加载为选区,新建图层并将选区填充颜色为白色,然后设置图层的混合模式,如下左图所示。此时,在图像窗口中可看到为人物添加唇油的效果,如下右图所示。

设置图层混合模式　　　　　图层混合效果

···┼··· STEP 10 创建可选颜色调整图层

在"调整"面板中创建一个新的"可选颜色调整图层",如下左图所示,对图像颜色进行设置,最后完成效果如下右图所示。

设置可选颜色　　　　　　　完成效果

09 用光问题照片专题

10 照片调色专题

11 人像照片专题

12 风景照片的艺术化处理

Example 09 为面部添加彩妆

原始文件：随书光盘\素材\11\09.jpg

最终文件：随书光盘\源文件\11\Example 09 为面部添加彩妆.psd

　　本实例首先通过对"钢笔工具"创建的路径进行描边处理，为人物眼睛添加眼线效果，然后利用色相/饱和度调整图层为人物添加迷人的眼影效果，最后利用"画笔工具"添加腮红和唇彩，为人物添加上漂亮的彩妆。

Before ●●●

After ●●●

∷ STEP 01　创建新图层

打开"随书光盘\素材\11\09.jpg"素材照片，效果如下左图所示。然后单击"图层"面板下方的"创建新图层"按钮，新建一个"图层1"，如下右图所示。

素材09.jpg

新建图层

∷ STEP 02　绘制路径

按快捷键Ctrl++放大图像，选择"钢笔工具"在人物眼睛上绘制弯曲的开放路径，路径效果如下左图所示。然后选择"画笔工具"，在其选项栏中选择画笔为"硬边圆"，如下右图所示。

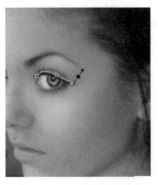

创建路径

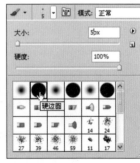

设置画笔

Part 01　Part 02　Part 03　Part 04

···⁝· STEP 03　创建描边路径

设置前景色为黑色后，在"路径"面板中的"工作路径"上单击鼠标右键，然后在弹出的快捷菜单中单击"描边路径"选项，如下左图所示，打开"描边路径"对话框，勾选"模拟压力"复选框，如下右图所示。

选择"描边路径"选项　　　　"描边路径"对话框

···⁝· STEP 04　盖印图层

在"路径"面板中单击空白区域，取消路径显示，则在图像窗口中可看到描边路径后，为人物眼睛添加了黑色眼线，效果如下左图所示。然后按快捷键Shift+Ctrl+Alt+E盖印图层，生成"图层2"，如下右图所示。

路径描边效果　　　　　　　盖印图层

···⁝· STEP 05　创建选区

选择"套索工具"，在其选项栏中设置"羽化"为5像素，如下左图所示绘制选区。然后在"调整"面板中创建一个色相/饱和度调整图层，将"色相"设置为+180，"明度"设置为-80，如下右图所示。

创建选区　　　　　　　　　设置选项

···⁝· STEP 06　更改图层混合模式

在"图层"面板中，将STEP 05中创建的调整图层的图层混合模式更改为"叠加"，如下左图所示。此时可看到为人物添加上了眼影效果，如下右图所示。

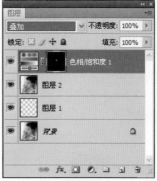

设置图层混合模式　　　　　图层混合效果

···⁝· STEP 07　新建图层

在"图层"面板中创建一个新的图层"图层3"，更改其图层混合模式为"颜色"，如下左图所示。更改前景色为红色（R246、G45、B6），然后选择"画笔工具"，在人物脸颊和嘴唇上进行涂抹，效果如下右图所示。

"图层"面板　　　　　　　　绘制效果

···⁝· STEP 08　创建色阶调整图层

为图像创建一个色阶调整图层，如下左图所示进行选项的参数设置，图像完成效果如下右图所示。

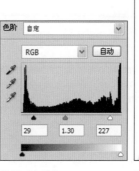

设置"色阶"　　　　　　　　完成效果

11.3 实用人物磨皮方法

皮肤是人像处理的一大重点，皮肤的颜色、光泽、光滑感等效果直接影响照片的效果，白皙、细腻的肌肤是每个爱美女性梦寐以求的，健康、红润的皮肤会带给我们美的享受。下面就介绍为人物皮肤增白、制作清透皮肤以及调出粉嫩宝宝皮肤效果的方法。

Example 10 调出健康的肤色

原始文件：随书光盘\素材\11\10.jpg
最终文件：随书光盘\源文件\11\ Example 10 调出健康的肤色.psd

健壮的身材会给别人带来安全感，本实例通过为图层添加曲线调整图层和色彩平衡调整图层，为人物调出健康的肤色。

Before ●●●

After ●●●

STEP 01 打开素材并复制图层

打开"随书光盘\素材\11\10.jpg"素材照片，在"图层"面板中，复制"背景"图层得到"背景副本"图层，如下图所示。

复制"背景"图层

STEP 02 调整图像颜色

执行"图像"｜"自动颜色"菜单命令，调整图像颜色，如右上图所示。

调整图像颜色

STEP 03 创建曲线调整图层

在"调整"面板中，单击"创建新的曲线调整图层"按钮，为图像添加曲线调整图层，如下图所示。

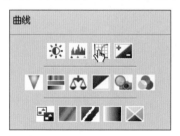

"调整"面板

STEP 04 调整曲线

将"调整"面板切换至"曲线"调整面板，设置通道为"红"，拖曳鼠标调整曲线，如下图所示。

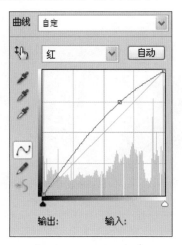

"曲线"面板

STEP 05 绘制蒙版

在工具箱中单击"画笔工具"按钮 ，在图像中皮肤以外的区域进行涂抹，以绘制蒙版，如下图所示。

添加蒙版效果

STEP 06 创建色彩平衡调整图层

在"调整"面板中，单击"创建新的色彩平衡调整图层"按钮 ，为图像添加色彩平衡调整图层，如下图所示。

"调整"面板

STEP 07 调整色彩平衡

将"调整"面板切换至"曲线调整"面板，设置色调为"阴影"，色阶为+24、0、-19，然后再设置色调为"中间调"，色阶为0、-15、-26，如下图所示。

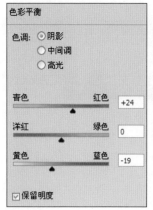 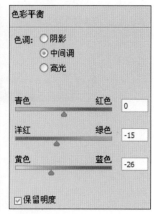

调整阴影色彩　　　　　　　调整中间调色彩

STEP 08 绘制蒙版

在工具箱中单击"画笔工具"按钮 ，在图像中皮肤以外的区域进行涂抹，以绘制蒙版，如下图所示。

绘制蒙版

STEP 09 盖印可见图层

按快捷键Ctrl+Alt+Shift+E盖印可见图层，"图层"面板如下图所示。

盖印可见图层

STEP 10　调整图像色阶

执行"图像"|"调整"|"色阶"菜单命令,打开"色阶"对话框,设置色阶为0、1.30、255,如下图所示。

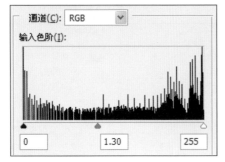

通道(C): RGB

输入色阶(I):

0　　1.30　　255

"色阶"对话框

STEP 11　查看最终效果

在图像窗口中查看效果,人物皮肤调整为健康的小麦色,如下图所示。

最终效果

Example 11　制作清透的皮肤效果

原始文件: 随书光盘\素材\11\11.jpg

最终文件: 随书光盘\源文件\11\Example 11 制作清透的皮肤效果.psd

　　本实例首先通过"应用图像"命令提亮图像,然后利用"特殊模糊"滤镜模糊人物皮肤,达到磨皮效果,最后利用色彩平衡调整图层更改图像中的人物色调,制作出具有清透感的光滑皮肤效果。

Before ●●●

After ●●●

⁘ STEP 01　复制背景图层

打开"随书光盘\素材\11\11.jpg"素材照片，效果如下左图所示。然后在"图层"面板中将"背景"图层向下拖移到"创建新图层"按钮上，复制得到"背景副本"图层，如下右图所示。

素材11.jpg　　　　　　　　复制图层

⁘ STEP 02　匹配颜色

执行"图像"|"调整"|"匹配颜色"菜单命令，在打开的"匹配颜色"对话框中，勾选"中和"复选框，如下左图所示。确认设置后，可看到图像颜色中和效果，如下右图所示。

"匹配颜色"对话框　　　　　设置后的效果

⁘ STEP 03　设置应用图像

执行"图像"|"应用图像"菜单命令，在打开的"应用图像"对话框中，设置"通道"为RGB、"混合"为"滤色"、"不透明度"为60%，如下图所示，完成设置后单击"确定"按钮。

"应用图像"对话框

⁘ STEP 04　修复污点

确认"应用图像"命令后，可看到图像被提亮，效果如下左图所示。然后选择"污点修复画笔工具"，在人物脸上的污点处进行单击修复，修复后的效果如下右图所示。

设置后的效果　　　　　　　修复污点

⁘ STEP 05　设置特殊模糊

在"图层"面板中复制"背景副本"图层，得到"背景副本2"图层，如下左图所示。然后对复制的图层执行"滤镜"|"模糊"|"特殊模糊"菜单命令，打开"特殊模糊"对话框，如下右图所示对选项进行设置。

复制图层　　　　　　　　　"特殊模糊"对话框

⁘ STEP 06　添加图层蒙版

确认"特殊模糊"滤镜后，图像模糊效果如下左图所示。在"图层"面板中单击"添加图层蒙版"按钮，为"背景副本2"图层添加一个图层蒙版，然后使用"画笔工具"将人物皮肤以外的模糊区域全部隐藏，编辑蒙版后的效果如下右图所示。

"特殊模糊"效果　　　　　　编辑蒙版后的效果

···⊹··· STEP 07 盖印图层

按快捷键Shift+Ctrl+Alt+E盖印图层，生成"图层1"，并更改该图层的混合模式为"柔光"，如下左图所示。图层混合后，图像对比度增强，效果如下右图所示。

盖印图层

图层混合后效果显著

···⊹··· STEP 08 添加色彩平衡调整图层

在"调整"面板中创建一个新的色彩平衡调整图层，然后在打开的"色彩平衡"界面中，如下左图所示，对"高光"色调进行设置。图像应用色彩平衡调整图层后，即可制作出具有清透感的皮肤效果，如下右图所示。

设置"色彩平衡"

完成效果

Example 12 设置粉嫩宝宝皮肤

原始文件：随书光盘\素材\11\12.jpg

最终文件：随书光盘\源文件\11\Example 12设置粉嫩宝宝皮肤.psd

　　本实例首先通过复制"绿"通道中的图像，粘贴为新的图层后，通过图层之间的混合，制作出粉色皮肤的效果，然后利用色阶调整图层、"表面模糊"滤镜和图层蒙版完善效果，为宝宝制作出粉嫩皮肤。

Before ●●●

After ●●●

:::: STEP 01 打开素材

执行"文件"|"打开"菜单命令，打开"随书光盘\素材\11\12.jpg"素材照片，效果如下左图所示。然后在"通道"面板中选择"绿"通道，则其他颜色通道被隐藏，如下右图所示。

素材12.jpg　　　　　　　　　选择"绿"通道

:::: STEP 02 复制通道

按快捷键Ctrl+A全选"绿"通道中的图像，如下左图所示，并按快捷键Ctrl+C复制选区内的图像。然后在"通道"面板中单击RGB通道，显示所有颜色通道，如下右图所示。

全选通道图像　　　　　　　　单击RGB通道

:::: STEP 03 粘贴通道图像

在"图层"面板中单击"创建新图层"按钮，新建一个"图层1"，然后按快捷键Ctrl+V，将STEP 02中复制的图像粘贴到"图层1"中，并更改图层混合模式为"变亮"，如下左图所示。此时，在图像中即可看到图层编辑后的效果，如下右图所示。

"图层"面板　　　　　　　　设置图层后的效果

:::: STEP 04 设置色阶

执行"图像"|"调整"|"色阶"菜单命令，在打开的"色阶"对话框中，设置"输入色阶"参数依次为44、1.00、236，如下左图所示。确认设置后，在图像窗口中即可看到宝宝的皮肤增强了粉红效果，如下右图所示。

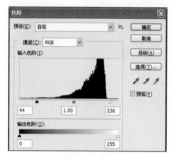 

"色阶"对话框　　　　　　　应用设置后的效果

:::: STEP 05 设置"表面模糊"

执行"滤镜"|"模糊"|"表面模糊"菜单命令，在打开的"表面模糊"对话框中，如下左图所示设置选项参数。确认设置后，可看到图像中的宝宝皮肤表面被模糊，变得不光滑，如下右图所示。

"表面模糊"对话框　　　　　应用模糊后的效果

:::: STEP 06 添加图层蒙版

设置"不透明度"为70%，单击"图层"面板下方的"添加图层蒙版"按钮，为"图层1"添加一个图层蒙版，如下左图所示。然后使用"画笔工具"将图像中宝宝皮肤以外的区域进行隐藏，编辑完成后的效果如下右图所示。

添加图层蒙版　　　　　　　完成效果

11.4 整体人像的修饰

人物的整体形象是照片的主体部分，对不完善的形象进行修饰后，可提升照片的质量，下面就将介绍对照片中人物进行整体修饰的方法，包括为人物瘦身、校正倾斜头部和更换衣服颜色，使照片中的人物效果更加完善，更好地展示人物形态。

Example 13 打造魔鬼身材

原始文件：随书光盘\素材\11\13.jpg
最终文件：随书光盘\源文件\11\Example 13 打造魔鬼身材.psd

肥胖的身材令人非常困扰，本实例首先将使用"液化"滤镜对人物的外形进行修饰，为人物瘦身，然后使用"减淡工具"和"特殊模糊"命令将皮肤修饰得紧致光滑，为人物打造魔鬼身材。

Before ●●●

After ●●●

STEP 01 打开素材并复制图层

打开"随书光盘\素材\11\13.jpg"素材照片，在"图层"面板中，将"背景"图层拖曳至"创建新图层"按钮 上，复制"背景"图层得到"背景副本"图层，创建副本后的效果如下图所示。

复制图层

STEP 02 使用液化滤镜

执行"滤镜"|"液化"菜单命令，打开"液化"对话框，单击"冻结蒙版工具"按钮 ，在图像中绘制蒙版，如下左图所示，设置画笔大小为20，在图像中调整人物腰部，如下右图所示。

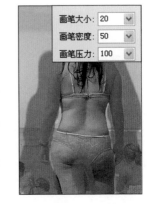
使用液化滤镜

·:|:· STEP 03　为人物瘦身

在"液化"对话框中，设置画笔大小为130，调整图像，为人物瘦身，如下图所示。

画笔大小：	130
画笔密度：	50
画笔压力：	100

为人物瘦身

·:|:· STEP 04　为人物瘦腿

在"液化"对话框，单击"解冻蒙版工具"按钮，去除图像中的蒙版，单击"冻结蒙版工具"按钮，在图像中重新绘制蒙版，如下左图所示，设置画笔大小为150，在图像中调整人物腿部，如下右图所示。

画笔大小：	150
画笔密度：	50
画笔压力：	100

为人物瘦腿

·:|:· STEP 05　创建选区

在工具箱中，单击"多边形套索工具"按钮，在图像中需要修整的区域创建选区，如右上图所示。

创建选区

·:|:· STEP 06　修饰图像

在工具箱中单击"仿制图章工具"按钮，在图像中，覆盖多余图像，如下图所示。

修饰图像

·:|:· STEP 07　调整人物皮肤

在工具箱中单击"模糊工具"按钮，在图像中的皮肤区域进行涂抹，如下左图所示，选中"减淡工具"，在图像中颜色较深的区域进行涂抹，如下右图所示。

调整人物皮肤

···⫶· STEP 08　特殊模糊

执行"滤镜"|"模糊"|"特殊模糊"菜单命令，打开"特殊模糊"对话框，设置半径为25.4，阈值为16.5，如下图所示。

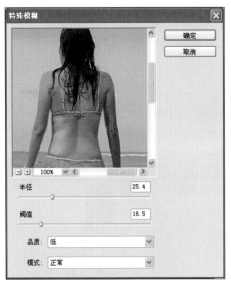

"特殊模糊"对话框

···⫶· STEP 09　查看效果

在图像窗口中查看图像的最终效果，人物瘦身成功，如下图所示。

最终效果

Example **14**　校正倾斜头部

| 原始文件：随书光盘\素材\11\14.jpg |
| 最终文件：随书光盘\源文件\11\Example 14 校正倾斜头部.psd |

　　在拍摄人物照片时，人物的身体姿势直接影响画面整体的效果，本实例就首先通过"套索工具"将向前倾斜的人物头部抠取出来，然后旋转抠取的头部图像，校正倾斜，最后利用"自动颜色"命令去除照片中的黄色调，制作出一幅自信、清新的人物照片效果。

Before ●●●

After ●●●

·:|:· STEP 01 创建选区

打开"随书光盘\素材\11\14.jpg"素材照片，效果如下左图所示。选择"套索工具"，在其选项栏中设置"羽化"选项为5像素，然后沿人物头部拖动创建选区，选区效果如下右图所示。

素材14.jpg　　　　　　　　创建选区

·:|:· STEP 02 创建变换编辑框

按快捷键Ctrl+J复制选区内的图像，并生成新的图层"图层1"，如下左图所示。然后按快捷键Ctrl+T出现变换编辑框，对图像进行旋转变换，如下右图所示。

复制选区内图像　　　　　　旋转变换

·:|:· STEP 03 新建图层

按Enter键确认变换编辑后，可看到校正后的头部效果，如下左图所示。单击"图层"面板下方的"创建新图层"按钮，新建"图层2"，如下右图所示。

确认变换后的效果　　　　　　新建图层

·:|:· STEP 04 修复图像

选择"修复画笔工具"，对人物头部边缘多余的图像进行修复，修复后的效果如下左图所示。然后按快捷键Shift+Ctrl+Alt+E盖印图层，生成"图层3"，如下右图所示。

 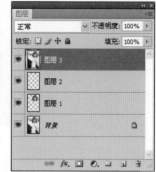

修复图像　　　　　　　　　盖印图层

·:|:· STEP 05 自动颜色

执行"图像"|"自动颜色"菜单命令，图像自动调整颜色后的效果如下图所示。

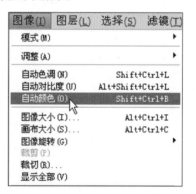

执行命令

完成效果

Example 15 更换衣服颜色

原始文件: 随书光盘\素材\11\15.jpg
最终文件: 随书光盘\源文件\11\Example 15 更改衣服颜色.psd

　　本实例首先通过"快速选择工具"将图像中人物的衣服创建为选区,然后利用色彩平衡调整图层更改图像中间调和高光区域的色彩,改变衣服的颜色,最后提亮整个图像,使人物衣服色调与整个图像更融合,表现出清新、活力的画面感。

Before ●●●

After ●●●

STEP 01 创建选区

打开"随书光盘\素材\11\15.jpg"素材照片,效果如下左图所示,然后选择"快速选择工具",在图像中人物的衣服区域上进行单击,将衣服创建为选区,选区效果如下右图所示。

素材15.jpg

创建选区

STEP 02 创建色彩平衡调整图层

在"调整"面板中单击"创建新的色彩平衡调整图层"按钮,如下左图所示,为选区内的图像添加色彩平衡调整图层。然后在打开的"色彩平衡"选项中,如下右图所示,对"中间调"色调进行设置。

单击按钮

设置"中间调"

STEP 03 设置选项

在面板中继续对"高光"色调进行设置，如下左图所示。设置完成后，在图像窗口中即可看到图像中人物的衣服颜色被更改为蓝色，效果如下右图所示。

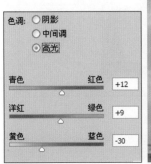

设置"高光"

设置后的图像效果

STEP 04 设置亮度/对比度调整图层

在"调整"面板中为图像再创建一个亮度/对比度调整图层，如下左图所示对打开的选项进行设置，最后完成效果如下右图所示。

设置"亮度/对比度"

完成效果

11.5 制作古灵精怪的人物特效

人物照片也可以加上一些特效，以丰富照片效果，本小节就介绍将人物照片处理成一些古灵精怪特殊效果的方法，配合工具与滤镜命令等，将真实的人物照片制作成艺术画效果、大眼睛的SD娃娃效果和素描美女效果。

Example 16 制作艺术画效果

原始文件：随书光盘\素材\11\16.jpg

最终文件：随书光盘\源文件\11\Example 16 制作艺术画效果.psd

本实例通过"阈值"命令将照片转换为黑白版画效果，在选区内添加颜色并修改混合模式，将图像制作为波普风格的艺术画效果。

Before ●●●

After ●●●

STEP 01　打开素材并复制图层

打开"随书光盘\素材\11\16.jpg"素材照片，在"图层"面板中，复制"背景"图层得到"背景副本"图层，如下图所示。

复制图层

STEP 02　图像去色

执行"图像"｜"调整"｜"去色"菜单命令，将图像转换为灰度图像，如下图所示。

图像去色

STEP 03　调整曲线

执行"图像"｜"调整"｜"曲线"菜单命令，打开"曲线"对话框，拖曳鼠标调整曲线，如下图所示。

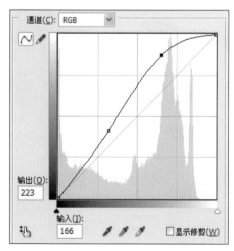

"曲线"对话框

STEP 04　设置阈值

执行"图像"｜"调整"｜"阈值"菜单命令，打开"阈值"对话框，设置阈值色阶为139，如下图所示。

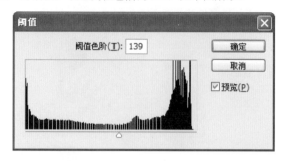

"阈值"对话框

STEP 05　绘制路径

在工具箱中单击"钢笔工具"按钮，在图像中沿人物脸庞绘制路径，如下图所示。

绘制路径

STEP 06　转换为选区

单击右键，在弹出的快捷菜单中单击"建立选区"选项，将路径转化为选区，如下图所示。

转化为选区

STEP 07　将选区填充为前景色

在工具箱中单击"多边形套索工具"按钮，在选项栏中单击"从选区中减去"按钮，在眼睛位置绘制选区，设置前景色为R252、G235、B178，创建新图层，将选区填充为前景色，设置混合模式为"正片叠底"，如下页图所示。

填充为前景色

···✛··· STEP 08　绘制路径

在工具箱中单击"钢笔工具"按钮 ✐，在图像中沿手指边缘绘制路径，如下图所示。

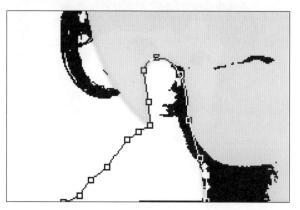

绘制路径

···✛··· STEP 09　填充选区

将路径转化为选区，在工具箱中设置前景色为R234、G207、B115，创建新图层，将选区填充为前景色，设置混合模式为"正片叠底"，如下图所示。

填充选区

···✛··· STEP 10　填充新图层

在"图层"面板中创建新图层，在工具箱中设置前景色为R132、G150、B69，将图层填充为前景色，设置混合模式为"正片叠底"，如右上图所示。

填充新图层

···✛··· STEP 11　清除多余图像

在工具箱中单击"多边形套索工具"按钮 ▽，在人物面部绘制选区，清除多余图像，如下图所示。

清除多余图像

···✛··· STEP 12　绘制路径

在工具箱中单击"钢笔工具"按钮 ✐，在图像中沿嘴唇边缘绘制路径，如下图所示。

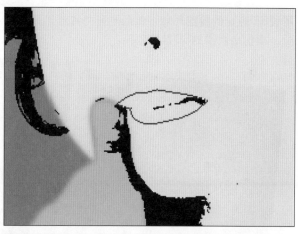

绘制路径

···✛··· STEP 13　填充选区

将路径转化为选区，在工具箱中设置前景色为R234、G158、B217，创建新图层，将选区填充为前景色，设置混合模式为"正片叠底"，如下页图所示。

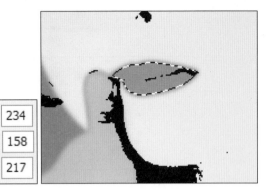

○ R: 234
○ G: 158
○ B: 217

填充选区

执行"滤镜"|"纹理"|"纹理化"菜单命令，打开"纹理化"对话框，设置纹理为画布，缩放为76%，凸现为4，如右图所示。

设置"纹理化"对话框

STEP 14　盖印可见图层

按快捷键Ctrl+Shift+Alt+E盖印可见图层，"图层"面板如下图所示。

盖印可见图层

STEP 16　查看图像效果

在图像窗口中查看将图像打造成流行的艺术画后的效果，如下图所示。

最终效果

Example 17　打造可爱的SD娃娃

原始文件：随书光盘\素材\11\17.jpg
最终文件：随书光盘\源文件\11\Example 17 打造可爱的SD娃娃.psd

　　本实例首先通过"液化"滤镜将图像中小孩的嘴巴和脸颊缩小，并对图像进行自由变换放大眼睛，制作出可爱SD娃娃的脸部形状，然后利用"减淡工具"减淡脸上皮肤与头发区域，制作出SD娃娃透明光滑的皮肤感觉，模仿出真实的SD娃娃效果。

Before ●●●

After ●●●

::::: STEP 01 复制背景图层

打开"随书光盘\素材\11\17.jpg"素材照片，效果如下左图所示。然后在"图层"面板中将"背景"图层向下拖移到"创建新图层"按钮上，复制得到"背景副本"图层，如下右图所示。

素材17.jpg   复制图层

::::: STEP 02 调整嘴形

执行"滤镜"|"液化"菜单命令，在打开的"液化"对话框中单击"褶皱工具" ，设置"画笔大小"为50，然后在人物嘴唇位置单击，缩小嘴唇，如下左图所示。单击"向前变形工具"按钮 ，调整嘴唇边缘，如下右图所示。

缩小嘴唇   调整嘴形

::::: STEP 03 缩小脸蛋

更改"工具选项"栏中的"画笔大小"为70，如下左图所示。然后继续使用"向前变形工具"在脸蛋上进行拖动变形，缩小脸蛋，制作出尖下巴的小脸效果，如下右图所示，最后单击"确定"按钮，应用"液化"滤镜。

设置工具选项   缩小脸颊

::::: STEP 04 创建选区

选择"套索工具"，在选项栏中单击"添加到选区"按钮 ，设置"羽化"为10px，然后使用该工具在图像中小孩的两个眼睛位置创建选区，选区效果如下左图所示。按快捷键Ctrl+J复制选区内的图像，并生成新的图层"图层1"，如下右图所示。

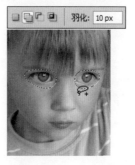

创建选区   复制选区内的图像

::::: STEP 05 放大图像

按快捷键Ctrl+T出现变换编辑框，对眼睛图像进行放大，如下左图所示。按Enter键确认变换后，可看到眼睛放大效果如下右图所示。

放大图像   变换后的效果

::::: STEP 06 盖印图层

按快捷键Shift+Ctrl+Alt+E盖印图层，生成"图层2"，如下左图所示。选择"减淡工具"，并在其选项栏中设置"曝光度"为10%，然后使用该工具在图像中的皮肤上进行涂抹减淡，如下右图所示。

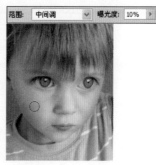

盖印图层   减淡皮肤

···⫴··· STEP 07　减淡、加深图像

继续使用"减淡工具"在人物头发和皮肤上进行涂抹，制作出SD娃娃头发和皮肤效果，如下左图所示。选择"加深工具"，在眼睛区域上进行涂抹绘制，加深眼睛轮廓，效果如下右图所示。

减淡头发

加深眼睛

···⫴··· STEP 08　添加色阶调整图层

在"调整"面板中添加一个新的色阶调整图层，如下左图所示对调整图层进行设置。完成设置后，可看到强化了图像，去掉了真实效果，如下右图所示。

设置"色阶"　　　　完成效果

Example 18　打造素描美女

| 原始文件：随书光盘\素材\11\18.jpg |
| 最终文件：随书光盘\源文件\11\Example 18 打造素描美女.psd |

　　本实例首先通过在不同的副本图层中设置不同的效果，将其中一个副本图层中的人物设置为线条效果，然后结合其他图层的效果，利用图层混合模式进行混合，更改照片的颜色，将照片处理成黑白的素描效果。

Before ●●●

After ●●●

STEP 01 复制图层

打开"随书光盘\素材\11\18.jpg"素材照片,效果如下
左图所示。然后按快捷键Ctrl+J复制图像,生成"图层
1",如下右图所示。

素材18.jpg   复制图层

STEP 02 复制多个图层

继续多次按快捷键Ctrl+J,再复制两个图层,生成图层1
的副本图层,如下左图所示,隐藏"图层1副本2"图层。
选择"图层1副本"图层,如下右图所示。

"图层"面板   隐藏并选择图层

STEP 03 设置色阶

对选择的图层执行"图像"|"调整"|"色阶"菜单命
令,在打开的"色阶"对话框中,如下左图所示对选项参
数进行设置。单击"确定"按钮后,关闭对话框,可看到
图像中间调被提高,效果如下右图所示。

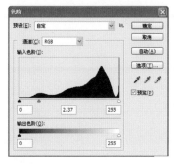

"色阶"对话框   设置效果

STEP 04 反相图像

执行"图像"|"调整"|"反相"菜单命令,或按快捷键
Ctrl+I将图像反相,效果如下左图所示。然后在"图层"
面板中隐藏"图层1副本"图层,选择"图层1"并对其执
行"反相"命令,如下右图所示。

反相效果   选择"图层1"

STEP 05 设置图层混合模式

将"图层1"的图层混合模式更改为"颜色减淡",如下
左图所示。此时可看到图像变为白色,接着执行"滤镜"|
"其他"|"最小值"菜单命令,在打开的"最小值"对
话框中,将"半径"设置为1像素,如下右图所示。

设置图层混合模式   "最小值"对话框

STEP 06 设置混合颜色带

此时可看到图像效果如下左图所示,在"图层"面板中双
击"图层1",打开"图层样式"对话框,在对话框中的
"混合颜色带"栏中,按住Alt键,将"下一图层"选项下
的小三角滑块向右拖移,调整到131位置,如下右图所示。

应用"最小值"效果   设置"混合颜色带"

:::▶ STEP 07　设置图层混合模式

此时，可看到图像增强了人物细节部分，效果如下左图所示。然后在"图层"面板中显示并选中"图层1副本"图层，设置其图层混合模式为"颜色加深"、"不透明度"为10%，如下右图所示。

应用"混合颜色带"效果　　　　"图层"面板

:::▶ STEP 08　为图像去色

图层设置完成后，可看到图像效果如下左图所示。在"图层"面板中显示并选中最上面的"图层1副本2"图层，对其执行"图像"｜"调整"｜"去色"菜单命令，将图像去色，效果如下右图所示。

图层混合效果　　　　　　去色效果

:::▶ STEP 09　设置图层混合模式

将去色后的"图层1副本2"图层混合模式设置为"颜色"，如下左图所示。此时，可看到图像被设置为黑白素描线稿的效果，如下右图所示。

设置图层混合模式　　　　图层混合后的效果

:::▶ STEP 10　设置色阶调整图层

在"调整"面板中为图像添加一个色阶调整图层，设置选项参数如下左图所示。设置完成后，加深了图像暗调，最终效果如下右图所示。

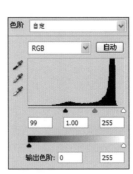

设置"色阶"　　　　　　完成效果

读书笔记

Chapter 12

风景照片的艺术化处理

无论是普通摄影者还是专业摄影师，在拍摄数码照片时都不可能做到每张照片完美无缺，特别是拍摄风景照片时，大自然的影响是不可避免的，对于有缺陷或是平淡无奇的风景照片，通过Photoshop CS5的强大功能，不用故地重游，不用浪费时间等待最好的时机，也不需要昂贵的摄影器材，一样可以改天换地、逆转时空，重新展现美丽的风景。

本章就来介绍风景照片艺术化处理的方法，教会读者如何通过手中的电脑来掌控风景，包括强调天空的处理方法、神奇的时空变换和环境效果的烘托。

制作傍晚火烧云效果

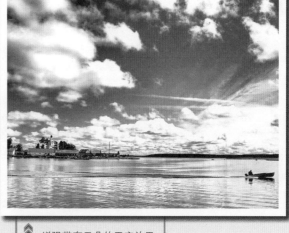

增强带有云朵的天空效果

将春天变成秋天

黑白效果展现海面波涛

12.1 强调天空的处理方法

变换丰富的天空往往是对美丽风景最好的衬托，但奈何风云变幻莫测，常会错过最好的拍摄时间或景象，为了弥补天空图像的缺陷或强调天空，可通过Photoshop中的多种技法来完成，从而制作出美丽的风景照片。本节将介绍强调天空的处理方法，包括编辑单一的天空颜色、增强天空中的云朵、为灰白天空添加云朵图像以及制作出傍晚火烧云的效果。

Example 01 利用蒙版调整天空颜色

原始文件：随书光盘\素材\12\01.jpg
最终文件：随书光盘\源文件\12\Example 01 利用蒙版调整天空颜色.psd

本实例首先通过"亮度/对比度"菜单命令来调整天空影调，然后通过"渐变工具"更改照片的色调，最后编辑图层蒙版，使照片颜色更有层次。

Before ●●●

After ●●●

⁝⁝⁝ STEP 01　打开素材并复制图层

打开"随书光盘\素材\12\01.jpg"素材照片，在"图层"面板中复制"背景"图层得到"背景副本"图层，如下图所示。

复制图层

⁝⁝⁝ STEP 02　调整图像影调

执行"图像"|"调整"|"亮度/对比度"菜单命令，打开"亮度/对比度"对话框，设置"亮度"为20，"对比度"为100，如下图所示。

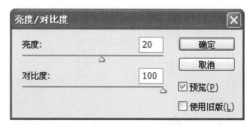

"亮度/对比度"对话框

STEP 03 添加蒙版

在"图层"面板中，单击"添加图层蒙版"按钮 [□]，添加蒙版，如下图所示。

"图层"面板

STEP 04 绘制蒙版

在工具箱中单击"画笔工具"按钮 [✎]，在除天空外的图像上涂抹，以绘制蒙版，如下图所示。

绘制蒙版

STEP 05 盖印可见图层

按快捷键Ctrl+Shift+Alt+E盖印可见图层，"图层"面板如下图所示。

盖印可见图层

STEP 06 设置渐变色

在工具箱中单击"渐变工具"按钮 [■]，打开"渐变编辑器"对话框，设置左边颜色的参数为R255、G182、B125，右边颜色的参数为R28、G131、B101，如下图所示。

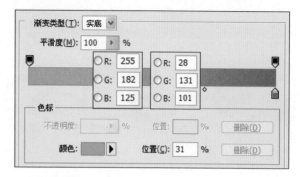

"渐变编辑器"对话框

STEP 07 绘制渐变

在选项栏中单击"线性渐变"按钮 [■]，设置"模式"为"叠加"，在图像中从上至下拖曳鼠标，如下图所示。

绘制渐变

STEP 08 添加蒙版

在"图层"面板中，单击"添加图层蒙版"按钮 [□]，添加蒙版如下图所示。

"图层"面板

STEP 09　绘制蒙版

在工具箱中单击"画笔工具"按钮，在画面上绘制蒙版，如下图所示。

绘制蒙版

STEP 10　调整蒙版

在"蒙版"面板中，设置"浓度"为**35%**，如右上图所示。

STEP 11　查看效果

在工具箱中单击"涂抹工具"按钮，在天空中绿色的图像上涂抹，效果如右下图所示。

"蒙版"面板

柔化图像

| **Example 02** 增强带有云朵的天空效果 | 原始文件：随书光盘\素材\12\02.jpg |
| | 最终文件：随书光盘\源文件\12\Example 02 增强带有云朵的天空效果.psd |

本实例首先通过"自然饱和度"调整图层增强照片的饱和度，再利用"色彩范围"命令抠出云朵图像，然后通过图层之间的混合将灰色云朵制作成纯白色的云朵，最后通过"色阶"调整图层增强图像中阴影、中间调与高光之间的对比，增强天空效果。

Before ●●●

After ●●●

STEP 01 复制"背景"图层

打开"随书光盘\素材\12\02.jpg"素材照片，效果如下左图所示。然后在"图层"面板中，将"背景"图层向下拖移到"创建新图层"按钮上，复制得到"背景副本"图层，如下右图所示。

素材02.jpg   复制图层

STEP 02 提高饱和度

执行"图像"|"调整"|"自然饱和度"菜单命令，在打开的"自然饱和度"对话框中设置选项参数，如下左图所示。确认设置后，图像提高饱和度效果如下右图所示。

"自然饱和度"对话框   设置后的效果

STEP 03 选择色彩范围

执行"选择"|"色彩范围"菜单命令，在打开的"色彩范围"对话框中，将"颜色容差"设置为100，然后使用"吸管工具"在图像中的云朵图像上单击进行取样，选择范围如下图所示。

"色彩范围"对话框

STEP 04 复制图像

确认"色彩范围"的设置后，得到选区效果如右上左图所示。然后按快捷键Ctrl+J复制选区内的图像，生成"图层1"图层，如右上右图所示。

选区效果   "图层"面板

STEP 05 设置图层混合模式

在"图层"面板中设置"图层1"的图层混合模式为"滤色"，如下左图所示。图层混合后的效果如下右图所示，提亮了图像中的云朵。

设置图层混合模式   图层混合后的效果

STEP 06 设置色阶调整图层

在"调整"面板中创建一个新的色阶调整图层，然后在打开的"色阶"界面中如下左图所示设置参数。完成设置后的图像效果如下右图所示，增强了天空的效果。

设置"色阶"选项   完成效果

知识链接 ▶ ▶ ▶

拍摄风景照片时需要注意天气的选择，晴天光线充足、明暗对比鲜明，可选择使用逆光或侧光进行拍摄；有薄云的天气，光有方向性、光线不够强，对于表现照片的细节部分很有好处。

09 用光问题照片专题

10 照片调色专题

11 人像照片专题

12 风景照片的艺术化处理

Example 03 制作卡通云的效果

原始文件：随书光盘\素材\12\03.jpg

最终文件：随书光盘\源文件\11\Example 03 制作卡通云的效果.psd

　　本实例首先使用"液化"菜单命令将照片中的云朵制作成可爱的心形，然后使用"黑白"命令增加云朵的层次，最后使用"色相/饱和度"菜单命令调整图像的颜色。

Before ●●●

After ●●●

STEP 01　打开素材并复制图层

打开"随书光盘\素材\12\03.jpg"素材照片，在"图层"面板中复制"背景"图层得到"背景副本"图层，如下图所示。

复制图层

STEP 02　调整图像形状

执行"滤镜"|"液化"菜单命令，打开"液化"对话框，单击"向前变形工具"按钮，在图像中对云朵进行变形，如下图所示。

液化后的效果

STEP 03　修整图像形状

在工具箱中选中"仿制图章工具"，对云朵再次进行修整，以制作成心形，如下图所示。

使用仿制图章工具

STEP 04　复制图层

在"图层"面板中，复制"背景副本"图层得到"背景副本2"图层，如下图所示。

"图层"面板

⊹ STEP 05 图像去色

执行"图像"|"调整"|"黑白"菜单命令,打开"黑白"对话框,设置青色为17,蓝色为6%,如下图所示。

"黑白"对话框

⊹ STEP 06 增强天空对比

在"图层"面板中,设置混合模式为"柔光",如下图所示。

"图层"面板

⊹ STEP 07 盖印可见图层

按快捷键Ctrl+Shift+Alt+E盖印可见图层,"图层"面板如下图所示。

盖印可见图层

⊹ STEP 08 调整图像颜色

执行"图像"|"调整"|"色相/饱和度"菜单命令,打开"色相/饱和度"对话框,设置颜色为"青色",色相为-18,如下图所示。

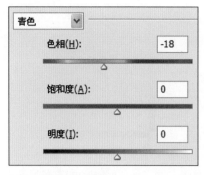

"色相/饱和度"对话框

⊹ STEP 09 调整图像颜色

在"色相/饱和度"对话框中,设置颜色为"蓝色",色相为-14,如下图所示。

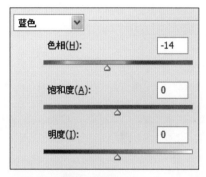

"色相/饱和度"对话框

⊹ STEP 10 调整图像曲线

执行"图像"|"调整"|"曲线"菜单命令,打开"曲线"对话框,拖曳鼠标调整曲线,如下图所示。

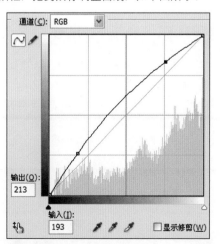

"曲线"对话框

STEP 11　调整图像颜色

在"曲线"对话框中,设置通道为"蓝",拖曳鼠标调整曲线,如下图所示。

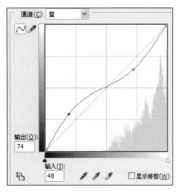

"曲线"对话框

STEP 12　查看图像效果

在图像窗口中查看设置后的最终效果,如下图所示。

查看图像效果

Example 04　制作傍晚火烧云效果

原始文件:随书光盘\素材\12\04.jpg
最终文件:随书光盘\源文件\12\Example 04 制作傍晚火烧云效果.psd

　　本实例首先通过渐变映射调整图层,设置一个由暗到亮的颜色渐变,可以在为照片添加颜色的同时,保留照片一些原有的色调,从而达到更改天空颜色的效果,然后通过图层混合模式的设置,制作出傍晚火烧云的美丽景色。

Before ●●●

After ●●●

STEP 01　打开素材图像

执行"文件"|"打开"菜单命令,打开"随书光盘\素材\12\04.jpg"素材照片,效果如下图所示。

素材04.jpg

STEP 02　复制图层

在"图层"面板中复制一个"背景"图层,生成"背景副本"图层,并更改其图层混合模式为"线性加深"、"不透明度"为47%,如下左图所示。设置图层后,可看到图像效果如下右图所示。

"图层"面板

图层混合后的效果

STEP 03 添加调整图层

在"调整"面板中单击"创建新的渐变映射调整图层"按钮，如下左图所示，创建调整图层，然后在打开的"渐变映射"界面中单击渐变条，如下右图所示，即可打开"渐变编辑器"对话框。

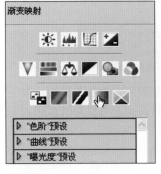

单击按钮　　　　　　　　　　　单击渐变条

STEP 04 设置渐变颜色

在打开的"渐变编辑器"对话框中的"预设"选项中选择"紫，橙渐变"，如下左图所示。然后单击"确定"按钮，关闭"渐变编辑器"对话框，回到"调整"面板中，通过渐变条，可看到选择的渐变颜色，勾选"仿色"复选框，如下右图所示。

选择渐变色　　　　　　　　　　设置选项

实用技巧 ▶ ▶ ▶

在"渐变映射"选项中，单击渐变条可打开"渐变编辑器"来设置任意的渐变颜色，也可单击渐变条后面的下三角按钮，打开"预设"框，选择系统默认的一些预设渐变颜色。

STEP 05 设置图层混合模式

在"图层"面板中，将创建的"渐变映射1"调整图层的图层混合模式设置为"线性光"，如下左图所示。此时，在图像窗口中即可看到添加调整图层后，图像更改颜色的效果，如下右图所示。

更改图层混合模式　　　　　　　设置后的效果

STEP 06 添加图层蒙版

在"图层"面板中选择"背景副本"图层后，单击下方的"添加图层蒙版"按钮，为该图层创建一个图层蒙版，如下左图所示。然后选择"画笔工具"，将前景色设置为黑色，在图像下方的水面上进行涂抹，效果如下右图所示。

创建图层蒙版　　　　　　　　　编辑蒙版效果

STEP 07 确认效果

此时，可看到图像被调整成一幅傍晚火烧云的效果，如下图所示。

完成效果

12.2 神奇的时空变换

同一个风景在不同季节可展现出不同的效果，也许拍摄者会错过最好的拍摄时节，但现在就不需要在拍摄景物时受时间的影响，本小节就介绍对风景照片进行神奇时空变换的方法，将春天景色变为秋天景色、将枯草变得郁郁葱葱。

Example 05 将春天变成秋天

原始文件：随书光盘\素材\12\05.jpg
最终文件：随书光盘\源文件\12\Example 05 将春天变成秋天.psd

本实例首先在图像中添加通道混合器调整图层，将图像更改为黄色调，利用调整图层中的图层蒙版，将不需要调整图层效果的区域隐藏，然后利用可选颜色调整图层对图像中的单个颜色进行设置，增强树叶颜色，制作出秋天黄叶效果，将一幅春景快速制作为秋景。

Before ●●●

After ●●●

⠿ STEP 01 打开素材图像

打开"随书光盘\素材\12\05.jpg"素材照片，效果如下左图所示。然后在"调整"面板中单击"创建新的通道混合器调整图层"按钮，如下右图所示，创建调整图层。

素材05.jpg

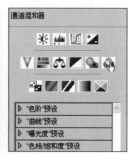

单击按钮

⠿ STEP 02 设置通道混合器调整图层

在打开的"通道混合器"界面中如下左图所示设置参数，图像应用调整图层后的效果如下右图所示，图像颜色被更改为黄色调。

设置选项

设置后的效果

STEP 03 设置图层蒙版

选中调整图层后的蒙版缩览图，如下左图所示。然后使用"画笔工具"将流水图像的通道混合器效果隐藏，效果如下右图所示。

选择蒙版 　　　　　编辑蒙版

STEP 04 设置可选颜色调整图层

在"调整"面板中添加可选颜色调整图层，然后在打开的界面中如下两图所示对"红色"和"黄色"进行设置。

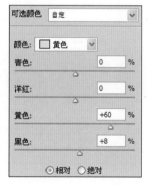

设置"红色" 　　　　设置"黄色"

知识链接 ▶▶▶

在"可选颜色"界面中，选中"相对"单选按钮，即会按照颜色总量的百分比来更改各个颜色在图像中的量，例如，从50%洋红的像素开始添加10%，则5%将添加到洋红，结果为55%的洋红。

STEP 05 确认效果

图像应用STEP 04中设置的可选颜色调整图层后的效果如下图所示，增强了图像中树叶的颜色。

应用可选颜色调整图层效果

STEP 06 设置亮度/对比度调整图层

在"调整"面板中再添加一个亮度/对比度调整图层，如下上图所示对选项参数进行设置。图像应用设置后的效果如下下图所示。

设置"亮度/对比度"

完成效果

Example 06 将枯草变得郁郁葱葱

原始文件：随书光盘\素材\12\06.jpg
最终文件：随书光盘\源文件\12\Example 06 将枯草变得郁郁葱葱.psd

本实例首先通过载入通道选区，为图像中的草地创建选区，然后为选区内的图像添加色彩平衡调整图层，调出绿色草地效果，最后利用可选颜色调整图层，将图像中的各个颜色强化，制作出郁郁葱葱的效果。

Before ●●●

After ●●●

STEP 01 载入通道选区

执行"文件"|"打开"菜单命令,打开"随书光盘\素材\12\06.jpg"素材照片,效果如下左图所示。然后按住Ctrl键单击"蓝"通道前的通道缩览图,如下右图所示,载入该通道中的图像选区。

素材06.jpg

单击通道缩览图

STEP 02 反向选区

载入"蓝"通道选区后,执行"选择"|"反向"菜单命令,或按快捷键Shift+Ctrl+I反向选区。此时,在图像窗口中可看到选区效果,如右图所示。

选区效果

实用技巧 ▶ ▶ ▶ ▷

在选择载入颜色通道选区前,选择正确的颜色通道是非常重要的,这时选择"绿"通道,即可将图像中的草地全部选中。

STEP 03 设置"色彩平衡"

在"调整"面板中单击"创建新的色彩平衡调整图层"按钮,如下左图所示,新建调整图层。然后在打开的"色彩平衡"界面中设置参数,如下右图所示。

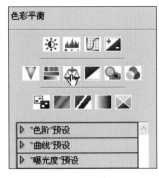

单击按钮

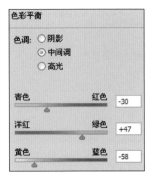

设置选项参数

STEP 04 查看效果

完成调整图层的设置后,在图像窗口中即可看到枯草被调整为绿色,效果如下图所示。

设置调整图层后的效果

⁘ STEP 05　设置可选颜色

在"调整"面板中再创建一个可选颜色调整图层，然后在打开的"可选颜色"界面中，如下两图所示，对"绿色"和"青色"进行设置。

设置"绿色"

设置"青色"

⁘ STEP 06　继续设置可选颜色

继续在"调整"面板中对"可选颜色"的"白色"进行设置，如右上左图所示。设置完成后，可看到图像的色彩被完善，效果如右上右图所示。

设置"白色"

设置后的效果

⁘ STEP 07　设置"自然饱和度"

再创建一个自然饱和度调整图层，如下左图所示对"自然饱和度"选项进行设置，最后完成效果如下右图所示。

提高自然饱和度

完成效果

12.3　环境效果的烘托

风景照片中为了更好地表现主体对象，免不了需要周围环境的烘托，下面就介绍对风景照片的环境效果进行处理的方法，包括增加飘雪效果、打造微缩景观效果、由白天变换为夜景、打造中国风水墨风景画以及为风景添加波尔卡渐圆环等。

Ｅxample 07　利用"通道"制作雪景效果

原始文件：随书光盘\素材\12\07.jpg

最终文件：随书光盘\源文件\12\Example 07 利用"通道"制作雪景效果.psd

本实例首先通过"通道"面板为图像制作出冰雪覆盖的效果，然后通过"色相/饱和度"菜单命令为照片着色，最后通过设置混合模式以为图像营造出冰天雪地的效果。

Before ●●●

After ●●●

STEP 01 打开素材并复制图层

打开"随书光盘\素材\12\07.jpg"素材照片,在"图层"面板中复制"背景"图层得到"背景副本"图层,如下图所示。

复制图层

STEP 02 选择通道

在"通道"面板中,单击选中"绿"通道,如下图所示。

选择通道

STEP 03 复制画布

按快捷键Ctrl+A进行选择画布的操作,按快捷键Ctrl+C进行复制操作,如下图所示。

复制画布

STEP 04 创建新图层

在"图层"面板中,单击"创建新图层"按钮,按快捷键Ctrl+V进行粘贴操作,将通道粘贴至"图层1"图层,如右上图所示。

"图层"面板

STEP 05 设置图像阴影

执行"滤镜"|"模糊"|"阴影/高光"菜单命令,打开"阴影/高光"对话框,设置"阴影"的数量为50%。

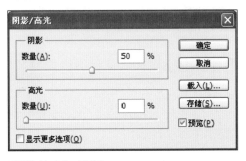

"阴影/高光"对话框

STEP 06 设置胶片颗粒

执行"滤镜"|"艺术效果"|"胶片颗粒"菜单命令,打开"胶片颗粒"对话框,设置颗粒为0,高光区域为15,强度为3。

"胶片颗粒"对话框

STEP 07 查看效果

在图像窗口中查看图像的效果,如下图所示。

查看图像效果

⚡ STEP 08 选择图层

在"图层"面板中，选中"背景副本"图层，如下图所示。

"图层"面板

⚡ STEP 09 调整图像颜色

执行"图像"|"调整"|"色相/饱和度"菜单命令，打开"色相/饱和度"对话框，勾选"着色"复选框，设置色相为185，饱和度为40，如下图所示。

"色相/饱和度"对话框

⚡ STEP 10 合并图层

在"图层"面板中，选中"图层1"图层和"背景副本2"图层，单击右键，在弹出的快捷菜单中单击"合并图层"选项。

合并图层

⚡ STEP 11 添加蒙版

在"图层"面板中，单击"添加图层蒙版"按钮 ◻️，如下图所示。

"图层"面板

⚡ STEP 12 调整蒙版

在"蒙版"面板中，设置浓度为57%，羽化为5px，如下图所示。

"蒙版"面板

⚡ STEP 13 绘制蒙版

在工具箱中，选中"画笔工具"按钮 ✏️，在路和树的区域涂抹以绘制蒙版，最后在图像窗口中查看效果。

最终效果

Example 08 制作萤火虫效果

原始文件：随书光盘\素材\12\08.jpg
最终文件：随书光盘\源文件\12\Example 08 制作萤火虫效果.psd

本实例首先通过"智能锐化"菜单命令使图像的细节更加清晰，然后使用"光照效果"滤镜为昆虫的尾部添加光亮，从而修改光照颜色制作萤火虫效果。

Before ●●●

After ●●●

⋮⋮⋮ STEP 01 打开素材并复制图层

打开"随书光盘\素材\12\08.jpg"素材照片，在"图层"面板中，复制"背景"图层得到"背景副本"图层，如下图所示。

复制"背景"图层

⋮⋮⋮ STEP 02 锐化图像

执行"滤镜"|"锐化"|"智能锐化"菜单命令，打开"智能锐化"对话框，设置数量为100%，半径为1.3像素，如下图所示。

"智能锐化"对话框

STEP 03 复制图层

在"图层"面板中，复制"背景副本"图层得到"背景副本2"图层，如下图所示。

复制"背景副本"图层

STEP 04 设置光照效果

执行"滤镜"|"渲染"|"光照效果"菜单命令，打开"光照效果"对话框，设置光照类型为全光源，颜色为R143、G250、B79，参数设置如下图所示。

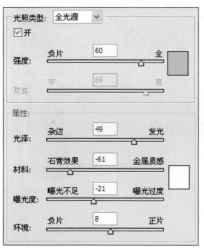

"光照效果"对话框

STEP 05 设置光照范围

在预览窗口中调整光照范围，光源设置为昆虫尾部，如下图所示。

设置光照范围

STEP 06 查看图像效果

在图像窗口中查看昆虫尾部的发光效果，如下图所示。

查看效果

STEP 07 添加蒙版

在"图层"面板中单击"添加图层蒙版"按钮，在图像中添加蒙版，如下图所示。

添加蒙版

STEP 08 绘制蒙版

在工具箱中单击"画笔工具"按钮，在图像中进行涂抹以绘制蒙版，如下图所示。

绘制蒙版

Example 09 为照片制作夜景效果

原始文件：随书光盘\素材\12\09.jpg
最终文件：随书光盘\源文件\12\Example 09 为照片制作夜景效果.psd

　　本实例首先通过建立纯色调整图层将照片变暗，然后通过多个图层之间的配合，调出图像中的灯光照片效果，制作出夜晚拍摄的景象。

Before ●●●

After ●●●

STEP 01 打开素材

打开"随书光盘\素材\12\09.jpg"素材照片，效果如下左图所示。然后单击"图层"面板下方的"创建新的填充或调整图层"按钮，在打开的菜单中单击"纯色"选项，如下右图所示。

素材09.jpg

单击"纯色"选项

STEP 02 设置图层颜色

在打开的"拾取实色"对话框中，设置颜色为灰色（R89、G89、B87），如下左图所示。确认设置后，在"图层"面板中设置创建的"颜色填充1"图层混合模式为"正片叠底"，如下右图所示。

设置颜色

设置图层混合模式

STEP 03 编辑蒙版

此时，在图像窗口中即可看到设置图层后，效果如下左图所示。然后选择"画笔工具"，将前景色设置为黑色，在颜色图层中的蒙版上进行涂抹，显示有灯的图像，效果如下右图所示。

添加图层蒙版效果　　　　　编辑蒙版效果

STEP 04 盖印图层

按快捷键Shift+Ctrl+Alt+E盖印图层，生成"图层1"，并更改其图层混合模式为"颜色减淡"，如下左图所示。此时，可看到图像效果如下右图所示。

"图层"面板　　　　　　　编辑图层后的效果

STEP 05 设置图层蒙版

单击"图层"面板下方的"添加图层蒙版"按钮，新建图层蒙版，如下左图所示。然后使用黑色"画笔工具"在图像边缘进行涂抹，显示下面图层较暗的效果，如下右图所示。

添加图层蒙版　　　　　　　编辑蒙版后的效果

STEP 06 模糊图像

按快捷键Shift+Ctrl+Alt+E盖印图层，生成"图层2"，如下左图所示。然后执行"滤镜"|"模糊"|"高斯模糊"菜单命令，在打开的"高斯模糊"对话框中，设置"半径"为3像素，如下右图所示。

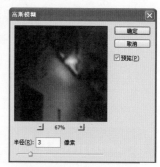

盖印图层　　　　　　　　"高斯模糊"对话框

STEP 07 添加图层蒙版

确认"高斯模糊"设置后，可看到图像模糊效果如下左图所示，为"图层2"添加一个图层蒙版。然后使用"画笔工具"，将中间图像的模糊效果隐藏，如下右图所示。

"高斯模糊"效果　　　　　蒙版编辑效果

STEP 08 盖印图层

再次按快捷键Shift+Ctrl+Alt+E盖印图层，生成"图层3"，如下左图所示。然后选择"减淡工具"在图像中灯光照射的位置上进行涂抹，提亮图像，并使用"加深工具"对边缘暗部进行涂抹，变暗图像边缘，效果如下右图所示。

盖印图层　　　　　　　　减淡、加深图像

STEP 09 设置"亮度/对比度"

继续在"调整"面板中创建一个亮度/对比度调整图层，在打开的界面中如右左图所示设置参数。设置完成后，可看到图像被制作成夜晚灯光下的景色效果，如右右图所示。

亮度/对比度

亮度：	42
对比度：	70

□ 使用旧版

设置"亮度/对比度"　　　　完成效果

Example 10 制作梦幻溪水

原始文件：随书光盘\素材\12\10.jpg
最终文件：随书光盘\源文件\12\Example 10 制作梦幻溪水.psd

本实例首先将图像转换到Lab颜色模式下，然后对单个通道设置"应用图像"命令，增强图像色调，将原本平淡的景色处理成梦幻色彩感觉。

Before ●●●

After ●●●

STEP 01 打开素材

执行"文件"|"打开"菜单命令，打开"随书光盘\素材\12\10.jpg"素材照片，效果如下图所示。

素材10.jpg

STEP 02 转换颜色模式

执行"图像"|"模式"|"Lab颜色"菜单命令，如下左图所示，将图像转换为Lab颜色模式。然后在"图层"面板中复制"背景"图层，生成"背景副本"图层，如下右图所示。

执行命令　　　　　　　　复制图层

STEP 03 应用图像

执行"图像"|"应用图像"菜单命令，在打开的"应用图像"对话框中，如下左图所示，对选项进行设置。单击"确定"按钮后，在图像窗口中即可看到应用设置后的效果，如下右图所示。

设置"应用图像"　　　　设置后的效果

STEP 04 对a通道设置应用图像

在"通道"面板中选择a通道，其他通道即被隐藏，如下左图所示。然后对选择的通道图像执行"图像"|"应用图像"菜单命令，在打开的"应用图像"对话框中，设置"混合"为"叠加"，如下右图所示。

选择a通道　　　　设置"应用图像"

STEP 05 对b通道设置应用图像

在"通道"面板中选择b通道，如下左图所示。然后对其执行"图像"|"应用图像"菜单命令，在打开的"应用图像"对话框中，设置"混合"为"叠加"，如下右图所示。

选择b通道　　　　设置"应用图像"

STEP 06 查看图像效果

在"通道"面板中单击Lab通道显示所有通道，如右上左图所示，回到原图像中，可看到通道设置后的效果如右上右图所示，丰富了图像色彩。

单击Lab通道　　　　调整后的效果

STEP 07 转换颜色模式

执行"图像"|"模式"|"RGB颜色"菜单命令，如下上图所示。在打开的提示对话框中，单击"不拼合"按钮，如下下图所示，将图像转换为RGB颜色模式。

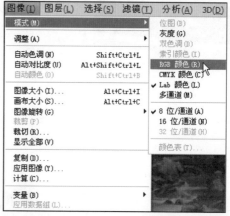

执行命令

提示对话框

STEP 08 添加曲线调整图层

在"调整"面板中创建一个曲线调整图层，如下左图所示，对曲线进行设置。图像应用设置后的效果如下右图所示。

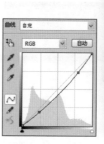

设置曲线　　　　完成效果

Example 11 中国风水墨风景画

原始文件：随书光盘\素材\12\11.jpg

最终文件：随书光盘\源文件\12\Example 11 中国风水墨风景画.psd

　　本实例首先通过"去色"和"反相"命令，将照片处理成黑白效果，然后利用"喷溅"滤镜柔化图像边缘，使用"画笔工具"为荷花上色，最后通过"可选颜色"为茶叶添加颜色，制作出一幅怀旧中国风的水墨风景画效果。

Before ●●●

After ●●●

⋮⋮ STEP 01　复制"背景"图层

打开"随书光盘\素材\12\11.jpg"素材照片，效果如下左图所示。然后在"图层"面板中复制一个"背景"图层，得到"背景副本"图层，如下右图所示。

素材11.jpg　　　　　　　　　复制图层

⋮⋮ STEP 02　去色并反相

对复制的图层执行"图像"|"调整"|"去色"菜单命令，将图像彩色去除，变为黑白效果，如下左图所示。继续执行"图像"|"调整"|"反相"菜单命令，或按快捷键Ctrl+I将图像反相，效果如下右图所示。

去色效果　　　　　　　　　反相效果

·:::· STEP 03 设置"高斯模糊"

执行"滤镜"|"模糊"|"高斯模糊"菜单命令,在打开的"高斯模糊"对话框中,设置"半径"为2像素,如下左图所示。单击"确定"按钮后,图像模糊效果如下右图所示。

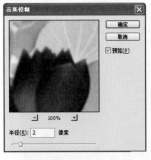

"高斯模糊"对话框

模糊效果

·:::· STEP 04 设置喷溅滤镜

执行"滤镜"|"画笔描边"|"喷溅"菜单命令,在打开的"喷溅"对话框中,设置"喷色半径"为3、"平滑度"为2,如下左图所示。单击"确定"按钮后,可看到图像边缘应用了喷溅描边效果,如下右图所示。

设置"喷溅"

设置后的效果

·:::· STEP 05 添加颜色

在"图层"面板中单击"创建新图层"按钮,新建一个空白图层"图层1",并设置其图层混合模式为"颜色",如下左图所示。选择"画笔工具",设置前景色为红色(R182、G30、B102),然后在图像中的荷花上进行涂抹,为其上色,绘制颜色效果如下右图所示。

"图层"面板

涂抹上色效果

·:::· STEP 06 为背景添加颜色

在"图层"面板中新建"图层2",设置其图层混合模式为"叠加",如下左图所示。然后使用"画笔工具",将前景色设置为黑色,在图像中的荷叶边缘上进行涂抹,加深荷叶,效果如下右图所示。

"图层"面板

涂抹上色效果

·:::· STEP 07 设置可选颜色

在"调整"面板中添加一个可选颜色调整图层,然后在打开的"可选颜色"界面中,如下两图所示,对"红色"和"中性色"进行设置。

设置"红色"

设置"中性色"

·:::· STEP 08 确认效果

图像应用可选颜色调整图层后的效果如下左图所示,增加了淡彩效果。最后可根据个人喜好,在图像中添加一些文字,这样完成的效果如下右图所示。

应用调整图层效果

完成效果

	原始文件：随书光盘\素材\12\12.jpg
	最终文件：随书光盘\源文件\12\Example 12 为风景添加 波尔卡渐圆环.psd

Example 12　为风景添加波尔卡渐圆环

　　本实例首先主要通过在新建通道中进行各种编辑，创建出需要的选区，然后为选区填充颜色，为风景图像添加波尔卡渐圆环边缘，丰富画面效果。

Before ●●●

After ●●●

•••• STEP 01　新建Alpha通道

打开"随书光盘\素材\12\12.jpg"素材照片，效果如下左图所示。然后在"通道"面板中单击"创建新通道"按钮，新建一个Alpha1通道，并将其他颜色通道隐藏，如下右图所示。

素材12.jpg

新建通道

•••• STEP 02　创建选区

选择"椭圆选框工具"，在其选项栏中设置"羽化"为10像素，然后在黑色通道中创建椭圆选区，如下左图所示。执行"选择"｜"反向"菜单命令，将选区反向，如下右图所示。

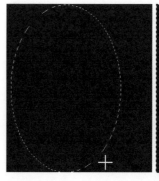

绘制选区

反向选区

··⁘·· STEP 03　填充选区

选择"渐变工具",设置黑色到白色的渐变,并选择"径向"渐变,在图像中心向外拖动应用渐变,选区填充渐变后的效果如下左图所示。按快捷键Ctrl+D取消选区后,执行"滤镜"|"模糊"|"高斯模糊"菜单命令,在打开的"高斯模糊"对话框中设置"半径"为40像素,如下右图所示。

为选区填充渐变　　　　　　设置"高斯模糊"

··⁘·· STEP 04　设置"彩色半调"

确认"高斯模糊"设置后,得到图像效果如下左图所示。接着执行"滤镜"|"像素化"|"彩色半调"菜单命令,在打开的"彩色半调"对话框中,如下右图所示进行参数设置。

"高斯模糊"效果　　　　　"彩色半调"对话框

··⁘·· STEP 05　载入通道选区

确认"彩色半调"设置后,得到图像效果如下左图所示,出现了由小到大的白色小圆圈效果。然后按住Ctrl键的同时,单击Alpha1通道前的通道缩览图,如下右图所示,载入该通道选区。

"彩色半调"效果　　　　　单击通道缩览图

··⁘·· STEP 06　查看选区效果

在"通道"面板中单击RGB通道,显示原颜色通道,隐藏Alpha1通道,如下左图所示。此时,可看到回到原图像中的选区效果,如下右图所示。

单击RGB通道　　　　　　选区效果

··⁘·· STEP 07　填充选区

在"图层"面板中单击"创建新图层"按钮,新建一个"图层1",如下左图所示。然后在新建图层中为选区填充黑色,并按快捷键Ctrl+D取消选区,填充选区后的效果如下右图所示。

新建图层　　　　　　　　填充选区效果

··⁘·· STEP 08　复制图层

在"图层"面板中复制一个"背景"图层,得到"背景副本"图层,更改其图层混合模式为"滤色",如下左图所示。图层混合后,得到最终效果如下右图所示。

复制"背景"图层　　　　　完成效果

Example 13 黑白效果展现海面波涛

原始文件：随书光盘\素材\12\13.jpg

最终文件：随书光盘\源文件\12\Example 13 黑白效果展现海面波涛.psd

　　本实例首先通过"应用图像"命令，增强照片效果，然后利用"去色"命令，将照片转换为黑白效果，最后利用"色阶调整图层"和"USM锐化"命令对海面进行调整，以黑白效果更好地展现海面波涛的细节。

Before ●●●

After ●●●

·:·: STEP 01　复制"背景"图层

打开"随书光盘\素材\12\13.jpg"素材照片，效果如下左图所示。然后在"图层"面板中，对"背景"图层进行复制，生成"背景副本"图层，如下右图所示。

素材13.jpg

复制图层

·:·: STEP 02　设置应用图像

对复制的图层执行"图像"|"应用图像"菜单命令，在打开的"应用图像"对话框中，如下图所示设置选项，然后单击"确定"按钮。

"应用图像"对话框

STEP 03　去色

此时，可看到设置"应用图像"命令后，图像整体效果被加强，如下左图所示。然后执行"图像"|"调整"|"去色"菜单命令，将图像转换为黑白色，效果如下右图所示。

应用图像效果

去色效果

STEP 04　设置色阶调整图层

在"调整"面板中创建一个新的色阶调整图层，然后在打开的"色阶"界面中，如下左图所示设置选项参数。图像应用调整图层效果如下右图所示。

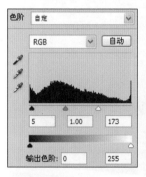
设置"色阶"

设置后的效果

STEP 05　编辑蒙版

在"图层"面板中可看到添加的"色阶1"调整图层，如下左图所示。选中图层蒙版，然后在工具箱中选择"画笔工具"，设置前景色为黑色，在图像上光亮的区域进行涂抹，隐藏该区域调整图层效果，编辑蒙版后的效果如下右图所示。

选择图层蒙版

编辑蒙版效果

STEP 06　锐化图像

按快捷键Shift+Ctrl+Alt+E盖印图层，生成"图层1"，然后执行"滤镜"|"锐化"|"USM锐化"菜单命令，在打开的"USM锐化"对话框中，如下图所示进行选项参数设置。

盖印图层

"USM锐化"对话框

STEP 07　确认效果

确认"USM锐化"滤镜后，可看到图像细节部分更清晰，更好地展现出海面上的波涛，完成效果如下图所示。

完成效果

Chapter 13 数码照片的合成专题

合成是Photoshop的另一强大功能，它可以将不同的照片放置到同一文档中，利用各种工具、命令的操作，将不同的照片自然地组合在一起，构成另一幅漂亮的照片，例如，将不同地点拍摄的风景组合到一张图像中，成为数码相机无法拍摄到的奇特景观。

本章将介绍人物数码照片的合成，即对人物照片进行合成处理；风景数码照片的合成以及人物与场景的数码合成，通过多种不同的方法将照片进行合成，制作出一幅幅充满神奇的艺术作品。

现实与梦境的结合

暗夜古堡

在衣服上添加图案

傍晚海边留影

13.1 人像数码照片合成

人像数码照片的合成可充分发挥自己的想象力，将多种图像合成在一起，组合成一幅更具感染力、更丰富、更神奇的人像照片，本小节就将针对人像照片进行合成处理，包括为人物添加个性纹身、为人物换脸、在衣服上添加图案以及与手绘素描的合成。

Example 01 为人物添加个性纹身

原始文件：随书光盘\素材\13\01.jpg、02.jpg
最终文件：随书光盘\源文件\13\Example 01 为人物添加个性纹身.psd

本实例首先通过在图像中设置"阈值"命令，轻松地抠取纹身图案，然后将其复制到人物图像中，通过图层混合模式和图层样式的设置，使纹身图案贴合到皮肤中，制作出以假乱真的纹身效果，增加照片中的人物效果，突出人物个性。

Before ●●●

After ●●●

STEP 01 打开素材照片

执行"文件"|"打开"菜单命令，打开"随书光盘\素材\13\01.jpg"素材照片，效果如下图所示。然后在"图层"面板中，将"背景"图层向下拖动到"创建新图层"按钮上，复制图层，如下右图所示。

素材01.jpg

复制图层

STEP 02 自动颜色

对复制的图层执行"图像"|"自动颜色"菜单命令，将照片进行自动颜色调整，效果如下左图所示。再次执行"文件"|"打开"菜单命令，打开"随书光盘\素材\13\02.jpg"素材照片，如下右图所示。

自动颜色效果

素材02.jpg

375

⣿ STEP 03 设置"阈值"

对步骤02中打开的图像执行"图像"|"调整"|"阈值"菜单命令，在打开的"阈值"对话框中设置"阈值色阶"为93，如下左图所示。单击"确定"按钮后，可看到图像调整为黑白效果，如下右图所示。

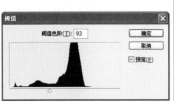

"阈值"对话框　　　　　　　　设置后的效果

⣿ STEP 04 创建选区

选择"画笔工具"，将前景色设置为白色，使用该工具在图像下方边角处的黑色上进行涂抹，去掉边角黑色，如下左图所示。然后使用"魔棒工具"在图像中的白色区域单击，将白色创建为选区，并按快捷键Shift+Ctrl+I反向选区，选择黑色图形，并按快捷键Ctrl+C复制选区内的图像，选区效果如下右图所示。

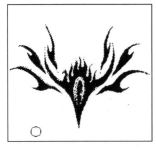

画笔绘制效果　　　　　　　　选区效果

⣿ STEP 05 复制图像

回到人物文档中，按快捷键Ctrl+V粘贴STEP 04中复制的图像，并自动生成"图层1"，如下左图所示。按快捷键Ctrl+T，使用变换编辑框对粘贴的图像进行缩小变换，并调整到人物手臂位置，如下右图所示，按Enter键确认变换。

粘贴图像　　　　　　　　　变换图像

⣿ STEP 06 设置"高斯模糊"

执行"滤镜"|"模糊"|"高斯模糊"菜单命令，在打开的"高斯模糊"对话框中，设置"半径"为0.5像素，如下左图所示。确认设置后，可看到图像模糊效果如下右图所示。

"高斯模糊"对话框　　　　　　模糊后的效果

⣿ STEP 07 添加图层样式

单击"图层"面板下方的"添加图层样式"按钮，在打开的菜单中选择"斜面和浮雕"选项，如下左图所示。然后在打开的"图层样式"对话框中，如下右图所示，对各选项进行设置。

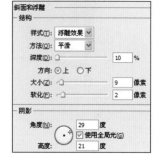

"图层"面板　　　　　　　　设置图层样式

⣿ STEP 08 设置图层混合模式

确认"图层样式"设置后，在"图层"面板中可看到为"图层1"添加了图层样式，并更改其图层混合模式为"正片叠底"，如下左图所示。图层混合后的效果如下右图所示。

设置图层混合模式　　　　　　完成效果

Example 02 在衣服上添加图案

原始文件：随书光盘\素材\13\03.jpg、04.jpg
最终文件：随书光盘\源文件\13\Example 02 在衣服上添加图案.psd

　　本实例首先通过"魔棒工具"抠取图案，然后将抠取的图案复制到人物图像中，调整到衣服位置，通过图层混合模式的设置，将图案贴合到衣服上，并利用图层蒙版、加深等编辑，使衣服上的图案效果更加逼真，最后提高图像的亮度/对比度，完善照片效果。

Before ●●●

After ●●●

13 数码照片的合成专题　14 数码照片的个性化制作　15 数码照片的展示和输出

STEP 01　打开素材照片

执行"文件"|"打开"菜单命令，在"打开"对话框中同时选择"随书光盘\素材\13\03.jpg、04.jpg"素材照片，效果如下两图所示。

素材03.jpg　　　　素材04.jpg

STEP 02　设置色阶

在04.jpg文档中，复制"背景"图层，生成"背景副本"图层，如下左图所示。执行"图像"|"调整"|"色阶"菜单命令，在打开的"色阶"对话框中如下右图所示对选项进行设置。

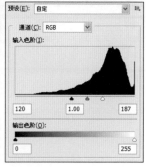

复制图层　　　　　　　设置"色阶"

STEP 03 创建选区

确认"色阶"设置后，可看到图像效果如下左图所示。然后选择"魔棒工具"在图像中的白色区域单击，将白色区域创建为选区，选区效果如下右图所示。

设置"色阶"效果   创建选区

STEP 04 反向选区

执行"选择"｜"反向"菜单命令，将选区反向，如下左图所示。然后在"图层"面板中选择"背景"图层，按快捷键Ctrl+C复制选区内的图像，如下右图所示。

反向选区   选择图层

STEP 05 粘贴图像

切换到03.jpg人物文档中，按快捷键Ctrl+V粘贴STEP 04中复制的图像，生成"图层1"，如下左图所示。然后按快捷键Ctrl+T，出现变换编辑框，对图像进行缩小变换，并调整到如下右图所示的位置，按Enter键确认变换。

粘贴图像   变换图像

STEP 06 设置图层混合模式

在"图层"面板中设置"图层1"的图层混合模式为"颜色加深"，如下左图所示。图层混合后将图形贴合到衣服上，效果如下右图所示。

设置图层混合模式   图层混合后的效果

STEP 07 擦除图像

选择"橡皮擦工具"将边缘多余的图像擦除，效果如下左图所示。然后选择"加深工具"，在图像中有褶皱的地方进行涂抹，加深图像，增强褶皱感，效果如下右图所示。

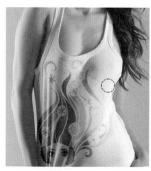

擦除多余边缘   加深图像

STEP 08 设置亮度/对比度调整图层

在"调整"面板中再创建一个亮度/对比度调整图层，然后在打开的"亮度/对比度"界面中如下左图所示进行参数设置。图像应用设置后的效果如下右图所示。

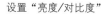

设置"亮度/对比度"   完成效果

原始文件：随书光盘\素材\13\05.jpg、06.jpg
最终文件：随书光盘\源文件\13\Example 03 人物
与手绘素描的合成效果.psd

Example 03 人物与手绘素描的合成效果

本实例首先利用"消失点"滤镜，将人物照片复制到创建的平面中，自动调整图像的透视，使人物照片合成到手绘图像中，然后通过"钢笔工具"和"画笔工具"编辑图层蒙版，调整合成效果，最后利用"可选颜色"调整图像色调，制作出一幅照片与绘画相结合的效果。

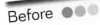

Before ●●●

After ●●●

STEP 01 打开素材照片

执行"文件"|"打开"菜单命令，在"打开"对话框中同时选择"随书光盘\素材\13\05.jpg、06.jpg"素材照片，效果如下两图所示。

素材05.jpg

素材06.jpg

STEP 02 复制图像

在人物照片中按快捷键 Ctrl+A全选图像，如下左图所示，并按快捷键Ctrl+C复制图像。然后切换到05.jpg文档中，在"图层"面板中复制一个"背景"图层，得到"背景副本"图层，如下右图所示。

全选图像

复制图层

STEP 03 创建编辑平面

对复制的图层执行"滤镜"|"消失点"菜单命令，然后在打开的"消失点"对话框中，使用"创建平面工具"如下左图所示创建四边形，得到如下右图所示的平面效果。

单击创建平面

创建编辑平面效果

STEP 04 复制图像

按快捷键Ctrl+V，在"消失点"对话框中粘贴STEP 02中复制的人物图像，并单击人物将其放置到创建的平面中，如下左图所示。然后使用"变换工具"调整人物图像的大小，可看到人物图像以外创建的平面调整透视，效果如下右图所示，最后单击"确定"按钮，关闭对话框。

复制图像

调整图像大小

STEP 05　添加图层蒙版

单击"图层"面板下方的"添加图层蒙版"按钮，为"背景副本"图层创建图层蒙版，如下左图所示。然后单击"背景副本"图层前的切换图层可视性按钮，隐藏该图层，如下右图所示。

创建图层蒙版　　　　　　隐藏图层

STEP 06　创建选区

选择"钢笔工具"，在图像中沿手指创建路径，效果如下左图所示。然后按快捷键Ctrl+Enter，将绘制的路径载入为选区，选区效果如下右图所示。

路径效果　　　　　　路径载入为选区

STEP 07　在蒙版中填充选区

在"图层"面板中显示"背景副本"图层，并选中图层蒙版，在蒙版中为选区填充黑色，如下左图所示。此时，在图像中可看到手指显示出来，效果如下右图所示。

在蒙版中填充选区　　　　填充后的效果

STEP 08　编辑蒙版

选择"画笔工具"，在图像中的人物图像边缘进行涂抹，利用蒙版隐藏边缘，如下左图所示。然后继续使用"画笔工具"在人物图像边缘进行涂抹，编辑后的效果如下右图所示。

使用画笔涂抹　　　　完成蒙版编辑效果

STEP 09　设置可选颜色

在"调整"面板中为图像创建一个可选颜色调整图层，如下左图所示对"中性色"进行设置。设置完成后，可看到图像色调更改为蓝色，效果如下右图所示。

设置可选颜色　　　　设置后的效果

STEP 10　编辑调整图层蒙版

在"图层"面板中单击调整图层后的蒙版缩览图，选中蒙版，如下左图所示。然后使用"画笔工具"在图像上进行涂抹，将人物照片以外的区域调整图层效果隐藏，完成效果如下右图所示。

选中蒙版　　　　　　完成效果

Part 01
Part 02
Part 03
Part 04

13.2 风景数码照片合成

对风景照片的合成处理，更能体现出奇妙的视觉效果，可将自己喜欢的多个不同的美丽风景组合在一幅图像中，形成变换丰富、充满奇幻的效果，接下来就介绍风景照片的合成方法，将风景照片制作成海市蜃楼效果、暗夜里的古堡等效果。

Example 04 暗夜古堡

原始文件：随书光盘\素材\13\07.jpg、08.jpg
最终文件：随书光盘\源文件\13\Example 04 暗夜古堡.psd

本实例首先通过"色彩范围"命令，选中图像中不需要的背景图像，然后利用图层蒙版进行遮盖，使两幅图像合成在一起，最后通过亮度/对比度、色阶、可选颜色等调整图层和"应用图像"命令，为照片调色，制作出暗夜古堡效果。

Before ●●●

After ●●●

·····:::: STEP 01 打开素材照片

执行"文件"|"打开"菜单命令，在"打开"对话框中同时选择"随书光盘\素材\13\07.jpg、08.jpg"素材照片，效果如下两图所示。

素材07.jpg　　　　　　素材08.jpg

·····:::: STEP 02 复制图像

使用"移动工具"将城堡图像拖移到07.jpg文件中，生成"图层1"，如下左图所示。然后使用"移动工具"将复制的图像调整到如下右图所示的位置。

"图层"面板　　　　　　调整图像位置

⋯⫶ STEP 03　选择色彩范围

单击"图层"面板下方的"添加图层蒙版"按钮，为"图层1"创建一个图层蒙版，然后单击图层缩览图选中图像，如下左图所示。执行"选择"｜"色彩范围"菜单命令，打开"色彩范围"对话框，设置"颜色容差"为100，使用"吸管工具"在图像的蓝色天空中进行单击，选中蓝色部分，如下右图所示。

单击图层缩览图　　　　　"色彩范围"对话框

实用技巧 ▶ ▶ ▶

在选中蒙版的状态下使用"色彩范围"命令选择范围时，会直接将未选择的颜色区域利用蒙版自动隐藏，因此需要单击图层缩览图选中图像后，再利用"可选颜色"命令创建选择的区域。

⋯⫶ STEP 04　在蒙版中填充选区

确认"色彩范围"命令后，可看到图像中的蓝色区域被创建为选区，选区效果如下左图所示。然后在"图层"面板中单击蒙版缩览图，在蒙版中为选区填充黑色，如下右图所示。

选区效果　　　　　　　在蒙版中填充选区

⋯⫶ STEP 05　编辑图层蒙版

在蒙版中填充选区后，按快捷键Ctrl+D取消选区，可看到蓝色图像被遮盖效果，如右上左图所示。然后选择"画笔工具"，将画笔调整到适当大小，在图像中剩余的蓝色图像中进行涂抹，隐藏蓝色，编辑后的效果如右上右图所示。

填充选区后的效果　　　　"画笔工具"编辑效果

⋯⫶ STEP 06　设置"亮度/对比度"

在"调整"面板中创建一个亮度/对比度调整图层，然后在打开的"亮度/对比度"界面中如下左图所示进行参数设置。完成设置后，可看到图像调整后的效果如下右图所示。

设置"亮度/对比度"　　　　设置后的效果

⋯⫶ STEP 07　编辑调整图层蒙版

在工具箱中选择"渐变工具"，并在其选项栏中选择黑色到白色的渐变，选择渐变类型为"径向"，然后使用"渐变工具"在图像中的下方位置单击并拖动，应用渐变，利用调整图层中的蒙版隐藏石阶和古堡的变暗效果，如右图所示。

"渐变工具"编辑蒙版后的效果

⋯⫶ STEP 08　设置"可选颜色"

在"调整"面板中再创建一个可选颜色调整图层，并在打开的"可选颜色"界面中，如下两图所示，分别对"黄色"和"白色"进行设置。

设置"黄色"　　　　　　设置"白色"

···》 STEP 09 盖印图层

设置"可选颜色"后，可看到图像效果如下左图所示。按快捷键Shift+Ctrl+Alt+E盖印图层，生成"图层2"，如下右图所示。

设置后的效果

盖印图层

···》 STEP 10 设置"应用图像"

执行"图像"|"应用图像"菜单命令，在打开的"应用图像"对话框中，设置"混合"为"柔光"，如右上左图所示。单击"确定"按钮后，回到图像窗口中，可看到图像设置后的效果如右上右图所示。

设置"应用图像"

设置后的效果

···》 STEP 11 设置色阶调整图层

为图像创建色阶调整图层，在打开的"色阶"界面中如下左图所示设置选项参数。设置完成后，得到最终效果如下右图所示。

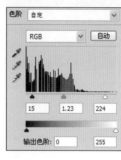

设置"色阶"

完成效果

13 数码照片的合成专题

14 数码照片的个性化制作

15 数码照片的展示和输出

Example 05 现实与梦境的结合

原始文件：随书光盘\素材\13\09.jpg、10.jpg
最终文件：随书光盘\源文件\13\Example 05 现实与梦境的结合.psd

本实例首先通过复制颜色通道，更改照片色调，然后通过图层蒙版的编辑，将两幅图像合成在一起，并利用色相/饱和度调整图层提高图像饱和度，最后盖印图层，并设置其图层混合模式和不透明度，制作出现实与梦境结合的美丽景色。

Before ●●●

After ●●●

···∷ STEP 01 打开素材图像

执行"文件"|"打开"菜单命令，打开"打开"对话框，同时选择"随书光盘\素材\13\09.jpg、10.jpg"素材照片，打开图像效果如下两图所示。

素材09.jpg

素材10.jpg

···∷ STEP 02 选择颜色通道

在10.jpg文档中，调出"通道"面板，选择"蓝"通道，则其他颜色通道被隐藏，如下左图所示。按快捷键Ctrl+A全选"蓝"通道图像，如下右图所示，并按快捷键Ctrl+C复制选区内的图像。

选择"蓝"通道

全选效果

···∷ STEP 03 粘贴图像

选择"红"通道，如下左图所示。按快捷键Ctrl+V粘贴STEP 02中复制的图像，然后单击RGB通道，显示所有颜色通道，回到原图像中，可看到图像效果如下右图所示。

选择"红"通道

编辑通道后的效果

···∷ STEP 04 复制图像

使用"移动工具"将编辑后的图像复制到09.jpg文档中，生成"图层1"，如下左图所示。然后按快捷键Ctrl+T，使用变换编辑框缩小图像，并将其调整到中间位置，变换后的效果如下右图所示。

"图层"面板

变换后的效果

···∷ STEP 05 创建选区

在"图层"面板中，单击"图层1"前的切换图层可视性按钮，隐藏"图层1"，然后选择"背景"图层，如下左图所示。使用"快速选择工具"在图像中间位置单击，创建选区，效果如下右图所示。

"图层"面板

创建选区

···∷ STEP 06 羽化选区

执行"选择"|"修改"|"羽化"菜单命令，在打开的"羽化"对话框中设置"羽化半径"为30像素，如下左图所示。确认设置后，在"图层"面板中显示并选择"图层1"，然后单击"添加图层蒙版"按钮，为"图层1"添加图层蒙版，可看到选区内的区域被自动填充了黑色，图像被隐藏，如下右图所示。

"羽化选区"对话框

单击"添加图层蒙版"按钮

STEP 07 编辑图层蒙版

为"图层1"添加图层蒙版后的效果如下左图所示。选择"画笔工具"，在其选项栏中设置"不透明度"与"流量"都为50%，然后在图像较亮的背景上进行涂抹，制作出渐隐效果，如下右图所示。

提高饱和度效果

盖印图层

添加蒙版效果

编辑蒙版效果

STEP 08 设置"色相/饱和度"

在"图层"面板中，选择"背景"图层，如下左图所示。在"调整"面板中添加一个"色相/饱和度"调整图层，然后在打开的"色相/饱和度"界面中，将"饱和度"设置为+55，如下右图所示。

选择"背景"图层　　　　设置"饱和度"

实用技巧 ▶ ▶ ▶

在调整图层顺序时，可通过鼠标直接拖动完成图层之间的排列，也可通过"排列"命令来完成。执行"图层"|"排列"菜单命令后，在打开的子菜单中，可选择"置于顶层"（快捷键为Shift+Ctrl+]）、"前移一层"（快捷键为Ctrl+]）、"后移一层"（快捷键为Ctrl+[）、和"置为底层"（快捷键为Shift+Ctrl+[）命令。

STEP 10 设置图层混合模式

在"图层"面板中更改"图层2"的图层混合模式为"滤色"、"不透明度"为80%，如下左图所示。设置后的图像效果如下右图所示。

"图层"面板

完成效果

STEP 09 盖印图层

图像应用调整图层后的效果如右上左图所示，提高了背景图像的饱和度。然后按快捷键Shift+Ctrl+Alt+E盖印图层，生成"图层2"，并将其调整到最上层，如右上右图所示。

13.3 人物与场景的数码合成

在人物照片中通过合成替换人物照片中的背景，将其更改为在另一种场景中拍摄的效果，可丰富人物背景、提升照片意境，这里就将对人物与场景进行合成处理，制作傍晚海边留影、与自己喜欢的野生动物合照等。

Example 06 傍晚海边留影

原始文件：随书光盘\素材\13\11.jpg、12.jpg
最终文件：随书光盘\源文件\13\Example 06 傍晚海边留影.psd

本实例首先通过"快速选择工具"将照片中的人物抠取出来，然后通过对通道的编辑，抠取人物发丝，将两次抠取的图像合并在一起后，复制到另一幅图像中，并通过"色阶"和"色彩平衡"命令，将人物与背景色调调整一致，合成一幅傍晚海边的留影。

385

Before ●●●

After ●●●

∴∴ STEP 01 打开素材图像

执行"文件"|"打开"菜单命令,打开"随书光盘\素材\13\11.jpg"素材照片,效果如下左图所示。然后使用"快速选择工具"在人物边缘进行拖移创建选区,选区效果如下右图所示。

素材11.jpg   选区效果

∴∴ STEP 02 复制颜色通道

按快捷键Ctrl+J,将选区内的图像复制到新图层"图层1"中,如下左图所示。然后在"通道"面板中选择人物与背景颜色反差较大的"蓝"通道,对其进行复制,生成"蓝副本"通道,如下右图所示。

复制图像生成新图层   复制通道

∴∴ STEP 03 设置通道色阶

在图像窗口中可看到复制的"蓝副本"通道图像效果,如下左图所示。然后执行"图像"|"调整"|"色阶"菜单命令,如下右图所示,在"色阶"对话框中设置选项参数。

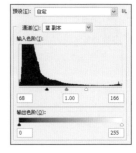

通道效果   设置"色阶"

∴∴ STEP 04 使用画笔绘制

确认"色阶"设置后,可看到图像效果如下左图所示。然后选择"画笔工具",将前景色设置为黑色,在图像人物背景多余的白点上进行涂抹,只保留头发白色区域,并更改前景色为白色,将头发白色区域绘制明显,如下右图所示。

设置色阶后效果   绘制效果

Part 01　Part 02　Part 03　Part 04

STEP 05 载入通道选区

按住Ctrl键的同时单击"蓝副本"通道前的通道缩览图，如下左图所示，载入该通道选区。然后单击RGB通道，显示原颜色通道，复制通道将自动隐藏，如下右图所示。

单击蒙版缩览图　　　　　　单击RGB通道

STEP 06 复制选区内的图像

此时，在图像窗口中可看到载入通道选区效果，如下左图所示，在"图层"面板中选择"背景"图层。然后按快捷键Ctrl+J复制选区内的图像，生成"图层2"，如下右图所示。

选区效果　　　　　　　　　复制选区内的图像

STEP 07 合并图层

在"图层"面板中，按住Ctrl键的同时单击"图层1"，将"图层1"与"图层2"同时选中，如下左图所示。或按快捷键Ctrl+E合并图层，系统将自动以上面的图层"图层1"命名，如下右图所示。

同时选择两个图　　　　　　合并图层

实用技巧 ▶ ▶ ▶

同时选择多个图层后，执行"图层"|"合并图层"菜单命令，即可将选择的图层合并，也可在"图层"面板中选择的图层上单击鼠标右键，在打开的快捷菜单中选择"合并图层"选项，合并后的图层即会以最上面的图层名称命名。

STEP 08 载入图层选区

按住Ctrl键的同时单击"图层1"前的图层缩览图，如下左图所示，载入该图层中的图像选区，选区效果如下右图所示。然后按快捷键Ctrl+C，复制选区内的图像。

单击图层缩览图　　　　　载入选区效果

STEP 09 复制图像

执行"文件"|"打开"菜单命令，打开"随书光盘\素材\13\12.jpg"素材照片，效果如下左图所示。然后按快捷键Ctrl+V，粘贴STEP 08中复制的选区内图像，生成"图层1"，如下右图所示。

素材12.jpg　　　　　　　"图层"面板

STEP 10 缩小图像

按快捷键Ctrl+T，出现变换编辑框，对图像进行缩小变换，并将其调整到画面中的适当位置，如下左图所示。然后按Enter键确认变换，接着执行"图像"|"调整"|"色阶"菜单命令，在打开的"色阶"对话框中，如下右图所示对选项参数进行设置。

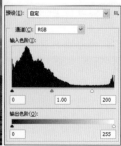

变换图像　　　　　　　　　设置"色阶"

13 数码照片的合成专题

14 数码照片的个性化制作

15 数码照片的展示和输出

STEP 11　设置"色彩平衡"

确认"色阶"设置后，可看到图像中的人物被提亮，效果如下左图所示。接着执行"图像"|"调整"|"色彩平衡"菜单命令，在打开的"色彩平衡"对话框中，如下右图所示进行选项参数设置。

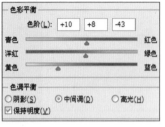

色彩平衡

色阶(L)：　+10　+8　-43

青色　　　　　　　　　　　　　红色
洋红　　　　　　　　　　　　　绿色
黄色　　　　　　　　　　　　　蓝色

色调平衡
○阴影(S)　　●中间调(D)　　○高光(H)
☑保持明度(V)

确认色阶后的效果　　　　　设置"色彩平衡"

STEP 12　确认效果

确认"色彩平衡"设置后，可看到图像中的人物色调与背景相同，使得合成效果更逼真，完成效果如下图所示。

完成效果

Example 07　合成海边美人鱼

原始文件：随书光盘\素材\13\13.jpg～15.jpg

最终文件：随书光盘\源文件\13\Example 07 合成海边美人鱼.psd

　　本实例首先通过图层蒙版在人物图像中添加梦幻般的海水效果和多彩的天空，增强画面内容，然后利用"液化"滤镜为人物瘦身，塑造出完美曲线，最后再调整图像的色调，使合成效果更自然，制作出一幅美妙的海边美人鱼效果。

Before ●●●

After ●●●

STEP 01　打开素材图像

执行"文件"|"打开"菜单命令，打开"打开"对话框，同时选择"随书光盘\素材\13\13.jpg、14.jpg"素材照片，打开图像效果如右两图所示。

素材13.jpg

素材14.jpg

:::::: STEP 02 复制图像

将人物图像复制到风景图像中，生成"图层1"，如下左图所示。然后单击"图层"面板下方的"添加图层蒙版"按钮，为"图层1"创建一个图层蒙版，如下右图所示。

复制图像

添加图层蒙版

:::::: STEP 03 编辑图层蒙版

选择"画笔工具"，在图像中沿人物脚部边缘进行涂抹，显示出下面图层的效果，如下左图所示。继续使用"画笔工具"在图像中涂抹，隐藏石头以下的图像，编辑后的效果如下右图所示。

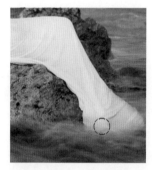

画笔涂抹

编辑蒙版后的效果

:::::: STEP 04 创建调整图层

在"图层"面板中选择"背景"图层，如下左图所示。然后单击面板下方的"创建新的填充或调整图层"按钮，在打开的菜单中选择"照片滤镜"选项，如下右图所示。

选择"背景"图层

单击"照片滤镜"选项

:::::: STEP 05 设置"照片滤镜"

在打开的"调整"面板中，如右上左图所示设置"照片滤

镜"选项，图像应用调整图层后的效果如下右图所示，可看到背景图像色调被调整为青色。

设置"照片滤镜"

设置后的效果

:::::: STEP 06 盖印图层

按快捷键Shift+Ctrl+Alt+E盖印图层，生成"图层2"，并按快捷键Shift+Ctrl+]，将盖印图层置于顶层，如下左图所示。然后执行"滤镜"|"液化"菜单命令，打开"液化"对话框，选择"向前变形工具"后，如下右图所示设置"工具选项"。

盖印图层

设置"工具选项"

:::::: STEP 07 液化变形图像

使用"向前变形工具"在人物腰部进行拖动变形，效果如下左图所示。继续使用该工具对人物手臂进行变形，为人物瘦身，变形后的效果如下右图所示。

拖动变形

液化变形后的效果

:::::: STEP 08 打开素材图像

打开"随书光盘\素材\13\15.jpg"素材照片，效果如下页左图所示。然后将打开的图像复制到前面编辑的文档中，生成"图层3"，如下页右图所示。

素材15.jpg

复制图像

实用技巧 ▶▶▶

将不同文档中的图像复制到同一个文档中的方法有多种，可按快捷键Ctrl+A全选图像后，按快捷键Ctrl+C复制图像，切换到另一个文档中，再按快捷键Ctrl+V，即可粘贴图像；也可将两个文档同时排列到图像窗口中，然后使用"移动工具"在文档之间进行拖动，来完成图像的复制。

STEP 09 添加图层蒙版

在"图层"面板中为"图层3"创建一个图层蒙版，如下左图所示。然后使用"画笔工具"在图像边缘进行涂抹，隐藏边缘图像，只保留天空图像效果，如下右图所示。

添加图层蒙版

编辑蒙版后的效果

STEP 10 设置图层混合模式

设置"图层3"的图层混合模式为"滤色"，如下左图所示，此时可看到图层混合后，效果如下右图所示。

设置图层混合模式

图层混合后的效果

STEP 11 设置"晕影"

再次按快捷键Shift+Ctrl+Alt+E盖印图层，生成"图层4"，如下左图所示。然后执行"滤镜"|"镜头校正"菜单命令，在打开的"镜头校正"对话框中，设置"晕影"选项中的"数量"为-100，如下右图所示，然后单击"确定"按钮，关闭对话框。

盖印图层

设置选项

STEP 12 减淡图像

此时可看到，图像应用"镜头校正"滤镜后，图像边缘添加了晕影效果，即边角变暗，效果如下左图所示。然后选择"减淡工具"，将画笔调整到适当大小，在图像中的人物手臂上进行涂抹减淡，如下右图所示。

晕影效果

减淡图像

STEP 13 自动色调

继续使用"减淡工具"在人物皮肤上进行涂抹减淡，提亮皮肤，效果如下左图所示。然后执行"图像"|"自动色调"菜单命令，自动调整图像的色调，最后完成效果如下右图所示。

减淡图像后的效果

完成效果

Part 04

贯通！数码照片的实际应用和输出

在学习了数码照片的各种编辑技巧、特效处理方法后，最后来了解一下如何将精心编排过的照片应用于实际，制作成可以用来展示、输出或同亲朋好友分享的个性化物品才有实际意义。当然，根据自己的实际需要选择输出时的参数设置，以及为了保护版权添加水印或版权信息，能为你的照片发布画上完美的句号。

制作个性名片

制作照片装裱效果

杂志内页设计

在一个文档内打印不同尺寸的照片

Chapter 14

数码照片的个性化制作

使用Photoshop软件除了可以对照片进行修饰、调色、艺术化处理、合成特效的制作外，还可以通过添加一些特殊的效果及文件制作出个性化的照片，例如制作网上流行使用的个性签名、电脑桌面壁纸以及将照片设计成CD封面效果、电影宣传海报效果等，为普通的生活照添加上艺术的烙印，使其更富有个性。本章的实例就介绍将照片进行个性化制作的方法，包括日常照片的个性化处理和数码照片的商业化处理。

制作时尚个性签名

CD封面完美设计

杂志内页设计

制作电影宣传海报效果

14.1 日常照片个性化处理

在日常生活中，大家常会为自己拍摄的照片添加一些文字或特殊效果，来丰富照片内容，从而使自己的照片显得与众不同，独具个性。本节中的实例就将介绍对日常使用的照片进行个性化制作的方法，包括制作时尚的个性签名照、制作个性名片效果、制作CD封面效果等，使日常照片充满艺术效果，更加彰显个性。

Example 01 制作时尚个性签名

原始文件：随书光盘\素材\14\01.jpg

最终文件：随书光盘\源文件\14\Example 01 制作时尚个性签名.psd

本实例首先通过"污点修复工具"修复人物脸上的斑点，然后利用快速蒙版抠出人物面部皮肤，利用"特殊模糊"滤镜进行磨皮，制作出光滑细腻的皮肤，接着通过"矩形选框工具"创建选区，填充出黑色边框效果，最后在黑色图像中添加文字等信息，制作出特具个性的时尚签名。

Before ●●●

After ●●●

⫶⫶ STEP 01 打开素材照片

执行"文件"｜"打开"菜单命令，打开"随书光盘\素材\14\01.jpg"素材照片，效果如下左图所示。然后在"图层"面板中单击"创建新图层"按钮，新建空白图层"图层1"，如下右图所示。

素材01.jpg

新建图层

⫶⫶ STEP 02 修复污点

选择"污点修复工具"，在其选项栏中勾选"对所有图层取样"复选框，并按快捷键Ctrl＋＋放大图像，在人物脸上有斑点的地方进行单击，去除污点，如下左图所示。然后继续使用"污点修复工具"在人物脸颊上进行单击修复，修复后的效果如下右图所示。

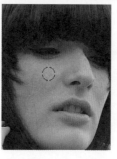

单击去除污点

修复效果

···❖ STEP 03 在快速蒙版中编辑

按快捷键Shift+Ctrl+Alt+E盖印图层，生成"图层2"，如下左图所示。在工具箱中单击"进入快速蒙版模式编辑"按钮，然后选择"画笔工具"，在人物脸颊皮肤区域上进行绘制涂抹，编辑快速蒙版效果如下右图所示。

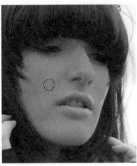

盖印图层   蒙版效果

···❖ STEP 04 反向选区

单击工具箱下方的"以标准模式编辑"按钮，退出快速蒙版，回到标准模式中，出现选区，然后按快捷键Ctrl+Shift+I反向选区，可看到选区效果如下左图所示。接着按快捷键Ctrl+J，将选区内的图像复制到新的图层"图层3"中，如下右图所示。

选区效果   复制选区图像

知识链接 ▶ ▶ ▶

在快速蒙版中，使用"画笔工具"编辑的红色蒙版区域，在退出快速蒙版编辑模式后，蒙版以外的区域被创建为选区，需要执行"选择"|"反向"菜单命令，才能将蒙版中的图像创建为选区。

···❖ STEP 05 模糊图像

执行"滤镜"|"模糊"|"特殊模糊"菜单命令，在打开的"特殊模糊"对话框中，如右上左图所示设置选项参数。然后单击"确定"按钮关闭对话框，可看到人物脸部皮肤模糊后变得干净光滑，效果如右上右图所示。

"特殊模糊"对话框   模糊效果

···❖ STEP 06 设置"亮度/对比度"

在"调整"面板中创建一个"亮度/对比度"调整图层，然后在打开的"亮度/对比度"界面中，如下左图所示设置参数，设置后的图像效果如下右图所示。

设置参数   设置后的效果

···❖ STEP 07 盖印图层

按快捷键Shift+Ctrl+Alt+E盖印图层，生成"图层4"，如下左图所示。然后单击"图层"面板下方"创建新图层"按钮，新建"图层5"，如下右图所示。

盖印图层   新建图层

···❖ STEP 08 创建选区

选择"矩形选框工具"，在图像中创建矩形选区，如下左图所示。然后按快捷键Ctrl+Shift+I反向选区，选区效果如下右图所示。

矩形选区效果   反向选区

•••∷ STEP 09 填充选区

将前景色设置为黑色，然后按快捷键Alt+Delete，在空白图层上为选区填充黑色，并按快捷键Ctrl+D取消选区，可看到填充效果如下左图所示。在"图层"面板中，将"图层4"向上移动到最顶层，如下右图所示。

填充选区效果　　　　　　　　调整图层顺序

•••∷ STEP 10 变换图像

按快捷键Ctrl+T，则"图层4"图像中出现变换编辑框，按住Shift键对图像进行等比例缩小，并将其移动到左下角位置，效果如下左图所示。然后按Enter键确认变换，选择"横排文字工具"后，在"字符"面板中如下右图所示，设置文字属性。

变换图像　　　　　　　　　　"字符"面板

•••∷ STEP 11 输入文字

使用"横排文字工具"在图像下方位置单击确认输入位置后，输入需要的文字，效果如下左图所示。然后在"图层"面板中按住Ctrl键的同时，单击文字图层前的图层缩览图，载入文字选区，选区效果如下右图所示。

输入文字效果　　　　　　　　载入文字选区效果

•••∷ STEP 12 设置渐变

选择"渐变工具"，单击其选项栏中的渐变条，打开"渐变编辑器"对话框，在对话框中设置深蓝色（R20、G21、B57）到浅紫色（R220、G184、B207）的渐变，如下左图所示。单击"确定"按钮，关闭对话框，然后在"图层"面板中新建"图层6"，如下右图所示。

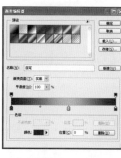 

"渐变编辑器"对话框　　　　　新建图层

•••∷ STEP 13 为选区填充渐变

使用"渐变工具"在选区内从上到下拖移应用渐变，取消选区后，可看到填充渐变的文字效果，如下左图所示。最后可通过"文字工具"在图像中添加一些自己喜欢的文字，丰富画面，制作出时尚个性的签名，完成效果如下右图所示。

选区应用渐变效果　　　　　　完成效果

Example 02 制作个性名片

原始文件：随书光盘\素材\14\02.jpg～04.jpg

最终文件：随书光盘\源文件\14\Example 02 制作个性名片.psd

　　本实例首先通过在图像中添加颜色填充以及图层混合模式的设置，制作背景图像，然后将人物照片复制到背景图像中，并添加需要表达的文字信息，以制作出简单又别致的员工卡片效果。

Before ●●●

After ●●●

⠿ STEP 01　打开素材照片

执行"文件"|"打开"菜单命令，打开"随书光盘\素材\14\02.jpg"素材照片，效果如下左图所示。然后在"图层"面板中单击"创建新的填充或调整图层"按钮，在打开的菜单中选择"纯色"选项，如下右图所示，打开"拾取实色"对话框。

素材02.jpg

单击选项

⠿ STEP 02　设置颜色

在打开的"拾取颜色"对话框中，设置蓝色（R76、G80、B246），如右上左图所示。单击"确定"按钮后，即在图像中创建了一个"颜色填充1"图层，在"图层"面板中设置该图层的混合模式为"正片叠底"，如右上右图所示。

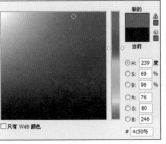

拾取颜色

设置图层混合模式

⠿ STEP 03　打开人物素材照片

此时可在图像窗口中看到照片添加蓝色填充后的效果，如下左图所示。然后打开"随书光盘\素材\14\03.jpg"人物素材照片，效果如下右图所示。

图层混合效果

素材03.jpg

STEP 04 复制图像

将打开的人物图像复制到02.jpg文档中，生成"图层1"，然后使用"移动工具"将人物移动到右下角位置，如下左图所示。在按住Ctrl键的同时，单击"图层"面板中"图层1"前的图层缩览图，如下右图所示，即可载入该图层中的图像选区。

调整图像位置效果　　　　单击图层缩览图

STEP 05 平滑选区

载入选区后，执行"选择"|"修改"|"平滑"菜单命令，在打开的"平滑选区"对话框中，设置"取样半径"为20像素，如下左图所示。单击"确定"按钮后，选区边缘即平滑了20个像素，然后执行"选择"|"反向"菜单命令反向选区，并按Delete键删除选区内的图像，取消选区后，可看到人物图像四角被平滑，效果如下右图所示。

"平滑选区"对话框　　　　平滑边缘效果

STEP 06 设置照片滤镜调整图层

用STEP 04中载入图层选区的方法，再次载入"图层1"选区，然后在"调整"面板中创建一个照片滤镜调整图层，并在打开的界面中如下左图所示设置选项参数，设置完成后，可看到选区内的图像应用调整图层效果如下右图所示。

设置"照片滤镜"　　　　设置后的效果

STEP 07 复制图层

在"图层"面板中复制一个"图层1"图层，生成"图层1副本"图层，如下左图所示。然后将复制的图层下移，调整到"图层1"下面，如下右图所示。

复制图层　　　　调整图层顺序

STEP 08 填充选区

载入"图层1副本"图层选区，为选区填充蓝色（R113、G62、B251），并使用"移动工具"调整图像位置，效果如下左图所示。取消选区后，在"图层"面板中降低该图层的"不透明度"为30%，图像效果如下右图所示。

填充选区　　　　降低不透明度效果

STEP 09 复制图层

在"图层"面板中复制一个"图层1副本"图层，得到"图层1副本2"图层，并调整到"图层1副本"图层下方，如下左图所示。然后使用"移动工具"在图像窗口中调整复制图像的位置，效果如下右图所示。

复制图层　　　　调整图像位置

STEP 10 复制图层

在"图层"面板中，再次复制一个"图层1"图层，得到"图层1副本3"图层，如下左图所示。然后按快捷键Ctrl+T，使用变换编辑框对人物图像进行垂直翻转变换，并调整到下方位置，如下右图所示，按Enter键确认变换。

复制图层　　　　　　　　　变换图像

STEP 11 添加图层蒙版

单击"添加图层蒙版"按钮，为"图层1副本3"图层创建一个图层蒙版，如下左图所示。选择"渐变工具"，设置其为黑色到白色的渐变，然后在蒙版中拖动应用渐变，利用蒙版功能将图像渐隐，制作出投影效果，如下右图所示。

添加图层蒙版　　　　　　　编辑蒙版后的效果

STEP 12 新建图层

在"图层"面板中，单击"创建新图层"按钮，新建一个"图层2"，并将其放置到最顶层，如下左图所示。然后使用"矩形选框工具"，在图像中的任意位置创建一个矩形选区，并为选区填充浅蓝色（R206、G215、B255），填充选区效果如下右图所示。

新建图层　　　　　　　　　创建选区并填充颜色

STEP 13 变换图像

取消选区后，按快捷键Ctrl+T，使用变换编辑框对矩形图像进行旋转、缩放变换，变换效果如下左图所示。确认变换后，更改"图层2"的图层混合模式为"线性光"，可看到图层混合后的效果如下右图所示。

变换操作　　　　　　　　　图层混合效果

> **知识链接** ▶ ▶ ▶
>
> 当使用变换编辑框对图像进行变换操作时，超过画板以外的区域将不可见，并被自动裁剪掉。

STEP 14 打开图像

再次执行"文件"|"打开"菜单命令，打开"随书光盘\素材\14\04.jpg"素材照片，然后将打开的人物图像复制到编辑的文档中，生成"图层3"，并使用变换编辑框进行变换，调整后的效果如下图所示。

素材04.jpg

变换编辑后的效果

STEP 15　复制图像

选择"移动工具"，按住Alt键在STEP 14编辑的图像中进行单击并拖移，复制该图像，然后对其进行缩小变换，效果如下左图所示。接着为这两个人物图像添加STEP 06中相同的照片滤镜调整图层效果，如下右图所示。

复制图像　　　　　　　　　　设置调整图层效果

STEP 16　输入文字

选择"横排文字工具"，并在"字符"面板中如下左图所示设置文字属性。然后在图像中下方位置输入需要的文字，如下右图所示。

"字符"面板　　　　　　　　输入文字效果

STEP 17　输入英文

在"字符"面板中如下左图所示更改文字属性，然后使用"文字工具"在图像左侧的人物图像下方单击输入英文，并按快捷键Ctrl+T，对输入的英文进行旋转变换，效果如下右图所示。

更改文字属性　　　　　　　文字效果

STEP 18　添加"投影"样式

更改前景色为黑色，继续使用"文字工具"在图像中输入英文，并调整到如下左图所示的效果。然后在"图层"面板中双击该黑色文字图层，在打开的"图层样式"对话框中，如下右图所示设置"投影"样式选项。

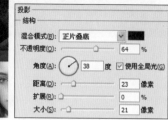

输入黑色文字　　　　　　　设置"投影"选项

STEP 19　设置色彩平衡调整图层

确认"图层样式"设置后，可看到为文字添加了"投影"效果，如下左图所示。在"调整"面板中，如下右图所示设置色彩平衡调整图层选项。

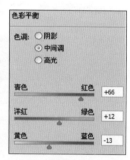

文字添加"投影"效果　　　　"调整"面板

STEP 20　确认效果

此时，可看到图像应用调整图层后更改了整体效果，最终完成效果如下图所示。

完成效果

14.2 数码照片商业化处理

在日常生活中，我们经常会看到广告或杂志中出现漂亮模特来配合表达的内容，那么我们所拍摄的数码照片也可以应用到这些商业化的制作中，通过在照片中添加一些特殊的文字或效果、调整色调等手段，将照片制作成CD封面、电影宣传海报等。

Example 03 CD封面完美设计

原始文件：随书光盘\素材\14\05.jpg
最终文件：随书光盘\源文件\14\Example 03 CD封面完美设计.psd

　　本实例首先通过调整图层为照片调整明暗、增强对比度，然后利用"镜头光晕"滤镜添加光晕效果，并通过"钢笔工具"绘制路径，进行路径的填充与描边，在图像中添加光线效果，最后结合选区与蒙版等操作，制作出CD光盘效果，完成一幅完整的CD封面设计效果。

Before ●●●

After ●●●

STEP 01　打开素材照片

打开"随书光盘\素材\14\05.jpg"素材照片，效果如下左图所示。然后在"调整"面板中添加一个亮度/对比度调整图层，在打开的"亮度/对比度"界面中，如下右图所示进行参数设置。

STEP 02　编辑调整图层蒙版

此时可看到图像应用调整图层后图像变暗，效果如下左图所示，在"图层"面板中选中调整图层后的蒙版。然后在工具箱中选择"渐变工具"，设置"渐变类型"为"径向"，在图像中间位置向外拖动，填充黑白渐变，将图像中间部分显示出来，效果如下右图所示。

素材05.jpg

亮度/对比度

亮度: -150

对比度: 100

☐ 使用旧版

设置"亮度/对比度"

"亮度/对比度"效果　　　编辑蒙版效果

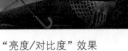

STEP 03 设置色阶调整图层

在"调整"面板中再创建一个色阶调整图层，然后在打开的"色阶"界面中，如下左图所示设置参数。设置后可看到图像效果如下右图所示。

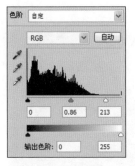

设置"色阶"

设置后的效果

STEP 04 盖印图层

按快捷键Shift+Ctrl+Alt+E盖印图层，生成"图层1"，如下左图所示。然后执行"滤镜"|"渲染"|"镜头光晕"菜单命令，在打开的"镜头光晕"对话框中，如下右图所示设置选项参数，设置完成后单击"确定"按钮关闭对话框，确认设置。

盖印图层

"镜头光晕"对话框

STEP 05 调整"曲线"

设置"镜头光晕"滤镜后，在图像中心即添加了光晕，效果如下左图所示。然后在"调整"面板中创建一个曲线调整图层，在打开的"曲线"界面中，如下右图所示设置"曲线"。

添加"光晕"效果

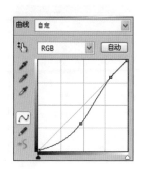

设置"曲线"

STEP 06 创建路径

图像应用曲线调整图层后的效果如下左图所示。然后选择"钢笔工具"，在图像中创建路径，效果如下右图所示。

曲线调整图层效果　　　　绘制路径

STEP 07 填充选区

按快捷键Ctrl+Enter，将绘制的路径载入为选区，效果如下左图所示。执行"选择"|"反向"菜单命令，将选区反向，然后在"图层"面板中新建"图层2"，并在新建图层中为选区填充黄色（R194、G189、B159），取消选区后可看到填充效果如下右图所示。

选区效果　　　　　　　　填充图像效果

STEP 08 设置画笔

在"图层"面板中，单击"创建新图层"按钮，再新建一个空白图层"图层3"，如下左图所示。然后选择"画笔工具"，在其选项栏中选择尖角画笔，将"大小"设置为10px，如下右图所示。

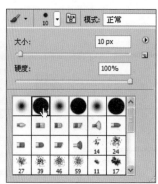

新建图层　　　　　　　　设置画笔

STEP 09　描边路径

将前景色设置为白色，然后在"路径"面板中的"工作路径"上单击鼠标右键，在打开的快捷菜单中选择"描边路径"选项，如下左图所示，即可打开"描边路径"对话框，如下右图所示。单击"确定"按钮，即以"画笔"对路径进行描边。

单击选项

"描边路径"对话框

STEP 10　创建选区

此时，在图像窗口中可看到路径描上了白色的边缘，效果如下左图所示。选择"矩形选框工具"，在图像中的人物头部区域创建矩形选区，选区效果如下右图所示。

描边效果

创建选区

STEP 11　复制选区图像

选择"图层1"后，按快捷键Ctrl+J复制选区内的图像，生成"图层4"，并将该图层置于顶层，设置图层混合模式为"柔光"，然后对图像进行放大、移动变换，调整到左边黄色区域，效果如下左图所示。接着按住Ctrl键的同时，单击"图层2"前的图层缩览图，载入该图层选区，然后单击"添加图层蒙版"按钮，为"图层4"创建图层蒙版，即可将选区以外的区域隐藏，如下右图所示。

变换图像效果

添加图层蒙版

STEP 12　绘制路径

此时，在图像窗口中可看到添加图层蒙版后的图像效果，如下左图所示。选择"钢笔工具"，在"路径"面板中新建"路径1"，然后绘制多条开放路径，路径效果如下右图所示。

蒙版效果

路径效果

STEP 13　描边路径

新建"图层5"，选择"画笔工具"，在其选项栏中更改画笔大小为3px，并设置前景色为橙色（R255、G192、B114），然后使用STEP 09中相同的方法对"路径1"中的路径进行描边，描边效果如下左图所示。接着在"图层"面板中更改该图层的混合模式为"颜色减淡"，可看到图层混合后的效果如下右图所示。

描边路径效果

图层混合后的效果

STEP 14　输入英文

选择"横排文字工具"，在"字符"面板中设置文字属性，如下左图所示。然后使用"横排文字工具"在图像左边单击输入英文，如下右图所示。

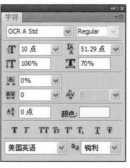

"字符"面板

输入英文效果

···⁞‥ STEP 15　绘制路径

在"路径"面板中新建一个"路径2",选择"钢笔工具",在输入的英文上下绘制多条开放路径,路径效果如下左图所示。然后设置前景色为白色,新建"图层6",在新建图层中为路径设置白色描边,并更改图层混合模式为"叠加",效果如下右图所示。

绘制路径　　　　　　　　描边路径效果

知识链接 ▶ ▶ ▶

在使用"钢笔工具"创建路径时,"路径"面板会自动存储路径,但重复创建多条路径时,想要保留所有的路径,就需要在"路径"面板中创建新的路径,对路径进行存储,否则就会在"工作路径"中以新建的路径替换原来保存的路径。

···⁞‥ STEP 16　盖印图层

使用"横排文字工具"在前面输入的英文下方再添加一些文字,效果如下左图所示。然后按快捷键Shift+Ctrl+Alt+E盖印图层,生成"图层7",如下右图所示。

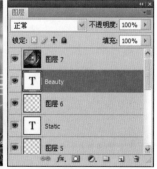

添加英文　　　　　　　　盖印图层

···⁞‥ STEP 17　更改画布大小

执行"图像"|"画布大小"菜单命令,在打开的"画布大小"对话框中,如右上图所示,更改宽度和高度。单击"确定"按钮后,可看到画布被扩大,并以白色填充扩大区域,如右上图所示。

设置"画布大小"

扩大画布效果

···⁞‥ STEP 18　调整图像位置

使用"移动工具"将"图层7"中的图像调整到左侧位置,然后将文字图层至"亮度/对比度1"图层中间的所有图层选中,移动到右侧位置,移动图像后的效果如下图所示。

移动图层位置效果

···⁞‥ STEP 19　变换图像

在"图层"面板中,隐藏"图层2"至"图层4"之间的图层,并选择"图层5",如下左图所示。然后按快捷键Ctrl+T,对"图层5"中的图像进行水平翻转变换,并调整到文字后方位置,变换效果如下右图所示。

"图层"面板　　　　　　　变换图像

STEP 20 隐藏图层

在"图层"面板中选择"背景"图层，为其填充白色，然后隐藏"图层7"，按快捷键Shift+Ctrl+Alt+E盖印图层，生成"图层8"，如下左图所示。继续在"图层"面板中只显示"图层7"与"图层8"，其他图层都隐藏，如下右图所示。

盖印图层   隐藏图层

STEP 21 添加图层蒙版

使用"椭圆选框工具"，在"图层8"中的图像上绘制两个同心圆选区，选区效果如下左图所示。然后在"图层"面板中单击"添加图层蒙版"按钮，将选区内外的区域隐藏，添加蒙版后的图像效果如下右图所示。

选区效果   添加蒙版效果

STEP 22 设置描边效果

新建"图层9"，然后使用"椭圆选框工具"再创建两个同心圆选区，如下左图所示。然后执行"编辑"|"描边"菜单命令，在打开的"描边"对话框中，设置"宽度"为3px、颜色为灰色（RGB值都为205），如下右图所示，单击"确定"按钮关闭对话框。

选区效果   "描边"对话框

STEP 23 确认效果

在图像窗口中取消选区后，可看到设置的描边效果，如下左图所示。用同样的方法再创建一个同心圆选区，并设置白色描边，完成效果如下右图所示。

设置描边效果   完成效果

Example 04 制作电影宣传海报效果

原始文件：随书光盘\素材\14\06.jpg～08.jpg

最终文件：随书光盘\源文件\14\Example 04 制作电影宣传海报效果.psd

　　本实例首先通过在背景图像中添加各种调整图层，更改图像色调，然后使用"钢笔工具"抠取照片中的人物，将其合成到背景图像中，并调整到与背景相同的色调，最后添加需要表达的文字信息，制作出一幅充满科幻色彩的电影宣传海报效果。

Before ●●●

After ●●●

STEP 01 选择颜色通道

打开"随书光盘\素材\14\06.jpg"素材照片，效果如下左图所示。然后在"通道"面板中选择"红"通道，其他颜色通道即被隐藏，如下右图所示。

素材06.jpg

选择"红"通道

STEP 02 复制通道图像

按快捷键Ctrl+A全选图像，将"红"通道中的图像创建为选区，如下左图所示。接着按快捷键Ctrl+C，复制选区内的图像，然后单击RGB通道，显示所有通道，如下右图所示。

全选图像

显示所有通道

STEP 03 粘贴图像

回到原图像中，按快捷键Ctrl+V粘贴上一步中复制的通道图像，自动生成"图层1"，并更改其图层混合模式为"叠加"，如下左图所示。设置后可看到图像效果如下右图所示，加强了对比度。

粘贴图像

图层混合后的效果

STEP 04 设置渐变映射调整图层

在"调整"面板中，单击"创建新的渐变映射调整图层"按钮，如下左图所示。新建渐变映射调整图层，然后在打开的"渐变映射"界面中单击黑白渐变条，如下右图所示，打开"渐变编辑器"对话框。

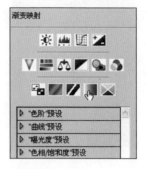
单击按钮

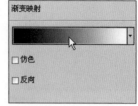
单击渐变条

STEP 05 设置渐变

在打开的"渐变编辑器"对话框中，设置绿色（R16、G52、B50）到黄色（R255、G242、B137）的渐变，如下左图所示。单击"确定"按钮后，回到"调整"面板中，可看到设置的"渐变映射"颜色，如下右图所示。

"渐变编辑器"对话框

"调整"面板

STEP 06 设置图层混合模式

在"图层"面板中，将创建的调整图层"渐变映射1"的图层混合模式更改为"色相"，如下左图所示。此时，在图像窗口中可看到图像效果，如下右图所示。

更改图层混合模式

图层混合效果

···✣ STEP 07 创建路径

打开"随书光盘\素材\14\07.jpg"素材照片，效果如下左图所示。然后选择"钢笔工具"，沿人物身体边缘创建路径，路径效果如下右图所示。

素材07.jpg

路径效果

···✣ STEP 08 复制图像

按快捷键Ctrl+Enter，将路径载入为选区，可看到人物创建为选区效果如下左图所示，将选择的人物图像复制到前面编辑的背景图像中，生成"图层2"。然后按快捷键Ctrl+T，使用变换编辑框对人物进行缩放、移动变换，调整到如下右图所示的效果，并按Enter键确认变换。

选区效果

变换图像

···✣ STEP 09 提高人物亮度/对比度

按住Ctrl键的同时，单击"图层2"前的图层缩览图，载入人物选区，选区效果如下左图所示。然后在"调整"面板中为选区内的图像添加亮度/对比度调整图层，如下右图所示设置选项参数。

载入图层选区

设置"亮度/对比度"

···✣ STEP 10 设置通道混合器调整图层

此时，可看到人物提高了亮度与对比度，效果如下左图所示。在"调整"面板中再创建一个通道混合器调整图层，在打开的"通道混合器"界面中，如下右图所示进行设置。

提高亮度效果

设置"通道混合器"

···✣ STEP 11 设置不同通道

继续在"通道混合器"界面中进行设置，选择"输出通道"为"绿"，然后进行参数设置，如下左图所示。接着对"蓝"输出通道进行设置，如下右图所示。

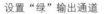
设置"绿"输出通道　　　　设置"蓝"输出通道

···✣ STEP 12 设置色彩平衡调整图层

此时，可在图像窗口中看到图像应用通道混合器调整图层后的效果，如下左图所示。继续在"调整"面板中添加一个色彩平衡调整图层，在打开的"色彩平衡"界面中如下右图所示进行参数设置。

应用"通道混合器"效果　　　　设置"色彩平衡"

STEP 13 添加渐变填充图层

图像设置"色彩平衡"后，效果如下左图所示，整个画面色调被更改。然后单击"图层"面板下方的"添加新的填充或调整图层"按钮，在打开的选项中选择"渐变"选项，如下右图所示。

应用"色彩平衡"效果　　　　单击选项

STEP 14 编辑渐变

在打开的"渐变填充"对话框中，单击渐变条，打开"渐变编辑器"对话框，在对话框中设置渐变色标都为黑色，将右侧色标不透明度更改为0%，如下左图所示。然后使用鼠标将不透明度色标滑动到左边，如下右图所示，单击"确定"按钮。

"渐变编辑器"对话框　　　　拖动滑块

STEP 15 设置文字属性

确认"渐变填充"设置后，可看到图像下方填充了黑色渐变效果，如下左图所示。然后选择"横排文字工具"，并在"字符"面板中设置文字属性，如下右图所示。

添加"渐变填充"效果　　　　"字符"面板

STEP 16 输入文字

使用"文字工具"在图像上方位置单击输入需要表达的文字，效果如下左图所示。然后在英文下方再添加一排文字，如下右图所示。

输入英文　　　　　　　继续添加文字效果

STEP 17 更改文字属性

在"字符"面板中，更改字体、字体大小等属性，如下左图所示。然后使用"文字工具"在前面输入的文字下方输入电影名称，如下右图所示。

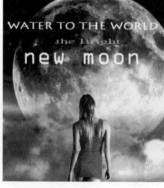

更改文字属性　　　　　　输入英文效果

STEP 18 设置"投影"样式

在"图层"面板中，双击STEP 17中创建的文字图层，打开"图层样式"对话框，在对话框中设置"投影"样式选项，如下左图所示。确认设置后，可看到文字添加"投影"效果如下右图所示。

设置"投影"选项　　　　　添加"投影"效果

·:::· STEP 19　设置图案填充图层

载入添加投影的文字选区后，选区效果如下左图所示。然后在"图层"面板中单击"添加新的填充或调整图层"按钮，在打开的菜单中选择"图案"选项，打开"图案填充"对话框，如下右图所示。

载入文字选区　　　　　　"图案填充"对话框

知识链接 ▶▶▶

新建填充图层时，可执行"图层"｜"新建填充图层"菜单命令，在弹出的子菜单中，可选择"纯色"、"渐变"和"图案"3种填充图层。创建的填充图层与调整图层相同，都会在"图层"面板中创建带有图层蒙版的图层，并可重复调整效果，双击图层缩览图，即可打开相应的对话框，重新进行设置。

·:::· STEP 20　设置图案

在"图案填充"对话框中，单击图案，打开"图案"拾取器，选择"木质"图案，如下左图所示。单击"确定"按钮后，即可看到文字选区上填充了图案，效果如下右图所示。

选择"图案"　　　　　　填充图案效果

·:::· STEP 21　打开图像

再次执行"文件"｜"打开"菜单命令，打开"随书光盘\素材\14\08.jpg"素材照片，效果如下左图所示。将打开的图像复制到前面编辑的文档中，生成"图层3"，并设置其图层混合模式为"滤色"，如下右图所示。

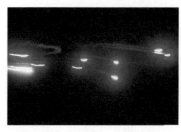

素材08.jpg　　　　　　　　"图层"面板

·:::· STEP 22　变换图像

按快捷键Ctrl+T，使用变换编辑框对"图层3"中的图像进行缩放变换，并调整到如下左图所示的位置，为文字添加光点，效果如下上图所示。然后使用"文字工具"在图像下方添加说明性的文字，最后完成的海报效果如下下图所示。

变换图像效果

完成效果

E̲xample 05　制作水晶球效果　

| 原始文件：随书光盘\素材\14\09.jpg、10.jpg |
| 最终文件：随书光盘\源文件\14\Example 05 制作水晶球效果.psd |

本实例通过使用"自由变化"命令和"变形"命令调整图像的外形，制作水晶球内房屋的透视感，再修改"橡皮擦工具"的透明度以制作水晶球的通透感。

Before ●●●

After ●●●

⠿ STEP 01 打开素材并绘制选区

打开"随书光盘\素材\14\09.jpg"素材照片，在工具箱中单击"多边形套索工具"按钮 ☑ ，在图像中绘制选区，如下图所示。

绘制选区

⠿ STEP 02 添加素材

打开"随书光盘\素材\14\10.jpg"素材照片，在工具箱中单击"移动工具"按钮 ⊹ ，将上一步选取的图像移动到该图像窗口中，如下图所示。

添加素材

⠿ STEP 03 调整图像大小

按快捷键Ctrl+T进行自由变换操作，拖曳鼠标，调整图像大小，如下图所示。

调整图像大小

⠿ STEP 04 变形图像

执行"编辑"|"变化"|"变形"菜单命令，拖曳鼠标调整图像，如下图所示。

变形图像

STEP 05 绘制选区

在工具箱中单击"多边形套索工具"按钮 ，在图像中绘制选区，选中人物手指与"图层1"图层重合的区域，如下图所示。

绘制选区

STEP 06 清除多余图像

按Delete键进行清除操作，将选区内的图像清除，如右上图所示。

清除多余图像

STEP 07 查看效果

在工具箱中单击"橡皮擦工具"按钮，在选项栏中设置"不透明度"为20，在屋顶位置涂抹，最终效果如下图所示。

最终效果

Example 06 杂志内页设计

原始文件：随书光盘\素材\14\11.jpg、12.jpg
最终文件：随书光盘\源文件\14\Example 06 杂志内页设计.psd

　　本实例首先通过"自然饱和度"和"应用图像"命令调整风景照片的颜色，并利用"高反差保留"滤镜和图层混合模式的设置锐化照片细节，然后调整画布大小，结合文字工具等在图像中添加文字信息，制作出杂志内页效果，最后通过变换将制作的效果应用到杂志中。

Before ●●●

After ●●●

⟨⟨⟨ STEP 01 复制"背景"图层

执行"文件"｜"打开"菜单命令，打开"随书光盘\素材\14\11.jpg"素材照片，效果如下左图所示。然后在"图层"面板中，将"背景"图层向下拖移到"创建新图层"按钮上复制图层，生成"背景副本"图层，如下右图所示。

素材11.jpg　　　　　　　复制图层

⟨⟨⟨ STEP 02 提高饱和度

执行"图像"｜"调整"｜"自然饱和度"菜单命令，在打开的"自然饱和度"对话框中，如下左图所示设置选项参数。单击"确定"按钮后，可看到图像提高了饱和度，效果如下右图所示。

"自然饱和度"对话框　　　　提高饱和度效果

⟨⟨⟨ STEP 03 设置"应用图像"

执行"图像"｜"应用图像"菜单命令，在打开的"应用图像"对话框中，如下左图所示对选项进行设置。单击"确定"按钮后，回到图像窗口中，可看到应用图像后的效果如下右图所示。

"应用图像"对话框　　　　应用效果

⟨⟨⟨ STEP 04 设置"高反差保留"滤镜

在"图层"面板中复制一个"背景副本"图层，得到"背景副本2"图层，如下左图所示。然后执行"滤镜"｜"其他"｜"高反差保留"菜单命令，在打开的"高反差保留"对话框中，设置"半径"为1像素，如下右图所示。

复制图层　　　　　　"高反差保留"对话框

⟨⟨⟨ STEP 05 设置图层混合模式

确认滤镜设置后，在"图层"面板中设置"背景副本2"图层的混合模式为"强光"，如下左图所示。此时，在图像窗口中可看到设置图层混合模式后锐化了图像，强化了细节轮廓，图像变得更清晰，效果如下右图所示。

设置图层混合模式　　　　图层混合后的效果

⟨⟨⟨ STEP 06 设置画布大小

在"图层"面板中复制一个"背景"图层，生成"背景副本3"图层，如下左图所示。然后执行"图像"｜"画布大小"菜单命令，在打开的"画布大小"对话框中，设置宽度与高度参数，如下右图所示。

复制图层　　　　　　"画布大小"对话框

···::: STEP 07　确认效果

确认"画布大小"设置后，可看到图像窗口中画布被扩大，并以白色填充扩大区域，效果如下图所示。

调整画布大小效果

···::: STEP 08　变换图像

按快捷键Ctrl+T，对复制的"背景副本3"中的图像进行缩小、移动变换，调整到图像右下方位置，如下左图所示。确认变换后，选择"矩形选框工具"，在图像中间位置创建一个矩形选区，选区效果如下右图所示。

变换图像　　　　　　　　选区效果

···::: STEP 09　复制选区内的图像

在"图层"面板中选择"背景副本"图层后，按快捷键Ctrl+J，将选区内的图像复制到新图层"图层1"中，如下左图所示。然后按快捷键Ctrl+T，使用变换编辑框对复制的图像进行缩小变换，并将其移动到左侧白色区域，效果如下右图所示。

复制图像生成新图层　　　变换效果

···::: STEP 10　输入文字

选择"横排文字工具"，在"字符"面板中设置字体、字号大小等文字属性，并设置颜色为黄色（R248、G175、B18），如下左图所示。然后使用"横排文字工具"在图像左上角位置输入英文，效果如下右图所示。

"字符"面板　　　　　　　输入英文效果

···::: STEP 11　为文字设置"描边"样式

在"图层"面板中双击文字图层，打开"图层样式"对话框，然后在对话框中选择"描边"样式，如下左图所示对"描边"选项进行设置。单击"确定"按钮后，可看到英文边缘添加了白色的描边效果，如下右图所示。

 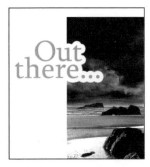

设置"描边"选项　　　　　描边效果

···::: STEP 12　输入文字

使用"横排文字工具"继续在左侧白色区域输入文字，设置字体为黑体，调整字体大小后，输入文字效果如下左图所示。选择"矩形选框工具"，在图像右上方位置创建一个矩形选区，然后新建"图层2"，为选区填充绿色（R164、G216、B166），效果如下右图所示。

输入文字效果　　　　　　填充选区

···§ STEP 13　输入文字

使用"横排文字工具"在创建的矩形图像中输入黑色文字，如下左图所示。继续使用"横排文字工具"在右侧空白区域添加文字，效果如下右图所示。

在矩形图像内添加文字

文字效果

···§ STEP 14　盖印图层

按快捷键Shift+Ctrl+Alt+E盖印图层，生成"图层3"，如下左图所示。缩小图像后，可查看到创建的整个图像效果，如下右图所示。

盖印图层

文字与图像排列效果

···§ STEP 15　打开素材照片

打开"随书光盘\素材\14\12.jpg"素材照片，效果如下左图所示。然后将前面编辑的文档中"图层3"中的图像复制到打开的文档中，生成"图层1"，并按快捷键Ctrl+T，使用变换编辑框对图像进行等比例缩小变换，调整到与素材图像相同大小，效果如下右图所示。

素材12.jpg

复制并调整图像大小

···§ STEP 16　剪切图像

选择"矩形选框工具"，在图像中创建矩形选区，将"图层1"中图像的一半创建在选区内，选区效果如右上

左图所示。然后按快捷键Ctrl+X、Ctrl+V，剪切并粘贴图像，将选区内的图像剪切到新图层"图层2"中，如下右图所示。

选区效果

剪切并粘贴图像

···§ STEP 17　变形右侧书页图像

在"图层"面板中隐藏"图层2"，并选择"图层1"，如下左图所示。按快捷键Ctrl+T出现变换编辑框，对图像进行旋转、缩放变换，然后单击鼠标右键，在打开的快捷菜单中选择"变形"选项，出现变形网格，通过对变形网格点的编辑，对图像进行变形，调整到与下面书页相同的形状，变形效果如下右图所示。

隐藏并选择图层

变形图像

···§ STEP 18　变形左侧书页图像

按Enter键确认变换后，可看到图像变换效果如下左图所示。在"图层"面板中显示并选择"图层2"图层，然后用STEP 17中相同的方法对图像进行变形变换，编辑变形网格效果如下右图所示。

确认变换后的效果

变形图像

STEP 19　擦除图像

确认变换后的图像效果如下左图所示，可看到图像被变换为展开的书页效果，如下左图所示。然后选择"橡皮擦工具"，在图像左侧人物手指部分涂抹擦除图像，将手指显示出来，效果如下右图所示。

变换完成效果　　　　　　　擦除多余图像

STEP 20　设置"色阶"调整图层

选择"背景"图层后，在"调整"面板中创建一个"色阶"调整图层，然后在打开的"色阶"界面中，如下左图所示进行参数设置。完成设置后，可看到背景图像被提亮，效果如下右图所示。

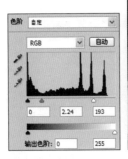

设置"色阶"参数　　　　设置后的效果

STEP 21　设置"光照效果"滤镜

按快捷键Shift+Ctrl+Alt+E盖印图层，生成"图层3"，并将其置于顶层，然后执行"滤镜"|"渲染"|"光照效果"菜单命令，在打开的"光照效果"对话框中设置选项参数，如下左图所示。继续在对话框的预览框中对光照方向和范围进行设置，如下右图所示。

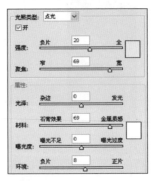

设置选项　　　　　　　调整光照角度与范围

STEP 22　确认效果

确认"光照效果"滤镜后，可以看到调整了图像整体的光照色彩与角度，最终完成效果如下图所示。

完成效果

读书笔记

Photoshop CS5

Chapter 15

数码照片的展示和输出

对数码照片进行了后期处理之后，就可以对数码照片进行展示和输出了。展示和输出前，在照片中添加水印和版权是非常必要的，这样可以更好地保护自己照片的版权。为了更好地展示处理后的数码照片，还需要对其进行正确的存储，确定照片的用途后存储为相应的文档，可方便照片的展示。本章将介绍在Photoshop中通过多种方法在照片中添加水印和版权信息的方法，数码照片输出的相关知识，以及在Photoshop中对数码照片进行打印的相关设置，让读者全面地了解数码照片的展示和输出知识。

利用"自定画笔"在照片中添加水印

载入颜色表更改图像色调

『打印』对话框

15.1 添加水印和版权信息

通过在照片上添加一些文字或图案信息，可以达到鉴别图像真伪、版权保护等功能。当把自己得意的作品发布在网上时，可以在照片的角落打上一个水印，既可以保护作品的版权，又可以彰显作者的个性。下面就来具体介绍在Photoshop中添加水印和版权的方法。

15.1.1 利用"自定画笔"设置版权信息

通过"自定画笔"命令，可以将选择的图案定义为画笔，然后利用"画笔工具"，即可在需要添加版权的照片中绘制该图案，还可以重复多次地使用。

例如，对下左图执行"编辑"|"定义画笔预设"菜单命令，打开"画笔名称"对话框，设置画笔的名称，确认设置后，即可将该图案定义为画笔。

选择"画笔工具"后，在其选项栏中打开"画笔预设"选取器，选择定义的画笔，在照片中即可通过"画笔工具"来绘制定义的画笔，制作出独具个性的水印，保护照片的版权，如下图所示。

选择图案

"画笔名称"对话框

原图像效果

使用画笔绘制效果

Example 01 为照片添加水印

原始文件：随书光盘\素材\15\01.jpg、02.jpg

最终文件：随书光盘\源文件\15\Example 01 为照片添加水印.psd

本实例首先通过"编辑"菜单下的"定义画笔预设"命令，将图形定义为画笔，然后使用"画笔工具"将定义的画笔应用到人物照片中，并利用"浮雕效果"滤镜和图层混合模式的设置，制作出透明的水印效果。

Before ●●●

After ●●●

STEP 01 打开素材照片

执行"文件"|"打开"菜单命令，打开"随书光盘\素材\15\01.jpg"素材照片，效果如下左图所示。然后执行"编辑"|"定义画笔预设"菜单命令，打开"画笔名称"对话框，以素材名称01.jpg命名画笔，如下右图所示，单击"确定"按钮，即可将该图像定义为画笔。

素材01.jpg

"画笔名称"对话框

STEP 02 新建图层

再次执行"文件"|"打开"菜单命令，打开"随书光盘\素材\15\02.jpg"人物素材照片，效果如下左图所示。然后在"图层"面板中单击"创建新图层"按钮，新建空白图层"图层1"，如下右图所示。

素材02.jpg

新建图层

STEP 03 设置画笔

选择"画笔工具"，在其选项栏中单击"画笔"选项后的下三角按钮，打开"画笔预设"选取器，选中STEP 01中定义的画笔，如下左图所示。设置"大小"为300px，如下右图所示。

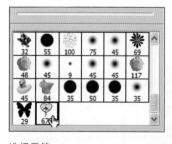
选择画笔

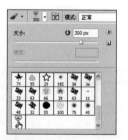
设置大小

STEP 04 绘制图像

将前景色设置为白色，使用"画笔工具"在人物画面中的适当位置单击，绘制图像，效果如右上左图所示。然后执行"滤镜"|"风格化"|"浮雕效果"菜单命令，在打开

的"浮雕效果"对话框中，如下右图所示设置各选项参数，然后单击"确定"按钮。

绘制图像

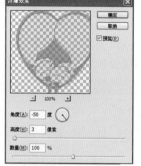
"浮雕效果"对话框

知识链接 ▶▶▶▷

"浮雕效果"滤镜可以在图像上通过明暗表现浮雕的效果，图像中的边线部分显示颜色，水印部分更加具有立体感。

STEP 05 设置"高斯模糊"

此时可看到图像应用"浮雕效果"滤镜后的效果，如下左图所示。执行"图像"|"模糊"|"高斯模糊"菜单命令，在打开的"高斯模糊"对话框中设置"半径"为0.5像素，如下右图所示，单击"确定"按钮，关闭对话框。

浮雕效果

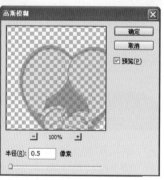
"高斯模糊"对话框

STEP 06 设置图层混合模式

在"图层"面板中设置"图层1"的图层混合模式为"强光"，如下左图所示。此时，可看到图层混合后制作出透明水印的效果，如下右图所示。

设置图层混合模式

完成效果

15.1.2 在"文件简介"中设置版权状态

执行"文件"|"文件简介"菜单命令，在打开的对话框中，可设置该图像的"版权状态"、"版权公告"和"版权信息URL"，如下图所示。

"文件简介"对话框

在"版板状态"选项下拉列表中可选择"未知"、"版权所有"和"公共域"3个选项。当选择"版板所有"选项后，在文档名称前会出现一个 (C) 图标，表示该文档为版权所有的文件。在"版板公告"中可输入公告内容。

设置选项　　　　　　版权所有文档

15.1.3 专业的数码装裱技术

简单来说，装裱就是将绘制的画或照片添加上画框，方便观赏、保存和携带。而利用Photoshop软件在照片中添加一些漂亮的边框，模拟装裱效果，称之为现代的数码装裱技术。

原图像

添加装裱效果

Example 02 制作照片装裱效果

原始文件：随书光盘\素材\15\03.jpg

最终文件：随书光盘\源文件\15\Example 02 制作照片装裱效果.psd

本实例首先通过"裁剪工具"裁剪出需要的区域，然后利用"变换选区"命令设置需要的选区，填充颜色后，在"样式"面板中选择样式，为照片制作出渐变边框效果。

Before ●●●

After ●●●

∴∴ STEP 01 打开素材照片

执行"文件"|"打开"菜单命令,打开"随书光盘\素材\15\03.jpg"素材照片,效果如下左图所示。然后选择"裁剪工具",在图像中创建裁剪区域,如下右图所示。

素材03.jpg   创建裁剪区域

∴∴ STEP 02 复制图层

按Enter键确认裁剪后,可看到图像被裁剪后的效果如下左图所示。然后在"图层"面板中复制一个"背景"图层,生成"背景副本"图层,如下右图所示。

裁剪后的效果   复制图层

∴∴ STEP 03 变换图像

在"图层"面板中选中"背景"图层,为该图层填充白色,如下左图所示。然后选择"背景副本"图层,按快捷键Ctrl+T,出现变换编辑框,按住Shift+Alt组合键的同时,拖动四角控制点,对图像向中心进行等比例缩小,效果如下右图所示,并按Enter键确认变换。

填充图层   缩小图像

∴∴ STEP 04 变换选区

按住Ctrl键,单击"图层"面板中"背景副本"图层前的图层缩览图,载入人物图像选区,选区效果如下左图所示。然后执行"选择"|"变换选区"菜单命令,使用变换编辑框对选区从中心进行等比例放大,效果如下右图所示。

载入选区   放大选区

∴∴ STEP 05 新建图层

在"图层"面板中选中"背景"图层后,单击"创建新图层"按钮,在选中的图层上新建一个"图层1",然后在新建图层上为选区填充白色,如下左图所示。接着在"样式"面板中选择"枕状浮雕,灰色、黑色、金色"样式按钮,如下右图所示。

新建图层并填充   选择样式

知识链接
▶ ▶ ▶

"样式"面板中提供了多种预设的样式,选择图层后,在面板中单击某个样式按钮,即可将相应样式应用到图层中。单击面板右上角的扩展按钮,在打开的扩展菜单中,还可选择其他多种类别的预设样式,包括抽像样式、按钮、图像效果、投影效果等。选中后会弹出一个提示对话框,询问是否替换当前样式,单击"追加"按钮,即可在"样式"面板中添加选择的样式,然后选择相应样式,即可将其应用到图像中。

13 数码照片的合成专题

14 数码照片的个性化制作

15 数码照片的展示和输出

⋯⋯ STEP 06　选择图层样式

此时可看到图像应用选择样式后的效果，如下左图所示，为图像添加了边框。在"图层"面板中选择"背景副本"图层后，单击"添加图层样式"按钮，在打开的菜单中选择"内阴影"选项，如下右图所示。

应用样式效果

单击选项

⋯⋯ STEP 07　设置"内阴影"样式

在打开的"图层样式"对话框中，如下左图所示设置"内阴影"选项。单击"确定"按钮后，可看到图像添加样式后的效果，如下右图所示。

设置选项

完成效果

15.2　数码照片的输出

这里介绍的数码照片输出是指在Photoshop中保存后期处理过的照片。通过各种输出方法与格式，可对数码照片的输出进行优化设置，保证照片的最佳输出状态。

15.2.1　存储为专业用途的文档

对编辑后的照片执行"文件"｜"存储为"菜单命令，在打开的"存储为"对话框的"格式"下拉列表中可选择和设置需要的文档格式，其中作为专业用途的常用格式有Photoshop（PSD）、GIF和EPS这3种。下面来详细介绍这3种专业用途文档格式。

1. 存储为Photoshop文档

PSD格式是默认的Photoshop文件格式，它是操作灵活性很强的文档格式，可以根据需要方便地更改和重新处理文档中的图像。该格式下的文档保留了所有的图层、蒙版、路径、通道、图层样式、调整图层、文字等信息。使用该格式保存的文档可以再次在Photoshop中打开并进行设置。

执行"文件"｜"存储为"菜单命令，在打开的"存储为"对话框的"格式"下拉列表中选择Photoshop（PSD）选项，即可将文档存储为PSD格式。单击"保存"按钮后，可打开"Photoshop格式选项"对话框，勾选"最大兼容"复选框，可获得最大的操作灵活性，使文档可以在更高的Photoshop版本中使用。"Photoshop格式选项"对话框如下图所示。

"Photoshop格式选项"对话框

2. 存储为因特网上使用的文档

在因特网上常使用的文档格式是GIF格式，GIF格式是一种LZW压缩的格式，可最小化文档和电子传输时间，能将图像的指定区域设置为透明状态，还可以保存动画效果。

执行"文件"｜"存储为"菜单命令，打开"存储为"对话框，在"格式"下拉列表中选择CompuServe GIF选项，单击"保存"按钮，即可打开"索引颜色"对话框，如下左图所示，用于设置图像颜色、仿色等参数。其中，在"调板"选项栏中可设置图像表现的颜色数量参数，在"选项"选项栏中可设置杂边、仿色、数量等参数。设置完成后单击"确定"按钮，打开"GIF选项"对话框，如下右图所示，选择"正常"单选按钮，单击"确定"按钮，即可完成文档的存储。

"索引颜色"对话框

"GIF选项"对话框

3. 存储为用于印刷的文档

印刷时使用的文档常为EPS格式，该格式印刷出的图像与原图像非常接近，并且提供印刷时对特定区域进行透明处理的功能。

执行"文件"|"存储为"菜单命令，打开"存储为"对话框，在"格式"下拉列表中选择Photoshop DCS 1.0（EPS）选项，打开"DCS 1.0 格式"对话框，如下图所示。

也可在"格式"下拉列表中选择Photoshop DCS 2.0（EPS）选项，打开"DCS 2.0格式"对话框，在该对话框中各选项的下拉列表中提供了更多的选项，如下图所示。

"DCS 1.0格式"对话框

"DCS 2.0格式"对话框

15.2.2 存储为Web和设备所用格式

在Photoshop中通过"存储为Web和设备所用格式"命令来导出和优化Web图像，可以根据预览框中显示图像的文件画质、容量来调整压缩率和颜色数，还可以随意调整并保存这些功能。

执行"文件"|"存储为Web和设备所用格式"菜单命令，打开"存储为Web和设备所用格式"对话框，在对话框中提供了可以浏览图像的浏览框以及可以移动、放大、缩小和切分图像的工具，还包括优化文件图像、颜色数等多种选项，对话框如下图所示。

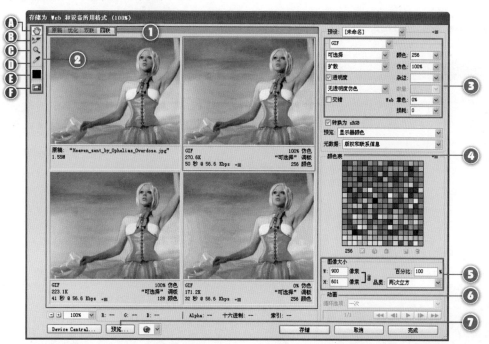

"存储为Web和设备所用格式"对话框

❶ 标签：提供了4个标签，分别为可显示原图像、优化图像、显示两个预览框和4个预览框，这里看到的即为4个预览框显示的效果。

❷ 工具按钮：提供了6种工具，单击工具按钮即可在预览框内使用。

Ⓐ 抓手工具 ：可拖动图像，方便查看未显示的区域。

Ⓑ 切片选择工具 ：当需要存储的图像中有切片时，使用该工具可选择其中的切片。

Ⓒ 缩放工具 ：放大或缩小图像。

Ⓓ 吸管工具 ：在图像中某个位置单击，可吸取颜色样本。

Ⓔ 吸管颜色 ：显示使用"吸管工具"选择的颜色，默认为黑色，单击可打开"拾色器"对话框，用于设置任意的颜色。

Ⓕ 切换切片可见性 ：使切片的图像在预览框中显示或隐藏。

❸ 文件格式：单击下三角按钮，可选择Web所需要的各种文件格式，这里提供了JPEG、GIF、PNG等文件格式。当选择了文件格式后，就会打开相应的格式设置选项，如下页两图所示为JPEG和GIF两种格式的选项。

JPEG格式选项　　　　　　GIF格式选项

④ 颜色表：显示组成图像的颜色，可自定优化的GIF和PNG-8图像中的颜色。减少颜色数量可减小图像文件的大小，同时保持图像画面品质。在颜色表中可添加或删除颜色，还可将选择的颜色转换为Web安全颜色。

⑤ 图像大小：显示图像的具体大小，通过"百分比"可对图像大小进行缩放，并在"品质"选项中提供了多种品质设置选项，如下图所示。

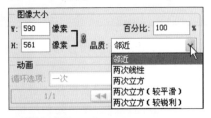

"品质"选项

⑥ 动画：当输出图像为动画时，使用该选项可进行动画播放。

⑦ 预览：单击该按钮可运行网页浏览器，在浏览器中显示了优化后的图像，并在图像下方显示该图像的所有信息，包括格式、尺寸、大小等，如下图所示。

在浏览器中预览优化后的图像

Example 03 载入颜色表更改图像色调

原始文件：随书光盘\素材\15\04.jpg、05.jpg

最终文件：随书光盘\源文件\15\Example 03 载入颜色表更改图像色调.png

　　本实例首先在"存储为Web和设备所用格式"对话框中，利用"颜色表"扩展菜单中的命令，对颜色进行存储，然后在另一个文档中载入存储的颜色信息，更改该文档中图像的色调，并设置文档格式等，最后将优化结果进行存储。

Before

After

STEP 01 打开素材照片

执行"文件"|"打开"菜单命令,打开"打开"对话框,同时选择"随书光盘\素材\15\04.jpg、05.jpg"两张素材照片,效果如下两图所示。

素材04.jpg   素材05.jpg

STEP 02 执行命令

对05.jpg图像执行"文件"|"存储为Web和设备所用格式"菜单命令,在打开的"存储为Web和设备所用格式"对话框中单击"优化"标签,则在预览框中可显示优化图像,在颜色表中可看到该图像的所有颜色信息,效果如下图所示。

"存储为Web和设备所用格式"对话框

STEP 03 存储颜色

单击颜色表右上方的扩展按钮,在弹出的菜单中选择"存储颜色表"选项,如下左图所示,打开"存储颜色表"对话框。可以根据需要选择存储位置,设置文件名称为"红黄色彩",保存类型是颜色表文件act格式,单击"确定"按钮,即存储成功,对话框如下右图所示。

单击选项   "存储颜色表"对话框

STEP 04 设置色阶

切换到04.jpg文档中,对图像执行"图像"|"调整"|"色阶"菜单命令,在打开的"色阶"对话框中,如下左图所示对选项进行设置。确认设置后,可看到图像效果如下右图所示。

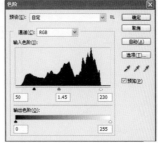

"色阶"对话框   设置后的效果

STEP 05 载入颜色表并优化设置

对STEP 04中编辑的图像执行"文件"|"存储为Web和设备所需格式"菜单命令,打开"存储为Web和设备所需格式"对话框,设置"格式"为PNG-8。然后在"格式"下面的选项中单击下三角按钮,在打开的列表中选择STEP 03中存储的"红黄色彩",如下左图所示。载入该颜色表,然后如下右图所示对其他选项进行设置。

单击选项   设置各选项

STEP 06 更改图像大小

继续在面板中对"图像大小"进行设置,更改"百分比"为50%,如下左图所示。然后单击左侧的"优化"标签,在预览框内即可显示优化的结果,效果如下右图所示。

更改图像大小   优化后的效果

⋙ STEP 07　存储优化结果

在对话框中单击"存储"按钮，打开"将优化结果存储为"对话框，选定保存位置后，单击"保存"按钮关闭对话框，保存完成，如下图所示。

"将优化结果存储为"对话框

15.2.3　输出为PDF文件

Photoshop PDF是一种灵活的文件格式，它与Photoshop格式一样，也能够保存图层、通道和注释信息。对文档执行"文件"｜"存储为"菜单命令，然后在"存储为"对话框中选择存储格式为Photoshop PDF格式，即会打开"存储Adobe PDF"对话框，用于对存储的PDF文件进行设置，如下图所示。

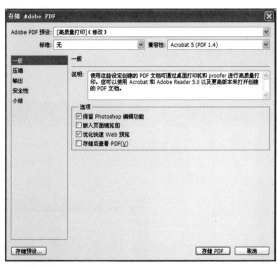

"存储Adobe PDF"对话框

在"存储Adobe PDF"对话框中，可对图像的"一般"、"压缩"、"输出"、"安全性"选项进行预设，选择其中一个预设选项后，右侧就会切换至相应的设置界面。选择"一般"选项后，打开界面如右上图所示。

"一般"选项

① 说明：显示选定预设中的说明，并提供一个文本框可编辑文档的说明。

② 保留Photoshop编辑功能：勾选该复选框后，可在PDF中保留Photoshop文档数据，如图层、Alpha通道、专色等。

③ 嵌入页面缩览图：勾选该复选框后，可创建图片的缩览图。

④ 优化快速Web预览：优化PDF文件，以便在Web浏览器中更快地进行查看。

⑤ 存储后查看PDF：勾选该复选框后，可在默认的PDF查看应用程序中打开创建的PDF文件。

在"存储Adobe PDF"对话框中选择"压缩"选项后，可压缩文本的艺术线条，并可对位图图像进行压缩和缩减像素采样，"压缩"选项如下左图所示。选择"输出"选项后，在右侧显示的"输出"界面中，可设置输出的"颜色转换"、"输出方法配置文件名称"、"输出条件"等，如下右图所示。

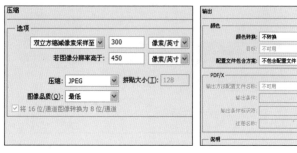

"压缩"选项　　　　　　　　"输出"选项

在对话框中选择"小结"选项后，则在右侧显示设置后的"说明"、"选项"、"警告"信息，可查看该PDF文件的存储信息，如下图所示。

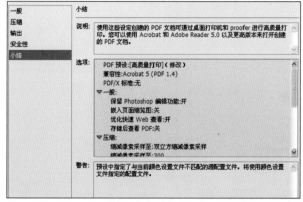

"小结"选项

15.3 数码照片的打印

在Photoshop中可将后期处理过的照片直接进行打印设置，然后将其发送到多种设备，以便直接在纸上打印图像或将图像转换为胶片上的正片或负片图像。在Photoshop CS5中，可通过"打印"对话框来对照片进行打印前的设置，设置完成后，直接单击"打印"按钮，即可将软件中的照片通过打印机打印出来。

15.3.1 在Photoshop中设置打印选项

在Photoshop中对需要打印的照片执行"文件"|"打印"菜单命令，打开"打印"对话框，可预览打印效果并选择打印机，设置打印份数、"输出"选项和"色彩管理"选项，"打印"对话框如下图所示。

"打印"对话框

❶ 预览打印：用于显示打印图像效果，并在预览框上面显示该图像的尺寸。

❷ 份数：设置打印的张数，可在文本框内直接输入需要打印的数字。

❸ 打印设置：单击该按钮，打开文档属性对话框，在"页面"标签下可设置"页面大小"和"方向"，如下左图所示；在"高级"标签下，可设置文档图像的首选项参数，如下右图所示。

❹ 位置：设置照片在打印页面中的位置，勾选"图像居中"复选框，可将图像调整到居中的位置，调整后不可移动，取消勾选后可任意移动其位置。

❺ 缩放后的打印尺寸：提供图像缩放选项，勾选"缩放以适合介质"复选框后，下面的选项将变得不可用，系统会自动调整图像在介质框内的大小，还会对高度和宽度进行设置，并显示打印分辨率，如下图所示。

文档属性对话框   "高级"选项

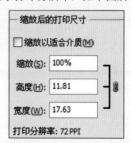

缩放后的打印尺寸

⑥ 定界框：勾选该复选框后，在预览框内的图像上即可显示定界框，并可通过在定界框边上进行拖动来缩放图像，如下图所示。

缩小图像 　　　　　　　放大图像

⑦ 指定颜色管理器和校样选项：用于设置"色彩管理"和"输出"选项，如下两图所示。

"色彩管理"选项 　　　　"输出"选项

Example 04 在一个文档内打印不同尺寸的照片

原始文件：随书光盘\素材\15\06.jpg

最终文件：随书光盘\源文件\15\Example 04在一个文档内打印不同尺寸的照片.psd

　　本实例首先使用"新建"菜单命令，新建一个A4大小的文档，然后置入照片，通过变换编辑框在文档中变换图像大小，并进行排列，组合成由不同大小图像构成的画面效果，最后执行"文件"|"打印"菜单命令，对设置后的照片进行打印。

Before ●●●

After ●●●

STEP 01　新建文件

执行"文件"|"新建"菜单命令，在打开的"新建"对话框中，单击"预设"选项下三角按钮，在打开的下拉列表中选择"国际标准纸张"选项，然后在"大小"下拉列表中选择A4选项，并设置"名称"等，如右图所示。

选择"国际标准纸张"选项 　　　"新建"选项设置

STEP 02 旋转画布

确认设置后，在图像窗口中可看到新建的A4空白文档，如下左图所示。执行"图像"|"图像旋转"|"90度（顺时针）"菜单命令，如下右图所示，将画布进行旋转，成为横向效果。

新建文档　　　　　　　　　执行命令

STEP 03 置入图像

在新建文档中执行"文件"|"置入"菜单命令，在打开的"置入"对话框中，选择"随书光盘\素材\15\06.jpg"素材照片，如下左图所示。单击"置入"按钮后，关闭对话框，在图像窗口中即可看到置入的图像，如下右图所示。按Enter键确认置入后，执行"图层"|"栅格化"|"智能对象"菜单命令，将置入对象栅格化，生成名为06的图层。

"置入"对话框　　　　　　　置入图像效果

STEP 04 变换图像

按快捷键Ctrl+T，使用变换编辑框对图像进行缩小变换，并将其调整到右上角位置，效果如下左图所示，按Enter键确认设置。然后在"图层"面板中复制一个06图层，生成"06副本"图层，如下右图所示。

缩小图像　　　　　　　　　复制图层

STEP 05 创建选区

按快捷键Ctrl+T，对复制的图像进行缩小变换，并调整至如下左图所示的位置。选择"矩形选框工具"，在06图像中创建矩形选区，选区效果如下右图所示。

变换图像　　　　　　　　　创建选区效果

STEP 06 复制选区内的图像

选择06图层，按快捷键Ctrl+J，复制选区内的图像，生成"图层1"，如下左图所示。然后按快捷键Ctrl+T，使用变换编辑框对复制的图像进行变换，将其调整到适当大小和位置，效果如下右图所示。

复制图像　　　　　　　　　变换图像

STEP 07 继续复制图像

继续对图像进行复制，并进行缩放变换，排列到图像中，调整后的效果如下图所示。

排列图像效果

STEP 08 盖印图层

按快捷键Shift+Ctrl+Alt+E盖印图层，生成"图层3"，并将盖印图层的混合模式设置为"柔光"，如右左图所示，此时可看到图层混合后的效果如右右图所示。

设置图层混合模式　　　　图层混合后的效果

STEP 09 打印设置

执行"文件"|"打印"菜单命令，打开"打印"对话框，在对话框中可看到打印图像的预览效果，并可以根据需要对"打印份数"、"页面设置"、"位置"等选项进行设置，单击"打印"按钮后，即可通过连接的打印机进行照片的打印，对话框如下图所示。

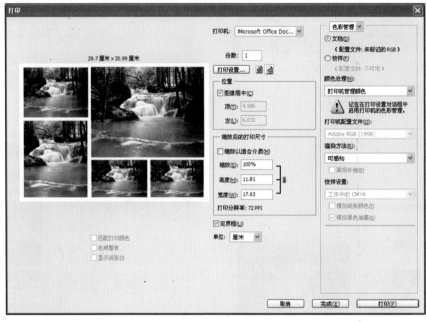

"打印"对话框

15.3.2 由Photoshop决定打印颜色

通过"打印"对话框中的"色彩管理"，可对打印照片的色彩进行设置，使其达到更好的效果。而在"颜色处理"中选择"Photoshop管理颜色"选项，则Photoshop会执行适合于打印机的任何必要的颜色数据转换。"色彩管理"选项如右图所示。

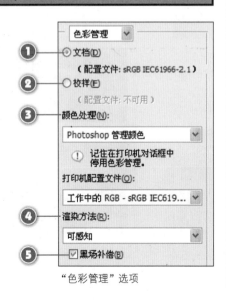

"色彩管理"选项

① 文档：表示打印此文档，当选中"Photoshop管理颜色"选项后，需要确保在"打印机配置文件"下拉列表中为打印机设置配置文件。

② 校样：校样配置文件显示用于将颜色转换到模拟设备的配置文件名称。

③ 颜色处理：在其下拉列表中可选择"打印机管理颜色"、"Photoshop管理颜色"、"无色彩管理"等颜色处理方式。

④ 渲染方法：指定 Photoshop 如何将颜色转换为目标色彩空间，在其下拉列表中可选择"可感知"、"饱和度"、"相对比色"、"绝对比色"4种渲染方法。

⑤ 黑场补偿：勾选该复选框后，可通过模拟输出设备的全部动态范围来保留图像中的阴影细节。